弁護士専門研修講座

情報・インターネット法
の知識と実務

東京弁護士会
弁護士研修センター運営委員会[編]

ぎょうせい

はしがき

　現代社会はあらゆる分野で複雑化・高度化が進行しており、紛争類型も多様化・高度化しています。これに応じ、弁護士もより高度な専門性を習得し、複雑化した案件に対応できる実践的能力が求められております。弁護士が市民の法的ニーズを的確に理解し、日々研鑽を重ねることが必要なことは言うまでもありません。

　東京弁護士会では、弁護士研修センターを設置し、弁護士の日常業務の研鑽に加え、専門分野の研修にも力を注いできました。特に平成18年度後期からは、特定の分野に関する専門的知識や実務的知識の習得を目的とする専門連続講座を開始し、研修の実質を高めて参りました。本書は、平成28年度に行われた「情報・インターネット法」専門講座の講義を収録したものです。

　本連続講座は、近年の情報・インターネットに関する技術革新の傍らに生まれている、これまでにはなかった法律問題について実践的内容を講義しているもので、多くの弁護士にとって、示唆と素養に資するものと確信しております。

　本講座を受講されなかった皆様方におかれましても、是非本書をお読みいただき、情報・インターネットをめぐる法律問題に関する実務能力を習得され、日々の事件への適切な対応にお役立ていただければ幸いです。

平成28年11月

東京弁護士会会長　小　林　元　治

講師紹介

(講義順)

田島　正広 (たじま・まさひろ)

平成8年		弁護士登録（東京弁護士会・第48期）
〃	15年	田島正広法律事務所（平成18年田島総合法律事務所に改称）所長
〃	20年～26年	慶應義塾大学大学院法学研究科非常勤講師（憲法学）
〃	28年	田島・寺西法律事務所代表パートナー
現在		東京弁護士会中小企業法律支援センター本部長代行

神田　知宏 (かんだ・ともひろ)

平成19年		弁護士登録（第二東京弁護士会・第60期）、弁理士登録
〃	21年	日弁連コンピュータ委員会副委員長
〃	28年	筑波大学非常勤講師（情報法）

足木　良太 (あしき・りょうた)

平成21年	弁護士登録（第一東京弁護士会・新62期）
現在	ブロードメディア株式会社執行役員・法務部長、ブロードメディア・スタジオ株式会社監査役、中国湖南省快楽垂釣発展有限公司監事

大倉　健嗣 (おおくら・けんじ)

平成20年	弁護士登録（東京弁護士会・新61期）
現在	LINE株式会社法務室シニアカウンセル・公共政策室公共政策担当、情報ネットワーク法学会会員、デジタル・フォレンジック研究会会員

上沼　紫野（うえぬま・しの）

平成9年		弁護士登録（第二東京弁護士会・第46期）
〃	18年	ニューヨーク州弁護士登録
〃	24年〜27年	最高裁判所司法研修所刑事弁護教官
現在		一般社団法人モバイルコンテンツ審査・運用監視機構副代表理事、経済産業省「電子商取引及び情報財取引等に関する準則」策定WGメンバー、情報セキュリティ大学院大学客員教授、内閣府「青少年インターネット環境の整備等に関する検討会」委員

平野　高志（ひらの・たかし）

昭和60年	弁護士登録（第二東京弁護士会・第37期）
平成12年〜18年	マイクロソフト日本法人（法務担当執行役等）
現在	一般社団法人コンピュータソフトウェア協会監事、一般財団法人ソフトウェア情報センター評議員、一般社団法人クラウド活用・地域ICT投資促進協議会監事

目　次

はしがき
講師紹介

Ⅰ　ネット炎上・ネット上の情報削除の法的手続

弁護士　田島　正広
弁護士　神田　知宏

第1部　インターネット上の名誉棄損、プライバシー侵害の法的対処‥‥‥2
　1　はじめに〜インターネット上の名誉毀損、プライバシー侵害の状況‥2
　2　法的対処法①〜損害賠償請求をはじめとする不法行為責任追及‥‥‥2
　　(1)　投稿者に対する名誉毀損に基づく損害賠償請求〜名誉毀損の成立と違法性阻却事由等／2
　　(2)　投稿者に対するプライバシー侵害に基づく損害賠償請求〜プライバシー侵害の成立と公共性、相当性に関する違法性阻却／7
　　(3)　コンテンツ・プロバイダに対する損害賠償請求〜不作為による不法行為の成立／10
　　(4)　検索エンジン運営事業者に対する損害賠償請求の可能性〜過失を基礎づける削除義務の法的根拠／12
　　(5)　謝罪広告等の名誉回復処分／13
　3　法的対処法②〜削除請求‥‥‥‥‥‥‥‥‥‥‥‥‥‥‥‥‥‥‥13
　　(1)　名誉毀損記事に対する差止の法的根拠〜人格権侵害による妨害排除請求としての差止／13
　　(2)　プライバシー侵害に対する差止を容認した判例／15
　　(3)　コンテンツ・プロバイダに対する削除請求／15
　　(4)　プロバイダ責任制限法上の送信防止措置／16
　　(5)　検索エンジン運営事業者に対する削除請求の可能性〜EUの動向と我が国の裁判例の現状／18
　4　法的対処法③〜発信者情報開示請求‥‥‥‥‥‥‥‥‥‥‥‥‥‥22
　　(1)　発信者情報開示請求権／22
　　(2)　コンテンツ・プロバイダから経由プロバイダにたどり着くための二段階請求／24
　　(3)　携帯電話からの投稿への法的対応／25

目　次

　　5　終わりに ………………………………………………… 26
　第2部　ネット上の情報削除の法的手段（応用編）………… 27
　　1　特殊な削除請求 ………………………………………… 27
　　　⑴　相談の増えているケース／27
　　　⑵　逮捕報道の削除／28
　　　⑶　いつから削除請求できるのか／30
　　　⑷　長期間とは何年か／30
　　　⑸　クチコミ・レビューの削除／32
　　　⑹　ハイパーリンクは名誉毀損か／34
　　　⑺　肯定説／34
　　　⑻　検索サイトのキャッシュの削除／34
　　　⑼　サジェストの削除請求／35
　　　⑽　サジェスト削除の裁判例／36
　　　⑾　サジェストの任意削除請求／36
　　　⑿　関連キーワードの削除請求／36
　　　⒀　検索結果の削除請求／38
　　　⒁　削除請求の目的／38
　　　⒂　削除請求の方法／39
　　　⒃　検索結果削除仮処分／40
　　　⒄　検索結果削除訴訟／41
　　　⒅　検索サイト側の引用する例／41
　　　⒆　いわゆる「忘れられる権利」／42
　　2　海外企業に対する請求 ………………………………… 43
　　　⑴　債務者の例（2ちゃんねる）／43
　　　⑵　債務者の例（ほか）／43
　　　⑶　削除請求の管轄／44
　　　⑷　開示請求の管轄（2ch.sc）／44
　　　⑸　開示請求の管轄（一般）／45
　　　⑹　管轄の分離の問題／45
　　　⑺　双方審尋／45
　レジュメ ……………………………………………………………… 46

II　企業における情報管理、SNSに関する規制等

弁護士　足木　良太
弁護士　大倉　健嗣

第1部　最近の情報セキュリティに関する一般論 ･････････････････ 64
　はじめに ･･ 64
　第1　最近の事件 ･･ 65
　第2　パソコン遠隔操作事件 ･･････････････････････････････････ 67
　第3　最新の情報セキュリティにおける脅威 ････････････････････ 68
　　1　2016年10大脅威 ･･ 68
　　2　過去の脅威との比較 ････････････････････････････････････ 69
　　3　インシデント件数と被害人数 ････････････････････････････ 70
　　4　人的ミスの対策 ･･ 70
　　5　不正な情報持出し ･･････････････････････････････････････ 71
　第4　代表的なサイバーアタックと対応策 ･･････････････････････ 71
　　1　標的型攻撃メール ･･････････････････････････････････････ 71
　　2　損害額……個人情報の計算式 ････････････････････････････ 76
　　3　企業のなすべきこと ････････････････････････････････････ 76
　　　(1)　事前対策の必要性／76
　　　(2)　事後対策／76
　第5　セキュリティ対策のまとめ ･･････････････････････････････ 77
　第6　今後大きくなりうる問題 ････････････････････････････････ 77
　　1　無線LAN（Wi-Fi）における通信傍受 ････････････････････ 77
　　2　IoTに関わる問題 ･･････････････････････････････････････ 78
　　3　保守終了後のIoT機器対策 ･･････････････････････････････ 79
　　4　東京オリンピック問題 ･･････････････････････････････････ 79
　　5　その他 ･･ 79
　第7　SNS等の規制 ･･･ 80
第2部　企業が保有する情報に関する実務 ････････････････････････ 82
　はじめに ･･ 82
　第1　企業情報管理の実務 ････････････････････････････････････ 83
　　1　総　論 ･･ 83
　　　(1)　全社的リスクマネジメント（ERM）／83
　　　(2)　情報セキュリティ／84

目 次

　　2　法務リスクへの対応 ………………………………………… 86
　　　(1)　個人情報／86
　　　(2)　プライバシー／91
　　　(3)　マイナンバー／92
　　　(4)　通信の秘密／92
　　　(5)　営業秘密／98
　　　(6)　インサイダー情報／99
　　　(7)　人事労務に関連する情報管理／100
　　　(8)　サイト上の違法・有害情報への対応／102
　　　(9)　各種コンプライアンス違反情報と公益通報者保護法／104
　　3　情報セキュリティリスクへの対応 ………………………… 105
　　　(1)　総　論／105
　　　(2)　各種ガイドライン／105
　　4　インシデント対応 …………………………………………… 107
　　　(1)　情報漏えい・事故発生時の対応／107
　　　(2)　情報セキュリティに関連する刑事法／108
　第2　企業情報開示の実務 ………………………………………… 109
　　1　会社法等に基づく企業情報の開示 ………………………… 109
　　2　個人情報保護法に基づく開示請求 ………………………… 109
　　3　プロバイダ責任制限法に基づく発信者情報の開示請求 ……… 110
　　4　捜査機関からの開示請求 …………………………………… 110
　　　(1)　強制捜査／110
　　　(2)　任意捜査／112
　　　(3)　緊急案件に関する情報開示／112
　　　(4)　外国政府からの開示請求／113
　　　(5)　透明性報告書／114
　　5　民事裁判手続上の開示請求 ………………………………… 115
　　6　弁護士会照会 ………………………………………………… 115
　　7　その他 ………………………………………………………… 115
レジュメ …………………………………………………………………… 117

III 個人情報保護（法改正、マイナンバー）

弁護士　上沼　紫野

1 個人情報保護法 …………………………………………………… 176
　(1) 個人情報保護法の体系／176
　(2) 法の定める義務の内容／178
　(3) 問題となる場面（スイカ問題を例に）／179
　(4) 安全管理措置／183
2 改正個人情報保護法 ……………………………………………… 186
　(1) 個人情報の定義／189
　(2) 匿名加工情報／190
　(3) 個人情報保護強化／192
　(4) グローバル化対応／193
3 マイナンバー ……………………………………………………… 194
　(1) マイナンバー法／194
　(2) 構　成／194
　(3) 弁護士業務とマイナンバー／194
　(4) 一般の事業者／195
　(5) マイナンバーが関係する場面／196
4 EUデータ保護規則 ……………………………………………… 199
　(1) 概　要／199
　(2) 適用範囲／199
　(3) 制　裁／200
　(4) 移　転／200
5 まとめ ……………………………………………………………… 202
　レジュメ …………………………………………………………… 203

IV 電子商取引に関する諸問題

弁護士　上沼　紫野

1 契約上の問題 ……………………………………………………… 222
　(1) 利用規約／222
　(2) 取引成立時の問題／225
　(3) 未成年に関して／226

目　次

 2　支払手段に関する規制 …………………………………… 227
  (1)　割賦販売法／227
  (2)　資金決済法／228
 3　広告における問題 ………………………………………… 230
  (1)　広告に関する法規制／230
  (2)　各種広告手法に関する問題／235
 4　情報媒介者としての責任 ………………………………… 247
  (1)　違法情報／247
  (2)　権利侵害情報／248
  (3)　対　策／250
総　括………………………………………………………………… 251
レジュメ……………………………………………………………… 252

Ⅴ　ビッグデータ・ネットと知的財産

弁護士　平野　高志

第1　本日行いたいこと ……………………………………………… 270
第2　MicrosoftとGoogleのビジネスモデル …………………… 270
 1　Microsoft ………………………………………………… 271
 2　Google …………………………………………………… 275
 3　ポイントは何か ………………………………………… 276
第3　ビッグデータ・ネットと知財 ……………………………… 276
 1　これまでの事例の復習 ………………………………… 276
 2　ビッグデータの収集に係る知財の問題 …………… 281
  (1)　問題の所在：著作権の藪／281
  (2)　克服方法／282
 3　ビッグデータ自体の法的保護 ………………………… 286
  (1)　データベースとしての保護／286
  (2)　デッドコピーすれば少なくとも不法行為／287
  (3)　AIが創作した著作物・データ等／287
  (4)　IoT／292
 4　複数の侵害者による特許侵害 ………………………… 293
  (1)　問題の所在／293

(2)　対応策／294
5　国を越えた著作権侵害・特許侵害 ························· 295
6　独占禁止法 ·· 296
7　ビッグデータ・ネットと知的財産権 ························ 296
レジュメ ·· 298

あとがき

I　ネット炎上・ネット上の情報削除の法的手続

弁護士　田島　正広
弁護士　神田　知宏

第1部　インターネット上の名誉棄損、プライバシー侵害の法的対処

〈田島　正広〉

1　はじめに
～インターネット上の名誉毀損、プライバシー侵害の状況

　インターネット上の掲示板や個人のブログ等において、名誉を毀損する記事やプライバシー権を侵害する記事が多く見られることは、皆さんよくご存じのところです。匿名掲示板に虚偽の内容の告発記事が投稿されることは、今や日常茶飯事です。また、あるホテルのレストランの従業員が、スポーツ選手とタレントが二人で来店していることをツイッターで発信したところ、瞬く間に数十万人に転送されて、大事件になったということもありました。服役を終えたにもかかわらず、犯行当時の逮捕報道をそのまま転載した記事を公開し続けている個人ブログも散見されます。本日は、こうしたインターネット上の名誉毀損、プライバシー侵害に焦点を当てて、損害賠償請求、削除請求、発信者情報開示請求といった法的対処法について、概説しようと思います。

　なお、情報の流通による権利侵害という点では、著作権、商標権の侵害もその範疇に含まれることになりますが、本日は時間的に割愛させていただきます。

2　法的対処法①
～損害賠償請求をはじめとする不法行為責任追及

　それではまず、法的対処法の一つ目として、損害賠償請求をはじめとする不法行為責任追及の点についてお話ししたいと思います。

(1)　投稿者に対する名誉毀損に基づく損害賠償請求～名誉毀損の成立と違法性阻却事由等

　言動によって人の社会的評価を低下させる行為が名誉毀損行為です。刑法上の名誉毀損罪は公然と事実を摘示することが構成要件とされています。こ

れに対して、民事上名誉毀損の不法行為が成立するために、公然性を不要とした大審院判例もありますが（大判大正5年10月12日民録22輯1879頁）、権利侵害性、損害という点では公然と事実を摘示した場合の方が重くなることが想定され、実際の要保護性という点では重なるところも大きいと思います。

　保護対象が何かという点では、憲法13条の幸福追求権において保護されると解される名誉権のみならず、名誉感情の侵害に対しても不法行為は成立すると解されています（東京地判平成2年7月16日判時1380号116頁）。

　また、当該記事が名誉を毀損するかの判断は、一般読者の普通の注意と読み方を基準として解釈した意味内容に従うことになります（最判昭和31年7月20日民集10巻8号1059頁（新聞の場合）、最判平成15年10月16日民集57巻9号1075頁（テレビの場合））。

　インターネットという訳ではありませんが、その周辺ツールとしてメールによる名誉毀損の成否が問われることがあります。インターネットは多数対多数の通信が可能なツールですが、メールは本来は1対1のツールであるものの、送信先を多数者にしたり、その転送がなされることでの伝播可能性があります。裁判例上は、同じ職場の社員十数名宛ての誹謗メール送信をもって不法行為の成立を認めたケースがあります（東京高判平成17年4月20日労判914号82頁）。さらに、不法行為の成立に公然性を必要と解しながら、特定かつ少数人に対し事実の摘示若しくは意見ないし論評の表明がされた場合であっても、不特定又は多数人に対する伝播可能性があれば、名誉毀損の不法行為が成立するとした事例もあります（東京高判平成22年1月20日公刊物未登載・平20（ワ）16947号）。ここでは、当該文書の性質及び内容並びに送信の相手方等の具体的事情を総合考慮して伝播可能性の有無を判断すべきとされています。

　ところで、インターネット上の名誉毀損の場合には、被害者本人の特定性が問われる場合があります。以下では、被害者本人のことを本人と呼びますが、どこの誰を指す記事かが閲覧する側から分からなければ、本人の社会的評価は低下しません。しかし、インターネット上では、本人の氏名の一部を伏字にして、巧妙に本人の特定を避けながら誹謗する悪質な記事も散見されます。例えば、匿名掲示板において、ある投稿それ自体としては伏せ字が

I　ネット炎上・ネット上の情報削除の法的手続

用いられていて、本人の特定が難しいとしても、その投稿がなされたスレッド（掲示板）全体の論旨から本人の特定が可能であり、それを前提に投稿したことが一般人から読み取れるような場合には、本人の特定ありとして不法行為が成立する場合が考えられます（東京地判平成27年9月16日・平27（ワ）8509号）。

　この点、投稿が完全に匿名化されていたり、モデル小説のようになっている場合は名誉毀損は成立するのでしょうか。ここはプライバシー侵害の成否も同時に問われることになります。匿名報道やモデル小説において本人の特定性が問われたケースとしては、著名な「宴のあと」事件（東京地判昭和39年9月28日判時385号12頁）や「石に泳ぐ魚」事件（最判平成14年9月24日判時1802号60頁）があります。「宴のあと」事件においては、読者が作中人物につき、実在するモデルを想起しながら読みがちであるとして、読者がどう受け止めるかが重要とされ、モデルを想起することが減れば減るほど、権利侵害性が否定されるとしました。「石に泳ぐ魚」事件でも、モデルと主人公の同定が可能であることを根拠に名誉及び名誉感情が侵害されたことによる慰謝料請求を肯定しています。したがって、投稿それ自体では匿名の場合やモデル小説的な記載となっている場合であっても、本人と同定できる可能性次第で本人に対する名誉毀損の成立する余地があると言えるでしょう。ただし、インターネット上の誹謗記事の多くは単純かつ簡潔な内容であることが多いため、モデル小説のようなケースはあまり見られませんが、今後、電子書籍の一層の進展に従って、ネット上で問題になるケースが増える可能性は否定できません。

　さらに、近時はヘイトスピーチが多く見られるようになっていますが、インターネット上でもある地域を被差別部落として紹介する記事が見られます。これは当該地域住民に対する名誉毀損となるでしょうか。参考になる裁判例としては、所沢ダイオキシン事件があります。「所沢ダイオキシン農作物は安全か？」と題する特集のテレビでの一部誤報について名誉毀損性を認めたものですが、原告農家の氏名は一切報道されてはいないものの、所沢の農家という括りでの特定性を前提に、原告らに対する名誉毀損の成立を認めています（最判平成15年10月16日民集57巻9号1075頁）。原告が

所沢の農家かどうかは、その氏名、住所を調べずとも出荷の際の段ボールの記載などで一般人が容易に知り得る事情と思われます。この事案を参照するならば、ある程度小さい括りでの地域を挙げて被差別部落と誹謗する投稿については、当該地域住民に対する誹謗としての特定性が認められる可能性があるように思われます。住所に関する情報は、学校、会社など一定範囲で公開されることがあり、実際に居宅では表札も出ているでしょうから、その範囲での特定性が認められる可能性がある訳です。ただ、この延長線上で在日朝鮮人といった大きな括りになると、当該対象者がそのグループに含まれることをどう知り得るかの問題があるため、特定性が認められないように思われます。

　また、インターネット上ではよく論戦が見られますが、論戦においてなされた言論の応酬は、一定の範囲で違法性を阻却するとの考え方があり、言論の応酬の法理と呼ばれています。これを採用した最判昭和38年4月16日民集17巻3号476頁は、①自己の正当な利益を擁護するためやむを得ず行ったものであること、②他人が行った言動に対比して、その方法、内容において適当と認められる限度を超えないものであることを要件として求めており、正当防衛よりも緩い要件が定立されています。

　これに対して、近時のインターネット上の議論は瞬時性があり、ある誹謗記事とそれへの反論が同時に閲読されることから、全体としての社会的評価の低下、すなわち名誉毀損性の次元で不法行為が成立しないとの考え方が登場しており、対抗言論の法理と呼ばれています。これは、論戦の全過程を通して閲覧する読者から見れば、その一部で過激な発言があっただけでは本人の社会的評価は低下しないとの考え方で、下級審で採用したものがあります（東京地判平成13年8月27日判時1778号90頁）が、一方次のように述べてその採用を否定した高裁判決もあります。すなわち、「言葉汚く罵られることに対しては、反論する価値も認め難く、反論が可能であるからといって、罵倒することが言論として許容されることになるものでもない。」と（東京高判平成13年9月5日判時1786号80頁）。

　ところで、名誉毀損一般について言えることですが、刑法上の名誉毀損罪については、その成立ないし処罰阻却事由として真実性の証明の制度が用意

I　ネット炎上・ネット上の情報削除の法的手続

されています（刑法230条の2）。ある表現が本人の名誉を毀損したとしても、それが公共の利害に関し、専ら公益を図る目的で、真実を語ったことを表現者側が証明したときは、これを処罰しないとするものです。実際には真実であることの証明が難しい場合もあることから、最高裁は、真実の証明ができずとも、公共の利害に関し、公益目的で、十分な資料、根拠に基づいて行った表現行為については、名誉毀損の故意がないものとして犯罪の成立を否定しています（最判昭和44年6月25日刑集23巻7号975頁）。これは真実相当性（あるいは相当性）の証明と呼ばれるものです。

　民事上も、事実の摘示による名誉毀損については、これと平仄を揃えて不法行為の成否が判断されており（最判昭和41年6月23日民集20巻5号1118頁）、それぞれ表現行為者側が立証責任を負う抗弁事由に該当するものとして、真実性の抗弁、真実相当性（あるいは相当性）の抗弁と呼ばれています。

　この点、意見ないし論評による名誉毀損については、いわゆる公正な論評の法理が判例上採用されています。すなわち、①公共の利害に係り、②専ら公益を図る目的でなされた論評であり、③その前提事実が重要な部分について真実であることの証明があり、④人身攻撃に及ぶなど意見ないし論評としての域を逸脱したものではない限り、違法性が阻却されるとされています。そして、前提事実の真実性の証明がないときにも、行為者が右事実を真実と信ずるについて相当の理由があれば、その故意又は過失は否定されるとしています（最判平成9年9月9日民集51巻8号3804頁）。

　これに対して、インターネット上の表現行為においては、インターネットの個人利用者として要求される程度の簡易な水準の調査を行えば名誉毀損罪は成立しないとの論を採用した下級審裁判例もありました（東京地判平成20年2月29日判時2009号151頁）。これは真実相当性が認められないことを前提に、それでも名誉毀損罪の成立を阻却したものですが、控訴審で覆されています。最高裁も、その他の表現行為に比してより緩やかな要件で名誉毀損罪の成立を判断すべきではないものとしています（最判平成22年3月15日刑集64巻2号1頁）。

　以上を総括すると、あるインターネット上の投稿について、一般人読者を基準として、本人の特定が可能でその社会的評価を低下させるような内容で

ある場合には、名誉毀損の不法行為が成立する可能性があると言えます。その場合、投稿者側においては真実性、真実相当性、あるいは公正な論評であることについての反論、反証が求められることになります。

(2) 投稿者に対するプライバシー侵害に基づく損害賠償請求～プライバシー侵害の成立と公共性、相当性に関する違法性阻却

　プライバシー権もまた、憲法13条で保障されていると解されている訳ですが、その保護の前提としては、先ほど述べた本人の特定（同定）可能性が必要になります。保護要件としては、民事上は「宴のあと」事件で示された3要件が裁判実務上伝統的に求められて来ました。この事件では、①個人の私的事柄、又はそれらしく受け取られる虞のある、②非公開の事実で、③一般人が本人の立場に立った場合に公開を欲しないものを、本人の承諾なく公開し、その結果本人が精神的苦痛などの損害を受けたことが、プライバシー侵害の不法行為の成立要件とされました（「宴のあと」事件・東京地判昭和39年9月28日）。その後、多くの裁判例はこの要件を参照して来ました。殊に社会的差別を生みかねないセンシティブなプライバシー情報については、その本人への無断取得、利用に対して高額の損害賠償請求が認容されるに至っており（HIV解雇無効請求に関する、東京地判平成7年3月30日判時1529号42頁（会社に対して慰謝料300万円及び未払賃金の支払を命じた）、千葉地判平成12年6月12日労判785号10頁（会社に対して慰謝料200万円及び未払賃金等の支払を命じた））、プライバシー権としての核心部分の保護の必要性はより一層高まっていると言えます。

　その一方、近時は情報収集・利用技術の進化による情報化社会の進行により、プライバシー情報の収集・利用に対する不安とその保護への国民の期待が高まるに至り、個人情報保護法制の導入、規制強化の流れとなっています。その中、氏名、住所などの比較的秘匿性の低いプライバシー情報の侵害に対しても、上記要件を参照しつつもそのあてはめを非常に緩く解して不法行為の成立を認める裁判例（東京地判平成2年8月29日判時1382号92頁）や、そもそもこの要件を参照せずに不法行為の成立を認める判例（早稲田大学江沢民主席講演会名簿提出事件上告審判決・最判平成15年9月12日民集57巻8号973頁）も散見されるに至っています。

I　ネット炎上・ネット上の情報削除の法的手続

　近時は、特にインターネットを通じたプライバシー情報の発信、収集、集積が容易となっており、リベンジポルノのようにいったんプライバシー情報が漏えいしてしまったら、興味本位の収集、再発信に晒され続ける事態も生じています。また、単体ではそれ程の保護を要さないプライバシー情報が複数の場面で集積することで、相応にセンシティブなプライバシー情報となってしまうこともあります。その意味では、プライバシーの保護範囲の外延部、裾野はさらに外に拡張しつつあると言えるでしょう。

　この点、時の経過によるプライバシー保護の必要性の高まりは、従前から前科報道に関して議論されて来ました。ノンフィクション「逆転」事件で最高裁は、前科に関わる事実については、これを公表されない利益が法的保護に値する場合があると同時に、その公表が許されるべき場合もあるとした上で、その公表が不法行為を構成するかは、その者のその後の生活状況、事件それ自体の歴史的又は社会的な意義、その当事者の重要性、その者の社会的活動及びその影響力について、その著作物の目的、性格等に照らした実名使用の意義及び必要性をも併せて判断すべきとして、利益衡量論に立って判断しています（最判平成6年2月8日民集48巻2号149頁）。これらの衡量次第では、前科報道が不法行為を構成する余地もある訳です。

　報道機関はこの微妙な利益衡量に対して自主的に配慮するのが通例であり、微罪については逮捕報道後半年ないし1年を経過すると、ネット上から逮捕報道の記事が削除されることが多いですが、それらの報道を転載する個人ブログでは、既に事件から長期間が経過し本人が社会復帰しているにもかかわらず、そのまま記事が掲載され続けるケースもあります。当該記事掲載の継続が不法行為を構成する可能性は大きいと言えるでしょう。

　ところで、EUでは、いわゆる忘れられる権利の導入に関する議論がなされており、これを先取りしたとも評されるEU司法裁判所の判決は、まさに時の経過に関わるものですが、これは削除請求に関わるものなので、追って差止請求のところでお話しします。

　続いて、表現の自由とプライバシー権の利益衡量に当たり、前者が優先するべき場合としては他に、公共の利害に関する違法性阻却が議論されています。この点、まず週刊文春渡辺恒雄事件では、写真週刊誌報道において、公

共性・相当性による違法性阻却の可能性を認めた上で、当該事案での違法性阻却を否定しています（東京地判平成17年10月27日判時1927号68頁）。同判決は、「表現行為が公共の利害に関する事項（社会の正当な関心事）に係り、かつ、その公表された内容が表現目的に照らして相当なものである場合には、当該表現行為が他人のプライバシーに優越する保護を与えられるというべき」とした上で、「本件写真のように、自宅居室内においてガウンを着ている容貌・姿態は、他人の視線から遮断され、社会的緊張から解放された無防備な状態にあって、誰しも公開されることを欲せず、純粋な私的領域に係る事項である上、上記のような原告の社会的地位や活動とは何ら関連せず、社会の正当な関心事であるということはできない。」として、違法性は阻却されないものとしました。

　また、刑事被告人の法廷での容ぼうを隠し撮りないしイラスト画で写真週刊誌に掲載した週刊誌出版社に対する損害賠償請求事件で、最判平成17年11月10日民集59巻9号2428頁は、「ある者の容ぼう等をその承諾なく撮影することが不法行為法上違法となるかどうかは、被撮影者の社会的地位、撮影された被撮影者の活動内容、撮影の場所、撮影の目的、撮影の態様、撮影の必要性等を総合考慮して、被撮影者の上記人格的利益の侵害が社会生活上受忍の限度を超えるものといえるかどうかを判断して決すべきである。……人の容ぼう等の撮影が違法と評価される場合には、その容ぼう等が撮影された写真を公表する行為は、被撮影者の上記人格的利益を侵害するものとして、違法性を有するものというべきである。」と判示し、手錠をされ、腰縄を付けられた状態の容ぼうの隠し撮り写真とイラスト画については違法としつつも、法廷での被告人の動静を伝えるイラスト画については受忍限度内として違法ではないと判示しています。

　以上を総括すると、本人と同定可能な程度にプライバシーを侵害する投稿をする場合には、プライバシー侵害の不法行為が成立する可能性があります。時の経過による報道の利益の低下によって不法行為が成立することがあり、これは請求原因に関わるものです。また、公共性に関する違法性阻却についても受忍限度論として考察する限り、同様に請求原因に関するところとなりますが、違法性阻却事由と位置づけるのであれば、抗弁として投稿者側の反

論、反証が求められることになります。いずれにしても、公共性、相当性に関する主張、立証が不可欠と言えます。

(3) コンテンツ・プロバイダに対する損害賠償請求〜不作為による不法行為の成立

さて、インターネット上の名誉毀損やプライバシー侵害が匿名掲示板で行われ、直ちには投稿者が判明しないこともあります。以前は匿名掲示板大手の「2ちゃんねる」(http://www.2ch.net/) が、発信者情報開示に応じていない時期もありましたので、その場合は、損害賠償請求をしようにも投稿者が特定できず、最後の手段は掲示板管理者たるプロバイダ事業者、いわゆるコンテンツ・プロバイダに対する損害賠償請求でした。投稿者が特定できているケースでも、投稿者と同時に掲示板管理者が提訴されたケースもあります。

リーディングケースとなった、パソコンフォーラム管理者のニフティに対する損害賠償請求事件(ニフティ「現代思想フォーラム」事件)では、システムオペレーターには、「一定の場合、フォーラムの運営及び管理上、運営契約に基づいて当該発言を削除する権限を有するにとどまらず、これを削除すべき条理上の義務を負うと解するのが相当である。」と判示されています(東京高判平成13年9月5日判時1786号80頁)。ここでは、フォーラムの円滑な運営及び管理というシスオペの契約上託された権限を行使する上で問題発言の削除が必要であり、かつ、被害者がフォーラムにおいて自己を守るための有効な救済手段を有しておらず、会員等からの指摘等に基づき対策を講じても、なお奏功しないといった事情がある場合であることが指摘されています。一審ではニフティが敗訴したのですが、控訴審はニフティ側の対応に対する評価が変わり結論が逆になりました。

ここで重要なことは、掲示板管理者側に24時間不断の監視を義務付けることは無理であることから、実際には被害者本人からの削除要請を受けて、管理者が私法上の削除義務を負う可能性があるということです。裁判例のいう「条理上」の削除義務ですが、その効果として不作為の不法行為を根拠づけるものとなりますので、言い換えれば、私法上の削除義務ということになろうかと思います。

削除義務が根拠付けられる場合には、合理的根拠なくして相当程度の期間

これを放置する不作為によって、不法行為責任が発生することがあり得ることになります。その際、当該表現の内容や疎明資料の状況も重要な判断材料になるでしょう。この理は、自ら記事を投稿したわけではないものの、当該記事を管理する立場にあるコンテンツ・プロバイダ一般に妥当するものです。

　この裁判例が挙げる削除義務は、その義務違反の不作為が過失の評価根拠事実として位置付けられることで、不法行為の成立根拠となるものです。後述の差止請求においては、過失が要件として求められる不法行為構成ではなく、回復し難い損害発生の虞を要件とする人格権構成が有力ですので、削除義務違反を理由に削除を求める訳ではないことに留意する必要があります。

　ところで、掲示板管理者に対する不法行為責任追及では、投稿内容の真実性、真実相当性の立証責任を掲示板管理者が負うのかが争われたことがあります。２ちゃんねる動物病院事件（公刊物未登載）では、投稿者の発信者情報の開示に応じていない当時において、投稿者への責任追及の途が閉ざされていること等、公平の観点を挙げて、真実性等の立証責任を掲示板管理者側に負わせました。

　これをもって発信者情報開示に応じている掲示板管理者、コンテンツ・プロバイダにこの理をそのまま一般化することができるかの点は若干気を付けなければいけません。ただ、少なくともコンテンツ・プロバイダが私法上の削除義務を負担し、その放置という不作為が過失を構成する前提には、当該記事の名誉毀損性についてのプロバイダ側の認識可能性が必要でしょう。この点、実務上は当初の交渉段階での削除請求で何らかの資料を提示して内容の虚偽性を疎明することが通常です。そうした資料の提示まで受けながら、自らあえて何らの調査もせずに記事を放置するとなれば、事後の不法行為訴訟でプロバイダ側が真実性等の立証責任を負わされることも、先の判例の趣旨にかなうのではないかと思料します。プロバイダとしては、後述するように投稿者に送信防止措置に同意するかの意向確認を行って、７日を経過しても返事がない場合には記事を削除しても、投稿者から責任追及を受けることはありません。反対に送信防止措置に同意しないとの返答の場合には、相応の資料の提供を求める機会もあります。この意味でも、プロバイダ側に真実性・真実相当性の立証責任を負わせる余地はあり得ると思料する次第です。

(4) 検索エンジン運営事業者に対する損害賠償請求の可能性〜過失を基礎づける削除義務の法的根拠

さて、近時、特に検索結果の削除請求との関係で、検索エンジン運営事業者を相手方とする法的主張が可能かどうかが問われています。検索結果の削除請求については後述しますが、個別誹謗記事の削除が実現して検索上位から消すことができたとしても、次から次へと別の誹謗記事が検索順位を繰り上げて検索されてしまう状況において、そもそも検索結果から一連の誹謗記事の全てを削除させてしまおうという発想が出てくる訳ですが、その先には、検索結果からの削除を求められながら、これを合理的期間を超えて放置する不作為が、コンテンツ・プロバイダと同様に、私法上の削除義務違反での過失に基づく不法行為を構成するか、損害賠償責任が生じるかが問われる余地がないではありません。実際に、検索エンジン運営事業者に対して、検索結果の削除と併せて損害賠償を請求した事例が散見されます（いずれも棄却）。

この点、掲示板管理者等のコンテンツ・プロバイダは、問題とされた投稿の削除権限を持ち、当該掲示板の管理運営を行う者ですから、名誉毀損ないしプライバシー侵害を理由とする削除申し立てを受けながら放置する行為について、私法上の削除義務を導きやすい立場にあると言えます。これに対して、検索エンジン運営事業者は、当該投稿それ自体の管理権限を有するものではなく、検索結果への表示を通して当該投稿の閲覧を助長する立場に留まることから、その関与は間接的で、検索結果の削除義務という構成になじみにくい要素はあります。

しかし、その一方で、検索エンジン運営事業者は検索結果に対する管理運営を実施しており、技術的にも検索結果から個別結果を削除することが可能な状況の下で、その削除申し立てを放置した結果、インターネット上の閲覧が助長されることになります。特に、後述のサジェスト機能により問題記事の閲覧が助長されている場合は、検索エンジン運営事業者側の関与の程度が若干増していると評価する余地もないではないと感じています。後述する高裁判決が触れるように、自動かつ機械的に生成されるサジェストではあっても、それは検索エンジン運営事業者の管理下にある以上、その行為によって生成されているとして、権利侵害行為を認定し得る余地があるように思いま

す（東京高判平成26年1月15日）。問題となるのはその先であり、表現の内容や本人の要保護性、検索エンジン運営事業者側の対応状況等次第で、私法上の削除義務違反による過失が認定可能な領域があるのかどうかです。いずれにしても、この点は、今後の議論と裁判例を待つということになります。

⑸　謝罪広告等の名誉回復処分

　名誉毀損の不法行為に対しては、名誉回復処分としての謝罪広告が多く認められています。あくまで金銭賠償の例外であるため、口頭弁論終結時における回復すべき名誉毀損状態の存在や、必要性が求められます。

　必要性の有無の判断に当たっては、被害者の社会的地位・公共性、名誉毀損行為の態様・内容・程度、被害者の精神的苦痛、社会的評価の低下、口頭弁論終結時までの時間の経過、金銭賠償の金額等が考慮されるとされます（静岡県弁護士会編『情報化時代の名誉毀損・プライバシー侵害をめぐる法律と実務（新版）』（ぎょうせい、平成22年）33頁）。

　インターネット上の謝罪広告という点では、既に書籍による名誉毀損事案で著者と発行者に対して、そのウェブサイト上での謝罪広告を命じた事例があります（東京地判平成13年12月25日判時1792号79頁）。インターネット上の名誉毀損ともなれば、いよいよインターネット上の謝罪広告になじみやすいとは言えます。

3　法的対処法②〜削除請求

⑴　名誉毀損記事に対する差止の法的根拠〜人格権侵害による妨害排除請求としての差止

　名誉毀損記事に対する法的対処として、当該記事の削除を請求することが考えられます。インターネット上では、情報が瞬時かつ広範囲に伝達することから、一般ユーザに閲覧される前に当該記事を削除する必要性は大きく、また当該記事を削除しないことで重大かつ回復困難な損害を被る虞が高いケースもあることでしょう。

　ところで、記事の削除請求は法的には差止請求権と位置付けられますが、その法的根拠については、従前より、①不法行為の効果一般とする見解、②民法723条の名誉回復処分とする見解、③人格権としての名誉権に基づく妨

I　ネット炎上・ネット上の情報削除の法的手続

害排除・予防請求権とする見解がありました。このうち、不法行為の効果とする見解では、表現行為者の故意又は過失が要件とされる点で、差止対象が制限されます。民法723条の効果と見る見解も不法行為の成立を前提とする点で同様ですし、同条の名誉には名誉感情は含まれないとされる点でも、その対象は制限されます。

　この点、リーディングケースとしては著名な北方ジャーナル事件・最高裁判決が挙げられます。ここでは、表現行為の事前差止の要件として、①表現内容が真実でないか又はもっぱら公益を図る目的でないことが明白であって、②被害者が重大にして回復困難な損害を被る虞がある場合に限られるとしました。ただ、この件はご存知のように、公務員又は公職選挙の候補者に対する論評で、公共の利害に関することが明白なケースであり、かつ、事前差止の仮処分申立てのケースであることから、厳格な要件が定立されたと評されています（佃克彦著『プライバシー権・肖像権の法律実務』（弘文堂、平成18年）141頁）。高校経営者の女性問題に関する出版差止のケース、すなわち、私人間の私的な内容の名誉毀損記事の場合で、真実性・公益目的の点を疎明程度に緩和した判示（「虚妄の学園」事件・東京地決平成元年3月24日判タ713号94頁）が既にあり、参考になります。

　したがって、名誉毀損記事の削除を請求する際には、投稿者側の故意又は過失を争う必要は要件的にはなく、むしろ重大かつ回復困難な損害を被る虞の点を主張する必要がある点に留意してください。この点は、判例上はむしろ受忍限度を超える損害かどうかという点に着眼されてきたと言えるでしょう（最判平成7年7月7日等）。その際、公共利害性が低い件であればその旨の疎明があればよく、反対に公共利害性が高いならば、当該記事が専ら公益を図る目的でないことの明白な疎明が求められることになります。

　なお、差止は、救済方法として損害賠償に対して補充性を有し、金銭による損害賠償のみでは損害の填補が不可能あるいは不十分な場合に初めて認められると講学上説かれています（東京地裁保全研究会編著『民事保全の実務 上（第3版）』（金融財政事情研究会、平成24年）338頁）。ただ、インターネット上の名誉毀損となると、出版物以上に瞬時かつ巨大な発信力を持つだけに、いったん損害が発生すればその填補手段として損害賠償では不十分であり、

損害拡大を未然に防ぐことこそが有益と言わざるを得ません。その意味では、削除の本案請求はもとより、削除の仮処分こそ重要と言わざるを得ないところと言えます。実務では、投稿の削除請求が本案、保全共に広く認められている次第です。

⑵ プライバシー侵害に対する差止を容認した判例

　プライバシー侵害に基づく差止請求では、「石に泳ぐ魚」事件・最高裁判決が著名です。判示としては、「公共の利益に係わらない被上告人のプライバシーを含む本件小説の公表により、公的立場にない同人の名誉、プライバシー、名誉感情が侵害されたものであり、本件小説の出版等により被上告人に重大で回復困難な損害を被らせる虞がある」として、差止を認めた原審を維持しました。

　この点、プライバシー侵害に基づく差止の要件に関して、従来、①侵害行為により予想される被害と差止により侵害者側が受ける不利益との利益衡量によるという見解（個別的利益衡量論、「石に泳ぐ魚」事件・東京高判平成13年2月15日判時1741号68頁、「エロス＋虐殺」事件・東京高判昭和45年4月13日判時587号31頁）、②権利侵害の違法性が高度な場合に差止を認めるという見解（高度の違法性説、「エロス＋虐殺」事件・東京地判昭和45年3月14日判時586号41頁）、③専ら公益を図る目的でないことが明白で、重大かつ回復困難な損害を被る虞がある場合に差止を認める見解（定義的衡量論、週刊文春差止請求事件・東京高決平成16年3月31日判時1802号60頁、「ジャニーズおっかけマップ・スペシャル」事件・東京地判平成10年11月30日判時1686号68頁）等がありました。前掲最判は、結論的には、非公共性と回復困難な重大な損害の2点をもって差止を容認していますので、近時の定義的衡量の流れに沿う結果となっています。

　したがって、プライバシー侵害記事の削除を請求する際には、ここでも投稿者側の故意又は過失を争う必要はなく、むしろ重大かつ回復困難な損害を被る虞の存在を主張する必要がある点、さらには公共利害性次第で公益目的の不存在に関する疎明の程度が変わることに留意してください。

⑶ コンテンツ・プロバイダに対する削除請求

　先に紹介したように、掲示板管理者の投稿記事を放置する不作為が不法行

I ネット炎上・ネット上の情報削除の法的手続

為を構成するかについては、私法上の削除義務を介して過失を観念することになります。これに対して、削除請求は人格権に基づく妨害排除請求と位置付けられるため、過失を要件とせず、削除義務違反の不作為という構成も不要です。

むしろ、現実に当該掲示板に掲載されている記事が、非公共的立場の本人の名誉権、プライバシー権等の人格権に回復困難な重大な損害を及ぼす虞があり、それが管理者によって削除等管理可能な状況にあるというのであれば、それ自体差止を否定する理由はないことになります（前掲『民事保全の実務 上（第3版）』340頁）。

ただし、差止の仮処分を求めるに際しての保全の必要性という点では、若干の留意点があります。例えば、当該投稿が個人のブログ上でなされ、ブログの運営者が判明しているような場合に、ブログを運営するプロバイダに対する削除請求が認められずとも、ブログ運営者に対する削除請求により十分に削除が実現するという場合には、差止の仮処分の必要性が否定される可能性があるとの指摘がありますので、気を付けてください（前掲『民事保全の実務 上（第3版）』341頁）。

(4) プロバイダ責任制限法上の送信防止措置

コンテンツ・プロバイダが、名誉毀損・プライバシー侵害記事についての削除を被害者本人から求められた際に、その自己責任での対応だけに任せていては、本来早期の交渉段階で削除されるべき重大な侵害行為に対しても、プロバイダが逡巡する虞が拭えません。

そこで、プロバイダが当該記事の削除に応じなかった場合、あるいは反対に記事の削除に応じた場合に、一定のルールの下プロバイダの損害賠償責任を免責する制度が、プロバイダ責任制限法によって導入されています。

まず、プロバイダが記事の削除に応じなかった結果、被害者本人に損害が生じた場合ですが、プロバイダ自身が当該権利を侵害した情報の発信者でない限りは、次の要件のいずれかに該当しなければ損害賠償責任を負わないものとされます（同法3条1項）。

すなわち、

① プロバイダが当該電気通信による情報の流通によって他人の権利が侵

害されていることを知っていたとき
② プロバイダが当該電気通信による情報の流通を知っていた場合であって、当該電気通信による情報の流通によって他人の権利が侵害されていることを知ることができたと認めるに足りる相当の理由があるとき

です。

この制度は、不法行為の成否に関する裁判例とは両立するものです。すなわち、コンテンツ・プロバイダの損害賠償責任の根拠である削除義務違反は、当該記事による権利侵害をプロバイダが知り、又は知り得たことが根拠であり、これを前提に相当期間の放置をもって削除義務違反による不法行為が成立するかどうかが議論されています。ですから、そもそもその前提となる事情を知らず、かつ、知り得ない場合には、削除義務が認められることはない訳です。その部分を明確化してプロバイダ側の対応基準を明確化したものと言えるでしょう。

一方、プロバイダが記事の削除に応じた結果、投稿者側に損害が生じた場合には、当該削除（法令上「送信防止措置」と呼ばれます）が当該情報の不特定の者に対する送信を防止するために必要な限度において行われた場合であって、次の各号のいずれかに該当するときは損害賠償責任を負わないものとされます（同法3条2項）。

すなわち、

① プロバイダが当該電気通信による情報の流通によって他人の権利が不当に侵害されていると信じるに足りる相当の理由があったとき
② 被害者本人から、当該権利を侵害したとする情報、侵害されたとする権利及び権利が侵害されたとする理由を示してプロバイダに対し侵害情報の送信防止措置を講ずるよう申出があった場合に、当該プロバイダが発信者（投稿者）に対し当該侵害情報等を示して当該送信防止措置を講ずることに同意するかどうかを照会した場合において、当該発信者が当該照会を受けた日から7日を経過しても当該送信防止措置を講ずることに同意しない旨の申出がなかったとき

です。第2号の7日の要件は、公職の選挙運動に関する文書図画に関わる場合には2日に短縮されています（同法3条の2）。

I ネット炎上・ネット上の情報削除の法的手続

　ここでは、送信防止措置を求められたプロバイダが、発信者（投稿者）にその旨を連絡して当事者間の任意交渉を促すと共に、送信防止措置に同意するかの照会をすることで、記事の削除を理由とする損害賠償責任を免責することとしています。

　この法律に関わる名誉毀損・プライバシー侵害、著作権、商標権侵害についてのガイドラインと送信防止措置に関する書式等については、一般社団法人テレコムサービス協会のプロバイダ責任制限法ガイドライン等検討協議会が策定して公表され、一般に活用されています。詳しくは、http://www.isplaw.jp/のウェブサイトをご覧ください。

　一点、留意点ですが、この書式に基づく送信防止措置の求めの仕方次第では、記事の削除に応じないプロバイダ側を免責する結果となることがあります。例えば、削除を求めるに際して、権利侵害行為と侵害結果についての記載はありながらも、相応の資料、根拠を示さない場合、プロバイダ側が権利侵害を知ることができた相当の理由があると認定されない可能性があります。削除を求める被害者本人側としては、プロバイダの免責を阻止して私法上の削除義務違反を根拠付けるためには、相応の資料、根拠を提示した方が確実と言えるでしょう。

(5) 検索エンジン運営事業者に対する削除請求の可能性～EUの動向と我が国の裁判例の現状

　さて、ある誹謗記事の削除をしても、検索順位の下位にある別の誹謗記事が上位表示されるとなると、結局誹謗記事が一般ユーザの閲覧に供せられることになります。殊に時の経過の下で、前科情報についての報道の利益が失われているにもかかわらず、それが相応に社会的に著名になった事件であったがために、インターネット上に関連投稿が未だに溢れているということになると、個別削除での対応には物理的・時間的かつ金銭的に見て、被害者本人側の負担は大変なものとならざるを得ません。

　そこで、注目されるのが、検索エンジン運営事業者に対するリンク結果の削除請求です。EUで「忘れられる権利」が議論されていることは皆さんご存知と思います。本日はその点には深入りしませんが、「忘れられる権利」として立法論上議論されているのは、概括的に申し上げると、未成年時に同

意の下で提供されたプライバシー情報を始めとして、利用目的を終了した個人データ、違法に加工された個人データ、その他加工に正当性のない個人データ等の削除を求める権利と言えます。ただ、インターネットの閲覧に実際上不可欠な検索エンジンの検索結果からの削除が実現すれば、名誉毀損・プライバシー侵害記事の閲覧は阻止することができ、それらの個人データの削除と事実上同等の結果を得ることができます。これは立法によらずとも、現行のEU個人データ保護指令等の下でも実現できることから、「忘れられる権利」の議論を先取りする形で、検索結果の削除請求訴訟が提訴され、注目されるところとなりました。

　この点、EUでのリーディングケースとなったのは、グーグル（Google Inc.）に対して検索結果に表示される過去の競売情報の削除を命じたEU司法裁判所の判決です（平成26年5月13日）。これは、あるスペイン人男性が、過去の社会保障費の滞納による競売情報が未だにグーグルで検索上位に表示されることから、グーグルに対してプライバシー侵害を理由に検索結果への表示の削除を求めたという事案です。当該訴訟がEU司法裁判所にて扱われることとなり、影響力のある判決となりました。

　ここでは、個人が忘れられることを望む過去の情報に関して、検索エンジンの運営者は、EUデータ保護指令第12条（b）、第14条第1項（a）の規定に従い、一定の削除義務を負うと裁定しています。そして、プライバシーと個人データの保護という基本的権利は、原則として、運営者の経済的利益のみならず、当該情報へアクセスする公衆の利益にも優先するとした上で、例外的に、公人である場合等には、公衆の利益が優越するとしています。また、個人は、直接、運営者に削除を求めることができ、運営者がそれを認めなかった場合には、監督機関や裁判所へ訴えることができる旨を示しています（以上、国立国会図書館ウェブサイト「E1572 –『忘れられる権利』と消去権をめぐるEU司法裁判所の裁定」参照）。

　これに対して、我が国でも、検索エンジン運営事業者に対する検索結果の削除請求について動きがあります。まず、元の記事の抜粋部分である、いわゆるスニペットに表示される本人の逮捕を報じる記事の削除と損害賠償請求をヤフーとグーグルに対して求めた本案訴訟で、大阪高裁は、原告の請求を

I ネット炎上・ネット上の情報削除の法的手続

棄却した原判決を維持して本人の控訴を棄却しました（大阪高判平成27年2月18日）。ただ、そこでは、一般公衆の普通の注意と読み方で検索結果に係るスニペットを読んだ場合には、……そこに記載された内容に即した事実があるとの印象を閲覧者である一般公衆に与えるもの」であるとした上で、当該表示は、「被控訴人がインターネット上に本件検索結果を表示することにより広く一般公衆の閲覧に供したものであり、かつ、控訴人の社会的評価を低下させる事実である」として名誉毀損性を認めています。この事案では、有罪判決が平成25年4月であったこともあり、公共利害性に着眼して違法性が阻却されました。本件は、現在上告受理申立中です。

また、検索エンジンの検索用語入力欄に用語を入力した際に、当該用語と併せて入力して検索されることの多い用語を自動表示する、いわゆるサジェスト機能というものがあります。ここに本人の氏名を入力すると犯罪行為を想起させる用語が検索候補として表示され、これを選択すると、氏名検索のみでは上位表示されなかった名誉権及びプライバシー権を侵害する記事が表示されることから、グーグルに対してサジェストの表示差止及び損害賠償を求めた訴訟があります。一審の東京地裁は表示差止を認容した上で慰謝料として30万円を認めましたが、グーグルの控訴による控訴審では、本人の請求は全て棄却されています（東京高判平成26年1月15日）。ここでは、「本件サジェストは、利用者をして被控訴人の人格権を害する記事を閲覧しやすくしているということができ、この意味で被控訴人の人格権を侵害しているということができる。本件サジェスト表示は、自動的かつ機械的に処理された結果ではあるものの、その処理の仕組みは控訴人が作成し管理運営しているから……控訴人の行為ということができる」として人格権侵害行為があることは認めています。しかし、本件サジェスト表示がなくとも記事は存在し、閲覧可能であること、本件検索サービスの重要性や本件サジェスト表示の削除は被控訴人の権利侵害の防止を超えて他の利用者の利益を制約する人為的操作となること等を指摘して、控訴人の請求は棄却されています。これも、現在上告中です。

一方、仮処分決定では、検索結果ないしスニペットでの表示の削除を検索エンジン運営事業者に命じたものが相当数あります。まず、東京地決平成

26年10月9日（公刊物未登載）は、氏名で検索すると本人が反社会的集団に所属していたことが読み取れる検索結果が表示されることから、グーグルに対してプライバシー侵害等を理由として検索結果の削除の仮処分を求め、これが認可されています（奥田喜道編著『ネット社会と忘れられる権利　個人データ削除の裁判例とその法理』（現代人文社、平成27年）112頁）。

　その後も同様の削除の仮処分決定は幾つか出されています。中でも、さいたま地決平成27年12月22日判時2282号78頁等は、検索結果の表題及びスニペットに罰金を支払ってから3年経過した過去の児童買春の逮捕歴が表示されることで、更生を妨げられない利益が侵害されるとしてグーグルに対して申し立てられた検索結果削除の仮処分申立に関するものです。削除の仮処分を認めた原決定に対してグーグルが保全異議を申し立てたのですが、裁判所は次のように述べて原決定を認可しました。すなわち、「一度は逮捕歴を報道され社会に知られてしまった犯罪者といえども、人格権として私生活を尊重されるべき権利を有し、更生を妨げられない利益を有するのであるから、犯罪の軽重にもよるが、ある程度の期間が経過した後は過去の犯罪を社会から『忘れられる権利』を有するというべきである。」とした上で、「債権者は……知人にも逮捕歴を知られ、更生を妨げられない利益が侵害されるおそれがあって、その不利益は回復困難かつ重大であると認められ、検索エンジンの公益性を考慮しても、更生を妨げられない利益が社会生活において受忍すべき限度を超えて侵害されていると認められる。」としたのです。

　ただし、保全抗告審で東京高決平成28年7月12日（公刊物未登載）は、次のように述べて原決定を取り消し、仮処分申立てを却下しています。すなわち、「相手方が一市民であるとしても、罰金の納付を終えてから5年を経過せず刑の言渡しの効力が失われていないこと（刑法34条の2第1項）も考慮すると、本件犯行は、いまだ公共の利害に関する事項であるというべきである。」、「本件検索結果を削除することは、そこに表示されたリンク先のウェブページ上の本件犯行に係る記載を個別に削除するのとは異なり、当該ウェブページ全体の閲覧を極めて困難ないし事実上不可能にして多数の者の表現の自由及び知る権利を大きく侵害し得るものであること、本件犯行を知られ

ること自体が回復不可能な損害であるとしても、そのことにより相手方に直ちに社会生活上又は私生活上の受忍限度を超える重大な支障が生じるとは認められないこと等を考慮すると、表現の自由及び知る権利の保護が優越するというべきであり、相手方のプライバシー権に基づく本件検索結果の削除等請求を認めることはできないというべきである。」との判断です。ここでは、「『忘れられる権利』は、そもそも我が国において法律上の明文の根拠がなく、その要件及び効果が明らかではない。……その実体は、人格権の一内容としての名誉権ないしプライバシー権に基づく差止請求権と異ならないというべきである。」として、名誉権ないしプライバシー権に基づく差止請求権の存否として判断がなされています。これについても許可抗告の許可により現在最高裁に係属中です。

このように、検索エンジン運営事業者に対する検索結果等の削除請求については、EUでの裁判や法制化の動きも見据えつつ議論が展開され、判例が形成されつつある最中と言え、今後が注目される次第です。

4 法的対処法③～発信者情報開示請求

(1) 発信者情報開示請求権

投稿者がインターネットの掲示板上に氏名、住所を明かして誹謗記事を掲載することは、政治的主張でもない限りはまずありません。個人運営のブログやツイッターですら匿名で運営されることが多く、被害者本人としては、投稿者に対して法的責任を追及しようにも、その氏名、住所等を取得する必要があります。問題となる誹謗記事を削除しても、投稿者が不明のままでは、インターネット上に再度投稿されることが想定され、紛争の終局的解決にならないことも考えられます。

ところで、記事投稿者の氏名、住所の開示となると、それが電気通信によって行われていることから、通信の秘密の保障（憲法21条2項、電気通信事業法）との衝突を免れません。安易に発信者情報の開示に応じたプロバイダには、通信の秘密侵害を理由とする民事、刑事の法的責任が生じる虞が高いと言えます。そこで、通信の秘密の保障の例外として、プロバイダ責任制限法により導入された制度が発信者情報開示請求権です。

この制度で開示対象となる電気通信とは不特定者によって受信されることを目的とする電気通信とされていますから（同法2条1号）、法律の立て付け上1対1でなされるメール送信は対象外とされています。

開示請求の要件としては、電気通信によって権利侵害を受けた場合で、
① 侵害情報の流通による権利侵害が明らかであるとき
② 当該発信者情報が当該開示請求者の損害賠償請求権の行使のために必要である場合その他開示を受けるべき正当な理由があるとき

のいずれの要件も満たすことが求められています（同法4条1項）。

権利侵害の明白性の点では、当該表現行為によって社会的評価が低下し、これによる財産的・精神的損害が発生していることはもとより、違法性阻却事由である真実性・真実相当性の抗弁等に関する各事由の存在を窺わせるような事情が存在しないことが必要とされ、その立証責任は請求者側に課せられるものと解されています（東京地判平成17年8月29日判タ1200号286頁）。

もっとも、不法行為の主観的要件については、同法4条が文言上故意・過失を要件として規定していないこと、発信者情報の開示を請求する段階では発信者が特定されておらず、主観的要件の立証まで要求するのは酷であること等から、発信者の故意・過失までは請求者が主張立証する必要はないとする裁判例があります（上記東京地判、及び東京地判平成15年3月31日判時1817号84頁）。

プロバイダは、開示の請求を受けたときは、侵害情報の発信者と連絡することができない場合その他特別の事情がある場合を除き、開示するかどうかについて当該発信者の意見を聴かなければならないものとされます（同条2項）。そして、プロバイダは、自らが発信者である場合を除いて、開示請求に応じないことにより開示請求者に生じた損害については、故意又は重大な過失がある場合でなければ、賠償の責めに任じないものとされます。

この点、判例上は、開示に応じなかったプロバイダは同法4条1項各号所定の要件のいずれにも該当することを認識し、またはそのいずれにも該当することが一見明白であり、その旨認識できなかったことについて重大な過失がある場合にのみ、損害賠償責任を負うものとされています（最判平成22年4月13日判時2082号59頁）。

(2) コンテンツ・プロバイダから経由プロバイダにたどり着くための二段階請求

コンテンツ・プロバイダが、投稿者の氏名、住所等の個人情報を把握しているのであれば同社への発信者情報開示によって投稿者を特定することができますが、そうしたケースはむしろレアケースです。多くのコンテンツ・プロバイダはユーザの匿名利用を許容していることから、把握している発信者情報は、IPアドレス（数字の羅列で表されるインターネット上のいわば住所）、送信元ポート番号、タイムスタンプ情報（接続日時情報）、携帯電話の場合の個体識別番号（SIMカード識別番号）程度です。ただ、これらのIPアドレス、タイムスタンプ情報等の開示を受けられれば、当該アドレスを管理し当該日時に投稿者に当該アドレスを付与していた経由プロバイダ事業者名を探索することができます。その探索の際には、Whois検索（whoisをインターネットで検索すると各社が表示されます）、Aguse（https://www.aguse.jp/）等の各サイトで当該IPアドレスを入力することで、そのアドレスを付与した経由プロバイダが判明します。

経由プロバイダにおいては、発信者と直接実名かつ有償での利用契約を締結していることが多いので、ここに対して当該タイムスタンプの日時に当該IPアドレスを付与した発信者の開示を求めることで、当該発信者の氏名、住所が判明することになります。

そこで、この理を活用して、まずはコンテンツ・プロバイダから上記IPアドレス、タイムスタンプ情報等の開示を受けた上で、これにより判明する経由プロバイダに対して、第二次的な発信者情報の開示を請求することになります。この点、特に経由プロバイダにおける発信者情報の本来的な取得目的は、特に従量課金の場合の通信料精算にありますので、契約上の通信料金請求と精算処理が終了した後暫くすると発信者情報が抹消されてしまう可能性が懸念されます。実際に多くの経由プロバイダでは、通信から3か月以内程度で発信者情報が抹消されるとも聞きます。

そのため、第一段階のコンテンツ・プロバイダに対する開示請求は、任意交渉で開示されない場合には仮処分で行うのが通例であり、これにより経由プロバイダの発信者情報抹消以前に当該経由プロバイダに対して第二段階の

請求を行うことができることになります。この点、第一段階ではIPアドレス、タイムスタンプ等の情報を開示しても、直ちには発信者の氏名、住所は分からない上、第二段階の請求の機会を保障するために発信者情報の速やかな開示が不可欠であることから、一般に仮処分での開示が認められます。これに対して、第二段階では発信者の氏名、住所の開示に直接つながる可能性が高いことから、開示の要件を満たすかについて審理を尽くす必要性は高く、その反面、審理の結果次第で氏名、住所の開示が実現し得ることから保全の必要性は高いとまでは言えません。そのため、第二段階の請求は、本案訴訟での対応が求められるのが通例です。

　また、第二段階の請求を裁判外で受けた時点で事実上経由プロバイダが発信者情報の保存に応じることも多いですが、仮にその確約を得られないのであれば、発信者情報保存の仮処分を検討すべきことになります。

　なお、第二段階の請求における経由プロバイダが発信者情報開示請求の対象となるか、条文にいうところの「特定電気通信役務提供者」(法2条)に該当するかについては、立法当初争いがありましたが、既に最高裁判決でその対象に含まれる旨判示されており（最判平成22年4月8日民集64巻3号676頁)、実務はこれに基づいて運用されています。テレコムサービス協会の前掲ガイドラインにおいても、経由プロバイダに対する請求の際には、「IPアドレス等、発信者の特定に資する情報を明示すること」との加筆がなされています。

(3) 携帯電話からの投稿への法的対応

　携帯電話からの投稿の場合、発信者が契約している携帯電話事業者のプロキシサーバを通じてコンテンツ・プロバイダのウェブサーバに送信がなされることになります。この時、コンテンツ・プロバイダのサーバ上に、携帯電話事業者のプロキシサーバのIPアドレス、送信元ポート番号、タイムスタンプ、接続先のURL情報に加えて、発信者が通知を設定している場合には個体識別番号が記録されることになります。携帯電話による通信の場合、IPアドレスは極めて短時間に複数の携帯電話に用いられることになるため、IPアドレスとタイムスタンプだけでは発信者の特定が困難な場合があり得ることから、送信元ポート番号が省令改正で開示対象とされている（同法4条1

項の発信者情報を定める省令4号）ほか、さらに個体識別番号が開示対象の発信者情報に加えられています（同省令6号）。

そこで、第一段階の発信者情報開示請求の時点で送信元ポート番号及び個体識別番号も含めて開示を求め、その開示の上で第二段階の携帯電話事業者宛ての開示請求を行うことにより、投稿者を特定することがより確実になります。前掲ガイドラインにおいても、「開示を請求する発信者情報」にこれらの情報が追記されています。

なお、PCからのインターネット通信においても、投稿者の特定を確実にするにはIPアドレスのみならず、送信元ポート番号が重要ですので、第一段階の開示請求の際に忘れないようにしてください。

5 終わりに

インターネットを利用すれば、誰でも容易、迅速、かつ広範囲に大量の情報を発信することができます。名誉を毀損し、プライバシーを侵害する投稿でも同様であり、その被害は、インターネットが我々の生活に密着したものになった今日、極めて甚大になることがあり得ます。どの段階でどのような法的手段を講じるか、本日の講演が皆さんのご検討の一助になれば幸いです。ご清聴ありがとうございました。

第2部　ネット上の情報削除の法的手段（応用編）

〈神田　知宏〉

1　特殊な削除請求

　本日のテーマは、ネット上の情報削除の法的手段ということでいただいております。前半の部分で基本的な手法等のお話があったと思いますが、今回はその後半部分ということで、応用的な、現在実務でどのような相談が増えてきており、それについてどのような対応をしていけばよいのかというお話をさせていただきます。

　まず、特殊な（といってもそれほど特殊なわけではないですが）、普通の削除請求ではない削除請求です。ブログに悪口が書かれているので消したいというような削除請求であるとか、掲示板に悪口が書いてあるからそれを削除したいとか、そういった通常のタイプの削除請求ではない削除請求について（論点が通常ではないということですが）少しお話をいたします。

(1)　相談の増えているケース

　一番上にあるものが「犯罪報道の削除」であり、非常に相談の数が多いものです。普通の人が自分の悪口などが書かれているということで名誉毀損だと言ってみたり、自分のプライバシーが書いてあるということでプライバシー侵害だと言ってくる相談事例も数は多いのですが、それよりも増して最近多いのが犯罪報道の削除という類型です。

　どういう事例かということを説明しますと、インターネットができ民間利用がされてはや20年ぐらいは経過しているわけですが、インターネットができた頃に逮捕されて警察発表等で逮捕報道が出て、それを何者かがインターネットにコピーした記事が今なお消されずにインターネットに残っているという場合です。「今はもう結婚していて子供もいるし、家庭もあるのだが、自分の名前で検索すると20歳の頃に捕まった痴漢の記事が出てきてしまうのでそういったものを削除したい。何とかなりませんか」という相談が比較的多いのです。

　これは若い人の話ですが、もう少し年が上の相談者になると、自分の逮捕歴が出ていると子供の縁談に悪い影響が及ぶのではないかというようなこと

I　ネット炎上・ネット上の情報削除の法的手続

を心配されて、娘、息子の縁談、就職等に悪い影響が出ないように自分の犯罪報道を消したいというような相談があります。さらにもう少し上の相談者になると、この記事が出たままでは自分の子や孫に迷惑が掛かるから死ぬ前に消しておきたいというような相談があります。「自分はもうだいぶ年もいっていて、あとは死ぬだけだ。ただ、これは残っていると自分の子孫に迷惑が掛かるので消しておきたい」というようなことです。犯罪報道の削除という相談については、いろいろな世代の方が相談に見えています。

　次のパターンは「クチコミ、レビューの削除」です。これも類型としてはそれほど多くはないのですが、最近増えています。クチコミサイトがとても増えてきて、例えば転職サイトとか医者のクチコミサイトとかいろいろなものに関するサイトがあります。そういったクチコミサイトのクチコミが削除できるのかというような相談が増えてきています。併せて、似ているが少し違うものとしてレビューの削除というものがあります。Amazonのレビュー等を思い浮かべていただければよいと思いますが、自分の出している、売っているものについてひどい悪口が書かれているということで、削除したいという相談があります。

　あとは、「ハイパーリンクの削除」ですね。通常の悪口ではなく、リンクを張るという行為により、悪口を拡散しようとする行為についても相談があります。

　残りは、法的な措置はあまり関係なくなってくるのですが、「キャッシュの削除」であるとか「サジェストの削除」であるとかという話があります。

　そして最後に書いてあるのが、「検索結果の削除」です。これは非常に最近報道等でも話題にしてもらっているGoogleに対する検索結果の削除、仮処分といった類型で、最後の手段として使える方法ではなのではないかということで、話題になっています。では、順番に見ていきます。

⑵　逮捕報道の削除

　逮捕報道を削除請求しようとする際、仮処分の場合には被保全権利、削除訴訟の場合には訴訟物というものが何であるのかというところが、まず問題になってきます。通常の一般的な悪口、誹謗中傷を削除するような場合には、名誉権に基づく妨害排除請求権としての削除請求権であるとか、プライバシー権に基づく、妨害削除請求権としての削除請求権であるとか、そういっ

た立て方をするわけですが、何十年も前の過去の逮捕報道を削除請求する場合には、どのような被保全権利なり訴訟物なりを使えばよいのかというところが一つ問題になってきます。

　この点について、プライバシーや名誉で構成してももちろん構わないのですが、少しずつ法的には問題があるわけですね。例えば、名誉についてですが、これは民事の手続なので刑法とは直接リンクしているわけではありませんが、刑法の規定に公訴提起されていない段階の犯罪報道については公共の利害に関する事実とみなすというみなし規定があります。そうすると、もちろん逮捕報道を消したいという話ですから、みなされてしまっている公共の利害を否定することができるのかというような問題が若干あるのではないかと考えています。

　プライバシーもやはり同じで、プライバシーの違法性阻却事由というのは、公表する利益と公表されない利益を比較考慮することによって公表されない利益のほうが上回った場合に、違法性阻却事由ありというような判断をされるわけですが、そこでもやはり公共の利害があるのかどうなのか、公共性があるのかないのかという判断が必要になってきます。そうすると同じように、逮捕報道ですからみなし規定があるので、これは公共性を否定することはできないのではないかという疑問が若干ですが生じたりします。

　あともう一つ、コンテンツ・プロバイダのほうから反論されるのは、かつて報道されて世の中に広まってしまっている情報ですから、プライバシーの要件の一つである非公知性の要件がないのではないかというようなことを言われたりもします。したがって、名誉権侵害で構成したり、プライバシー権侵害で構成すると、若干難点があるというところを一つ覚えておいてください。そこで私の場合は、ノンフィクション逆転事件の最高裁（最判平成6年2月8日民集48巻2号149頁）が言っている「更生を妨げられない利益」というものを主張しています。過去がどうあれ、罪を犯した人が罪を償って世に出てきた以上、更生を妨げられない利益があるのだということを前提にして、「今ひっそり穏やかに暮らしているわけだから、この更生を妨げられない利益を壊すような逮捕報道については、削除してもらえませんか」というような請求の立て方をしています。つまり、更生を妨げられない利益侵害に基づく妨害排除請求権としての削除請求権といった主張の立て方をします。この

主張については、更生を妨げない利益が優先すると判断されるときには犯罪報道を削除請求できると言っている東京高裁の判決（東京高裁平成26年4月24日判決）があります。

(3) いつから削除請求できるのか

長期間経過すると過去の犯罪報道を削除できるということですが、ノンフィクション逆転判決というのはご存じのとおり、昔の事件を長期間経過してから掘り起こして書いたら違法だというようなことを言った判決です。インターネットの犯罪報道の場合には事情が異なり、出た当時は適法だった記事が、時間が経過して放置されて長い間経ったらいつの間にか違法な状態に変わるという考え方をします。適法だった記事が、どこから違法になるかは分からないのですが、あるときから急に違法になるという考え方をします。こういったことがあり得るのかという疑問が一つ生じるのですが、この点ついては、先ほどの東京高判は、長期間経過した場合にも同様にノンフィクション逆転判決の規範が当てはまると言っております。すなわち、結論としてはどうなるかというと、出た当時は適法だったが、長時間経過してインターネットで放置されると、あるときから違法に変わると言っています。

(4) 長期間とは何年か

では、長期間とは何年だろうかというところが当然問題になってきます。これについては条文が全くないので、相談を受けた際に非常に困る問題なのですね。相談者が相談に来られると、そのときに「逮捕からもう5年も経っているんだ」とか、「もう10年も経っているんだ」とか、いろいろなことをおっしゃいます。「ついこの間逮捕記事が出たのですが、不起訴になったので、これは是非消してもらいたい」という相談であるとか、「執行猶予判決をもらいました。だからもう世の中に復帰してもいいっていうことなんですよね。削除請求してほしいんです」というような相談であるとか、いろいろなパターンで相談に来るのですが、何年経てばこれは削除してよいのか、また、裁判所としても何年経てば削除決定、削除仮処分決定が出るのかということについては、全く条文がないところで手探りの状態にはなっています。ただ、民事9部の裁判官とやり取りをして、大体公訴時効と同じくらいの期間なのではないかということが経験的に分かってきています。

例えば、痴漢や迷惑防止条例違反等であれば3年、詐欺の場合は7年など、そういった分類で法定刑と照らして刑法をひいて、次に刑訴法をひいて、公訴時効を調べて、「なるほど、これだけ経っているから削除していいのではないでしょうか」といったことを法律相談の場では答えています。

　最近、実際にあったものでは、器物損壊罪で2年半経過というご相談がありました。この場合には懲役3年が最高なので、そうすると公訴時効としても3年でよいのではないかという判断になりますので、「この件はひょっとしたら裁判所に行けば削除決定が出るかもしれませんね」というような話をしています。

　問題点として挙げられるのは、執行猶予期間中というのはまだ削除できないのかということです。ノンフィクション逆転判決をよく読むと、有罪判決を受けた後あるいは服役を終えた後という表現で、更生を妨げられない利益が発生する起算点をだいぶ早めにとっているわけです。有罪判決を受けたらもう更生を妨げられない利益が発生するとか、服役を終えた瞬間にもう更生を妨げられない利益が発生するというようなことを言っているのですが、果たしてそれで削除請求ができるのかというのは一つ問題になります。

　実際にあった事例では、大阪高裁で執行猶予中のものについて削除の控訴が棄却されたという例が一つ報告されています。したがって、大体目安として公訴時効と考えておいていただくと、あまり大きくずれないのではないかとは思います。ただ、冒頭に申し上げたとおり条文が全くないところですので、では1年だったら消せないのかというとそういうわけでもなく、実際に報告を聞いている限りでは、1年経過したところで削除仮処分決定が出たという事例ももちろんあります。1年11か月というのも聞いたことがあります。公訴時効の下限は3年ですが、そういった数字に拘泥されることなく果敢にチャレンジしていただきたいと思います。

　なお、裁判所で判断される場合はどうかという話をしているのであって、裁判所ではなく任意削除請求の場合にはまた事情が変わってきます。任意削除請求というのは、前半に出てきたかと思いますが、メールで削除請求をしたり、オンラインフォームから削除請求をしたりする方法です。こういった場合には、裁判所を通すわけではないので、判断する人はコンテンツ・プロ

バイダの管理者です。コンテンツ・プロバイダの管理者は、そこまで厳密にいろいろな法律のことを知っているわけではない場合もあるので、「もう5年も経っているんだから許してください」というくらいの言い方でも消してくれることは十分にあります。同じように、「執行猶予判決をいただきましたので、是非削除してください」というような任意削除請求をすることによって、任意に削除していただくということはもちろん十分にあり得ます。

(5) クチコミ・レビューの削除

　クチコミやレビューというのは、大抵、物に対する感想なのですね。お医者さんに対するクチコミの場合に、「この医者は最悪だ」などそのお医者さんに対する意見、論評になっている場合ももちろんあります。ただ、物に対するAmazonのレビューのようなものを思い浮かべていただくとよいのですが、「この本はとても面白くない本だ」といった物に対する感想になっている場合が非常に多く、原則的にそういったケースです。

　最近では事故物件情報を扱うサイト等があったりします。事故物件情報が表示しているものというのは、「不動産が事故物件だ」というようなクチコミないしレビューであり、物に対する感想になっているわけですね。そうすると何が言えるかというと、一般的な削除請求権というのは、人格権に基づく妨害排除請求権としての削除請求権というように請求を立てるものですから、人格権侵害でないといけないわけです。ところがこの物に対するレビューというのは、物に対する攻撃になっているために、原則として人格権を侵害していません。したがって、相談を受けた際に、「このレビューを消したいんだ」と言われたときに、「まずこれは人格に対する攻撃になっていませんね」というところに気付いた場合、難しい可能性があるという点はお伝えいただくのがよいかと思います。

　同じように誤解されがちなこととして、「営業妨害だから削除してほしい」というようなご相談を受けることがあります。そうすると、「なるほど確かに営業妨害ですね」という相づちは打てるのですが、これを法的に考えると、営業権侵害に基づく妨害排除請求権としての削除請求権と読んでみると分かるとおり、営業権は人格権ではないわけです。憲法的なところから発想していただくとより分かりやすいのですが、人格権は憲法13条に由来していま

すが、営業権は憲法22条に由来していますので、出てきている条文の元が違います。そうすると、営業権侵害に基づく妨害排除請求としての削除請求というのは、理論的には難しいということに気付いていただかないといけないと思います。

とはいえ、人格攻撃に及んでいる場合ももちろんあるわけです。「この本はとても面白くない」と言った後で、「このような面白くない本を書く著者は、きっと○○であるに違いない」のように、何か人格権侵害となるようなことをついでに書いてしまうという場合は、当然あり得ます。そうすると、そこの部分を捉えて「これは人格権侵害だから、削除してほしい」というような請求はもちろん立ち得るということになります。

お医者さんのクチコミの場合には、お医者さん個人を攻撃していることが割と多いので、そうするとクチコミないしレビューであっても、削除請求しやすい場合はやはり多いとは思います。ただ、難しいのはクチコミ、レビューはどうしても意見論評だということです。前半の講義であったと思いますが、意見論評と事実摘示とは違法性阻却事由の種類が異なります。事実摘示のほうは反真実ということを言えば違法性阻却事由なしと言えるのですが、意見論評型の場合には前提事実が何なのかをまず探った上で前提事実の反真実を言わなければいけないので、そこがまた難しいのです。さらに意見論評の場合には、表現方法が社会的に相当でないというようなことを言わなければいけなかったりするので、普通の言葉でクチコミが書かれている場合には、なかなか削除請求が難しいということになります。

実際にあった例を少しデフォルメしてお伝えしますと、「こんな店最低だ」というクチコミがあったとしましょう。そうすると、まずこの最低というのは何なのか、事実の摘示なのか、それとも意見論評なのかというようなことになります。東京高裁が言うには、「最低という言葉は最高、普通、最低というレベルを表している言葉の一つであって、意見論評にすぎない」とまず言った上で、「最低という言葉は普通の言葉であり、社会的相当性を逸脱しているような表現ではない」というようなことを言って、違法な表現ではないと判断したものがあります。さらに、「最低」が「最悪」だとしても同じです。最悪であっても、それほど社会的相当性を逸脱したような表現ではないと判

断されている例もあります。

　したがって、意見論評だと言われると、削除に持ち込むのはなかなか難しくなってくるということです。削除請求する側の先生方は、なるべくこれは意見論評ではなくて、事実適示だと認定をした上で、適示された事実の反真実を言うことによって違法性阻却事由なしというような構成をとるほうが削除請求は通りやすいと思います。

(6) ハイパーリンクは名誉毀損か

　ハイパーリンクはご存じのとおりですね。クリックすると、別のページが表示されるような文字列のことです。URLにリンクが設定されていることもありますし、URLではないただの普通の文字にリンクが設定されていることもあります。その文字をクリックすると、別のページに飛んでいくという仕組みが設定されている文字のことです。そうすると見てわかるとおり、これが例えばURLだったりすると全く悪口になってないのですね。URLそのものとしては全く悪口になっていないが、URLをクリックして飛んでいった先には悪口が大量に書いてあるという場合に、このURLが名誉毀損なのか争われた事件、及び今でも争われている事件があります。

(7) 肯定説

　一つ挙げておきますと、東京高裁平成24年4月18日判決というものがあります。理論としては、「取り込んでいる」という規範を立てているのですね。リンク先に悪口がいっぱい書いてあるものを、このリンクの中に「取り込んでいる」というような考え方をすることで、ハイパーリンクは違法であり、ハイパーリンク自体が名誉毀損であるというような理論づけをしたものです。

(8) 検索サイトのキャッシュの削除

　よく相談者とトラブルになりがちなケースからご紹介しますと、まず「ネットの中傷を削除してほしい」という依頼を受け、契約書をまいてURLを書いておいて、このURLの悪口を消すという契約を結びます。そして、任意請求なり、削除仮処分なり、何らかの方法をとって、その悪口を削除します。「削除しました」という報告が、そのサイトの管理者の方から来たときに依頼者に報告しますよね。サイト管理者から「削除した」という報告が来て、「これにて業務終了です。ありがとうございました」というようなメールを返し

たときに、依頼者から「何を言っているんですか。まだ検索したら私の名前と一緒にこの悪口が表示されるじゃないですか」というようなことを言われることが珍しくない数あります。

　これはどのような理由かというと、検索サイトが古い情報のコピーを持っているからです。元の記事が削除されてもすぐ検索結果に反映されるわけではありません。これがキャッシュという問題です。Googleが古い状態（まだ悪口が消されていない状態）のデータを持っているために、例えば、先生方が削除仮処分でいろいろなサイトの悪口を消したとしても、Googleにはある程度の期間表示されるといった問題があります。これが検索サイトのキャッシュの問題です。

　ここで依頼者に対して、「いやいや、私が依頼されたのは2ちゃんねるの削除だけであって、Googleの検索結果は知りません」というわけにはやはりいかないだろうと思いますので、そういうときには、「ではGoogleに対してもキャッシュの削除依頼をしておきましょう」と言って削除依頼を出すというようなことをやるとよいかと思います。これは法的措置ではなく、機械処理で削除請求ができます。レジュメ10頁にURLを書いておきましたので、そちらのURLにアクセスしていただいて、「このURLの記事、検索結果を更新してください」といった請求をしていただきます。そうすると何日かして、「分かりました」ということで検索結果が更新されることもあります。逆に更新されないこともあります。

　これはどうやら見ている限り機械処理のようなので、拒否されるとずっと拒否され続けるというような事情もあります。そうすると仕方がないので、依頼者には、「本体が消えている以上、検索結果に出てこなくなるのも時間の問題ですので、しばらく待っていてください」と説明することになるかと思います。

⑼　サジェストの削除請求

　レジュメ10頁の画像は私の名前で検索をしたときに出てくるサジェストです。だいぶ前にスクリーンショットをとったものですので、今もこの状態で出てくるかどうか分かりませんが、私の名前を入れると、何やらいろいろと弁護士であるとか、Googleであるとか、2ちゃんねるであるとかいった

Ⅰ　ネット炎上・ネット上の情報削除の法的手続

用語が、横に追加で表示されてきます。これはまだきれいなほうなので、削除したいとは全く思わないわけですが。

　例えば、会社名を入れた場合に、横に悪徳と出てきたり、ブラック企業と出てきたりすると、会社としてはやはり困るわけですね。そういったサジェストを削除したいというご相談は当然あります。この場合に、サジェストは削除できるのかということになります。

　⑽　**サジェスト削除の裁判例**

　地裁には一つ認容例があるのですが、今のところ東京高裁が「サジェストは削除できない」という判断を二つ出していますので、サジェスト削除に関しては、これを今、削除仮処分なり削除訴訟で対応するのは若干難しい戦いであると認識されています。

　⑾　**サジェストの任意削除請求**

　ではどうするかというと、お客さんから「サジェストを削除してほしい」と言われたら、任意削除請求を試してください。Googleのサイトの中に、「サジェストを削除請求する」というフォームがあります。そちらにたどり着いていただき、「このキーワードを入れたときに、このキーワードがサジェストされます。これは困りますので消してください」という請求をし、消してもらうことができます。それほど削除されないというわけではなく、結構柔軟に削除してくれているような印象があります。URLを書いておきましたので一度試してみてください。

　⑿　**関連キーワードの削除請求**

　大体似たような話なのですが、例えば私の名前をYahoo!で検索すると、「神田知宏　懲戒」などと出るわけです。関連するキーワードとして横に「懲戒」と出てきます。もう一つ隣のものは、「ブラック会社サポーター」といったキーワードが横に出てくるということですね。これは不穏だということで、削除請求したいと思う相談者が結構いらっしゃいます。例えば、「これをクリックすると自分の懲戒歴がばれてしまうではないか」といったことを思うわけです。

　私の場合はクリックしても懲戒歴は出てきませんが、どこかの会社は、会社の行政処分歴みたいな関連キーワードが出ており、「何だ、行政処分歴が

あるのか」と思ってクリックすると、案の定、行政処分歴がたくさん出てきて困るというようなことがあったりします。こういう場合に、この関連キーワードを消すことができるのかについては、やはり単なる単語の羅列であると法的には考えられています。この二つの単語の間に、何らかの関連があるというようには裁判所は考えておらず、単なる単語の羅列であると考えています。そのために、サジェストの削除請求と同様に法的な削除請求は難しいと考えられています。

　もっとも、東京高裁平成27年3月12日判決は単なる単語の羅列が名誉毀損に当たるとしました。ある人の名前の横に、暴行とか、逮捕とか、死刑とか本当にいろんな単語を付けて書いてあるのですが、そういった単語の羅列を名誉毀損に当たると言った高裁判決があります。

　ですから、ひょっとしたら関連キーワードもそれと同じく、違法だと見られる可能性がないわけではありません。ここで一つ注意をしなければいけないのは、「GoogleないしYahoo!は、関連キーワードを機械的に出しているだけではないか。あえて、その人の悪口を書こうと思って、不穏なキーワードを横に並べているわけではないのだから、これは故意も過失もないということで、消せはしないのではないのか」という疑問は当然出るかと思います。

　しかし、一つ覚えておいていただきたいのは、削除請求では相手の故意過失は要件になっていないのですね。人格権侵害に基づく妨害排除請求権としての削除請求権は、当該表現が違法であればそれで十分なのです。したがって、単語の羅列によってその人が何か悪さをしたということが分かるとか、その人が非常に悪い人であるということがその単語の羅列によって読み取れるというような客観的な状態が存在すればそれで十分であり、GoogleやYahoo!が故意過失をもってそのキーワードを出しているかどうかというのは、削除請求というフェーズにおいては関係がないわけです。この点を注意しておくとよいかと思います。

　関連キーワードについても任意削除請求で消える場合が結構あります。URLを書いておきましたので、そちらにアクセスして関連キーワードを消すという任意の削除請求をしていただくとよいかと思います。

I　ネット炎上・ネット上の情報削除の法的手続

⒀　検索結果の削除請求

　これは「忘れられる権利」等と言われて、報道がかなり盛んにされているところですが、どういった手法なのかというところからまず説明します。

　検索結果は三つのパートによって成り立っています。レジュメ12頁は「東京地裁」で検索したときに出てきている検索結果ですが、一番上に「裁判所｜東京地方裁判所」と出ています。こちらを「タイトル」と呼び、その下に何やらURLのようなものが書かれています。完全なURLでないこともあるので「URL」と表現するのは正しくはないのですが、一応この部分は「URL」と表現しています。その下に3行ぐらい、そのサイトからの抜粋がくっついています。この部分を「スニペット」と呼んでいます。

　後ほども出てきますが、このスニペットが名誉毀損、名誉権侵害をしているのであれば、検索結果を削除できるというように、今のところ東京地裁9部では考えられています。タイトルないしスニペットの中に名誉権侵害となるような表現がある場合、又はプライバシー権侵害となるような場合には、この検索結果をGoogleに対して削除請求することができると9部等では考えられています。

⒁　削除請求の目的

　最近では海外サーバーを利用する方が結構いらっしゃいますし、海外のドメインを取っているという方もいらっしゃいます。サイトの管理者を調査したところ、アメリカであればまだ手の打ちようがあるのですが、東欧の見知らぬ国であったりとか、ドメインの登録会社を調べてみたところ、これもまた太平洋の真ん中の島国で連絡をどうやって取るのだろうというような国だったりすると、全く削除の手がかりがないことがあります。そうすると、「通常の方法で、東京地裁民事9部で削除仮処分をやりましょう」と言っても、事実上効果が期待できないというようなケースがあります。

　そうすると、「消せないんですか」「手が打てないんですか」と相談者から言われますが、そんなときに最後の砦として、「せめて検索結果だけでも消してもらいましょう」と提案をしています。検索結果が消えれば、そのページにたどり着くことは多くの場合できないわけですから、依頼者の心は落ち着くということになります。

　もう一つの事例としては、削除対象の記事が膨大にあるというような場合

です。犯罪報道等に関していえば、わいせつ系の犯罪報道は検索結果が膨大にあることが珍しくありません。検索をしてみると、100個、200個は普通にありますよね。そうすると、これを一個一個削除仮処分なり、メールによる削除請求なり、フォームによる削除請求なり、いろいろなサイトの対応に応じていろいろな手続を取っていくと、依頼者の費用負担がばかにならないということがあります。

例えば、1年、2年かけて1個ずつ少しずつ消していっているような人もいます。そうすると、やはり既に払っていただいている金額は、数百万円になったりはするわけですね。そうすると依頼者もなかなか大変ということで、「費用負担が大変でしょうから、せめて検索結果だけでも消してみませんか」というような提案をします。

そうすると、(Googleの場合はなかなか1回というわけにいかないことも多いですが)1回の手続で、検索結果が100個なり200個のわいせつ系の犯罪報道が消え、依頼者の平穏な生活が取り戻せるというようなことになります。ただこの点に関しては、Googleからは「そのような便宜的な目的で、Googleに対して検索結果の削除請求をするとは何事か」というような批判を受けるわけですが。しかし逆にいうと、「手間暇やコストがかけられる金持ちしか人権保障を受けられないほうがおかしいんじゃないのか」という再反論はさせていただいています。「より少ない費用と手間暇で人権保障が得られるほうがよいのではないか」という反論をしています。

⒂ 削除請求の方法

まず任意の削除請求も可能です。検索結果削除仮処分というのがよく報道されていますが、そういった方法ではなく任意の削除請求も可能です。URLを書いておきましたので、こちらにアクセスしていただき、「このURLを消してください」という請求をしてみてください。ただ、非常に忙しいらしく、今、回答が来るのに1か月以上かかります[1]。削除請求を出して「この検索結果を消してください」と請求してから1か月以上返事が来ないということも、もちろん最近ではあります。また、削除を拒まれるという場合もあります。

1　執筆時現在。

Ⅰ　ネット炎上・ネット上の情報削除の法的手続

したがって、任意の削除請求はあるが、一応それはそれと考えてみてください。もし拒まれた場合には、最終手段として検索結果の削除仮処分なり、検索結果の削除訴訟なりということをやっていただくことになります。

検査結果として表示されるタイトル、URL、スニペットと3点セットでそのまま目録に書き写し、「この検索結果を削除してください」という請求をします。

⒃　**検索結果削除仮処分**

例をいくつか参考のために示しておきますと、レジュメ13頁中段の「東京地裁平成26年10月9日決定」は、おそらく日本で初めてではないかと言われているものですが、Googleに対して過去のプライバシーを侵害しているということで、一部認容の決定が出ています。こちらは現在、保全異議の手続真っ最中です[2]。2番目に「東京地裁平成27年5月8日決定」があり、これもまた報道されていましたが、専門職がその専門職を規律する法律に違反した、言うなれば弁護士が弁護士法に違反したという感じの事件です。そういった犯罪において9年経過したというような事案で、全部認容決定が出ています。ただ、こちらは本案係属中です。

次が、「さいたま地裁平成27年6月25日決定」ですが、こちらも報道されており、性関係の犯罪で3年半経っている事件で全部認容をされています。こちらも本案は係属中です。このさいたま地裁決定の保全異議の決定が、次の「さいたま地裁平成27年12月22日認可決定」です。ご興味のある方は判時2282号78頁をご覧ください。全文が出ています。

この決定の面白いところは、社会から「忘れられる権利」を有すると決定の中で書いてあるのですね。今までおそらく、日本の裁判所が「忘れられる権利」という言葉を決定に書いたことはなかったのではないかと思いますし、「これがおそらく初めてなのではないか」と報道等では言われています[3]。

「東京地裁平成27年11月16日決定」も報道されていました。オレオレ詐欺で10年経過して認容されています。「札幌地裁平成27年12月7日決定」も報道されていました。

---

[2]　平成28年7月14日に決定が出て、保全抗告中です。
[3]　保全抗告審の東京高裁平成28年7月12日決定は忘れられる権利について判断する必要はないとしています。

あとはいろいろありますが、ヤフー株式会社に対するものとして「東京地裁平成27年12月1日決定」というものもあります[4]。「千葉地裁松戸支部平成27年4月7日決定」は、Google Mapの削除仮処分ということで報道されていましたが、Google Mapの口コミを消すだけではなく、同様にしてGoogleの検索結果の削除決定も含まれています。これも認容されています。

このように、たくさんの削除仮処分決定が出ており、『民事保全の実務』（第3版増補版（上））の中でも、「目録はこういうふうに書きなさい」というページが最近追加されたばかりで、そういった目録を参考にして書いていただくとよいかと思います。

「忘れられる権利」というと、犯罪報道を消すものなのかというような印象を持っているかもしれませんがそうではなく、純粋に法理論上は名誉権侵害も消せるし、プライバシー侵害も消せます。法人に対する名誉権侵害という事例において、Googleに対する検索結果の削除仮処分決定が平成28年4月11日に2件出ています[5]。

⒄ 検索結果削除訴訟

訴訟のほうでスニペットが違法だと言っているのは、大阪高裁平成27年2月18日判決です。「スニペットに記載された逮捕事実は、控訴人の社会的評価を低下させる」と言い切っています。

すなわち、違法性阻却事由の条件さえ調えば検索結果を削除するということも許されるとこの大阪高裁が考えたのだと思います。ただ、結論としては控訴棄却となっていますので、Yahoo!に対する削除命令は出なかった事案です。

⒅ 検索サイト側の引用する例

「東京地裁平成27年7月27日判決」は、Googleに対する検索結果削除訴訟でしたが、特殊な事案です。時系列が遡りますが、少し前に別の弁護士に2ちゃんねるに出ている逮捕記事の削除を依頼したところ、その弁護士がやり方を間違ってしまい、「当職は何々の代理人弁護士の何それです。依頼者の何々は確かに逮捕されていますが、これは削除してください」と公の掲示板に書いてしまったのですね。そんなことをすれば炎上するのは目に見えて

---

4 保全異議審の東京地裁平成28年8月17日決定でも、削除命令は維持されています。
5 平成28年8月現在、本案係属中です。

いるわけですが、案の定削除されませんでした。そこで、時間が少し経過した後に、Googleに検索結果の削除依頼をしたというような事案でした。

　非常に事案が特殊なのですが、やはり裁判所はそこに目をつけ、原告の代理人が書いたのだからそれは原告の管理下にあったものだろうということで、悪いのは原告でありGoogleは消す必要がないという判断をしたものです。これは極めて特殊であり、この事案だったからこそ棄却されたのだろうと考えています。

　もう一つ検索サイト側が出してくるものとして、「東京高裁平成27年7月7日決定」というのがあります。これは弁護士が付いている様子がないので、おそらく本人訴訟なのだろうということが見えるのですが、地裁がスニペットをクリックした先の情報を取り込んで判断してくれなかったということで、即時抗告した事案です。最初に申し上げたとおり、今、検査結果の削除というのはタイトル、URL、スニペットの表現を読んで、そこに名誉権侵害なりプライバシー権利侵害なりがあるかどうかという判断をするのですが、この方はどうやら「リンクをクリックした先にいっぱい悪口が書いてあるから、検索結果を削除してほしい」と主張したように思います。

　即時抗告をしたところ、高裁はやはり認めず、リンクをクリックした先の情報を読んで検索結果を消すというような判断はしないというようなことを言っている裁判例です。したがって「これは事情が異なる。規範が異なる」というような反論を私はしています。

⑲　いわゆる「忘れられる権利」

　「忘れられる権利」とはなんぞやということですが、（もう少し前のデータ保護規則案17条の辺りからも輸入され始めていましたが）日本で「そんな権利があるのか」ということで広く話題になったのが、2014年5月13日EU司法裁判所の"right to be forgotten"という表現でした。

　日本では検索結果の削除請求権という意味でも使われる「忘れられる権利」ですが、さいたま地裁の決定は、「社会から忘れられる権利」という表現をしています。そうすると、この忘れられる権利に基づく妨害排除請求権としての削除請求権と捉えられたものと考えています。すなわちどういうことかというと、人格権の中には名誉権もあるし、プライバシー権もあるし、氏名権もあるし、いろいろな人格権が含まれているのですが、その人格権の一つ

として「忘れられる権利」というものが含まれていると理解すると、さいたま地裁の「忘れられる権利」を理解しやすいのではないかと思います。

では、「忘れられる権利」とプライバシーの違いは何かということになりますと、おそらく公表時に適法だった記事の削除に、議論・論点の違いが出てきます。先ほど申しましたように、逮捕報道の場合には公共性がみなされていますので、そういった「みなされているものを削除できるのか」ということを検討するよりも、端的に「忘れられる権利があるから削除請求ができるのだ」と言ったほうが簡単なのではないかと思っています。

2 海外企業に対する請求

(1) 債務者の例（2ちゃんねる）

最近、海外企業に対して削除請求するという例が非常に増えてきており、例えば2ちゃんねる等はあまり意識はされていないかもしれませんが、両方とも海外企業です。「2ch.net」というのは今フィリピン法人がやっていますし、「2ch.sc」というのはシンガポール法人がやっています。2ch.scのほうは西村博之さんがやっているとアナウンスがされています。したがって、主たる業務担当者が東京在住[6]ということで、管轄が東京で取れるということになります。一方、2ch.netはフィリピン法人なので、こちらはそう簡単には手続が進みません。フィリピンという国が送達条約に未加盟であるために、双方審尋期日だけで7か月以上先になります。したがって、削除仮処分の依頼を受けたとしても、実際に決定が出るのは7か月、8か月先というような状況です。2ch.netの削除仮処分を受けるときは、よく説明をする必要があるかと思います。

他方、IPアドレスの開示仮処分については無審尋上申が通りますので、即日担保決定をもらうことも可能です。この決定をメールで送信して開示請求をしてもらうということになります。削除請求も同じですが、決定が出たものをメールで送って削除してもらうというようなことをやっています。

(2) 債務者の例（ほか）

他の債務者の例としては、例えばGoogle、Twitter、Facebook辺りが要

---

[6] 西村氏は現在フランス在住とテレビで話されています。

注意です。GoogleもTwitterもFacebookも日本法人がありますが、日本法人にはデータ管理権がないと説明されていますので、Google又はTwitterを訴えるのであればカリフォルニア州法人であり、Facebookに関してはFacebook Ireland Limitedと言われています。FC2もよく削除請求の相手になりますが、こちらはネバダ州法人（FC2、Inc.）となります。

　Amazonは特殊であり、ニュースで東京地裁平成28年3月25日判決が報道されていました。アマゾンジャパンが開示関係義務提供者性を認めたという報道が流れていました。したがって、Amazonに関していえば、ワシントン州法人ではなく日本法人を訴えればよいのではないかということが、そのときに非常に歓迎されたわけですが、その後、別のメディアがAmazonの日本法人に問い合わせたところ、「原則どおりワシントン州法人[7]を訴えてください」というようなことを言われたというニュースも流れていました。したがって、これは今後受ける方はやはりどちらもやってみないと分からないということになると思います。日本法人を訴えてみたが「うちじゃありません」と言われたら、ワシントン州法人を訴えなければならないということになります。「アマゾンドットコムインターナショナルセールスインク」とカタカナでは書きますが、その法人を訴えなければならないということになります。

(3) 削除請求の管轄

　こちらは不法行為地で取れます。したがって、こちらではおそらく東京のお客さんが多いでしょうから東京地裁で管轄が取れるというのが普通なのですが、例えば大阪のお客さんが「Twitterに悪口を書かれたから消してほしい」ということを言ってきたら、大阪地裁へ行って削除訴訟なり削除仮処分をしなければいけないというような状況です。

(4) 開示請求の管轄（2ch.sc）

　特殊なのは2ch.scだけです。2ch.scは、先ほど説明したとおり、主たる業務担当者が日本（東京23区）にいるので、東京地裁で開示請求ができます[8]。ただ、今のところいろいろと相談がある中で、この条文を使うのは2ch.scだ

---

[7] 現在はワシントン州法人ではなく、ネバダ州法人「Amazon Services LLC」が利用規約に記載されています。最新情報は利用規約でご確認ください。
[8] フランス在住とのことですので、条文操作が必要です。

けです。

(5) 開示請求の管轄（一般）

それ以外の海外法人に関しては、開示の管轄はどこにあるのかということになりますが、こちらは条文操作をすることで、必ず東京地裁になるという仕組みになっています。条文については四つ書いてありますが（レジュメ16頁）、この条文操作をすることによって、海外法人に対する発信者情報開示仮処分をする場合には必ず東京地裁でやらなければいけないということになっています。

(6) 管轄の分離の問題

東京の客さんの場合には、削除請求をするのも東京地裁、開示請求をするのも東京地裁ですから、管轄の分離の問題点というのは生じないのですが、大阪のお客さんから「Twitterに悪口を書かれている。何とかしてください」と相談を受けた場合には、削除仮処分は大阪でやらなくてはいけないのですが、開示仮処分は東京でやらなければいけません。したがって、同じ事件であるにもかかわらず、しかも同じ内容の書き込みであるにもかかわらず、削除は大阪地裁、開示は東京地裁というように2回やらなければいけないという問題があります。仮処分ですので併合もできませんし、二つやらなければいけないというところが今、問題視されております。

(7) 双方審尋

手続について軽く書きますと、双方審尋は債務者呼出ですが、仮処分申立書と疎明資料の英訳を送ります。呼出状の英訳も送ります。呼出状は書記官からもらうわけですが、これを英訳して送るということです。送達条約未加盟国の場合には、送達嘱託書というものも英訳して送らなければいけないというようにいろいろな英訳の作業が発生します。

送達条約に加盟している国であればEMSで呼び出しますので大体1週間、そして準備期間が1～2週間ぐらいで双方審尋期日が入ります。代理人が付いた後は、国内法人と扱いが同じですので、あまり変わるところはありません。違ってくるのは英訳しなければいけないというところと、双方審尋期日が国内法人よりも1～2週間先になるというところでしょうか。

以上で、私のお話は終わります。

レジュメ

Ⅰ ネット炎上・ネット上の情報削除の法的手続
第1部　インターネット上の名誉毀損、プライバシー侵害の法的対処

弁護士　田島　正広

1　はじめに〜インターネット上の名誉毀損、プライバシー侵害の状況

2　法的対処法①〜損害賠償請求
(1)　投稿者に対する名誉毀損に基づく損害賠償請求〜名誉毀損の成立と違法性阻却事由等
- 保護対象〜名誉感情も含まれる（東京地判平成2年7月16日判時1380号116頁）。
- 名誉毀損の判断は、一般読者の普通の注意と読み方を基準として解釈した意味内容に従う（最判昭和31年7月20日民集10巻8号1059頁（新聞の場合）、最判平成15年10月16日民集57巻9号1075頁（テレビの場合））。
- 同じ職場の社員十数名宛ての誹謗メール送信による不法行為の成立を認めた事例（東京高判平成17年4月20日）、不特定又は多数人に対する伝播可能性をもって、不法行為の成立を認めた事例（東京高判平成22年1月20日公刊物未登載・平20（ワ）16947号）。
- 氏名の一部伏字でも、本人の特定性を認めた事例（東京地判平成27年9月16日・平27（ワ）8509号）。
- モデル小説において本人の特定性を認めた事例（「宴のあと」事件・東京地判昭和39年9月28日、「石に泳ぐ魚」事件・最判平成14年9月24日）
- ヘイトスピーチと特定性 cf) 所沢ダイオキシン事件・最判平成15年10月16日民集57巻9号1075頁。
- 言論の応酬の場面で違法性阻却を認めた事例（最判昭和38年4月16日民集17巻3号476頁・裁判集民65号505頁、横浜地判平成6年2月1日判時1521号100頁）。
- 対抗言論を理由に不法行為の成立を否定した事例（東京地判平成13年8月27日判時1778号90頁）、対抗言論はその成否に影響しないとした事例（東京高判平成13年9月5日判時1786号80頁）。

—1—

- 真実性の証明（刑法230条の2）、真実相当性の証明（最判昭和44年6月25日刑集23巻7号975頁）、真実性の抗弁・真実相当性の抗弁（最判昭和41年6月23日民集20巻5号1118頁）。
- 公正な論評の法理（最判平成9年9月9日民集51巻8号3804頁）。
- インターネット上の表現行為でも、その他の表現行為に比してより緩やかな要件で名誉毀損罪の成立を判断すべきではないとした事例（最判平成22年3月15日刑集64巻2号1頁）。

(2) 投稿者に対するプライバシー侵害に基づく損害賠償請求～プライバシー侵害の成立と公共性に関する違法性阻却
- プライバシー侵害の伝統的要件～①個人の私的事柄、又はそれらしく受け取られる虞のある、②非公開の事実で、③一般人が本人の立場に立った場合に公開を欲しないものを、本人の承諾なく公開し、その結果本人が精神的苦痛などの損害を受けたこと（「宴のあと」事件・東京地判昭和39年9月28日）。
- センシティブなプライバシー情報の無断取得、利用に対して高額の損害賠償請求を認容した事例（HIV解雇無効請求に関する、東京地判平成7年3月30日判時1529号42頁（会社に対して慰謝料300万円及び未払賃金の支払を命じた）、千葉地判平成12年6月12日労判785号10頁（会社に対して慰謝料200万円及び未払賃金等の支払を命じた））。
- 氏名、住所などの比較的秘匿性の低いプライバシー情報の侵害につき、不法行為の成立を認めた裁判例（東京地判平成2年8月29日判時1382号92頁、早稲田大学江沢民主席講演会名簿提出事件上告審判決・最判平成15年9月12日民集57巻8号973頁）。
- 時の経過によるプライバシー保護～前科報道に関する利益衡量論（「逆転」事件・最判平成6年2月8日民集48巻2号149頁）。
- 公共性・相当性による違法性阻却（週刊文春渡辺恒雄事件・東京地判平成17年10月27日判時1927号68頁）。
- 受忍限度論による違法性判断（法廷写真撮影に関する最判平成17年11月10日民集59巻9号2428頁・裁判集民218号385頁）

(3) コンテンツ・プロバイダに対する損害賠償請求～不作為による不法行為の成立
- 掲示板管理者に削除義務違反の不作為による不法行為を認定した事例（パソコンフォーラム管理者のニフティに対する損害賠償請求事件・東京高判平成13年9月5日）。
- 削除義務が認められる場合とは？
- 削除義務の法的位置づけ～義務違反の不作為が過失の評価根拠事実？
- 投稿内容の真実性、真実相当性の立証責任を掲示板管理者が負うとされた事

Ⅰ　ネット炎上・ネット上の情報削除の法的手続

　　　　例（2ちゃんねる動物病院事件）〜一般化可能か？
　(4)　検索エンジン運営事業者に対する損害賠償請求の可能性
　　　・検索エンジン運営事業者に対する法的請求が必要となる背景
　　　・損害賠償請求を根拠付けるための検索エンジン運営事業者の管理行為性（cf）サジェスト機能（差止請求）に関する東京高判平成26年1月15日（後述））と、私法上の削除義務違反による過失の可能性は？。
　(5)　謝罪広告等の名誉回復処分
　　　・必要性の判断基準。
　　　・インターネット上のウェブサイトでの謝罪広告を命じた事例（東京地判平成13年12月25日判時1792号79頁）。

3　法的対処法②〜削除請求

　(1)　名誉毀損記事に対する差止の法的根拠〜人格権侵害による妨害排除請求としての差止
　　　・名誉権毀損記事の差止請求権の法的根拠〜①不法行為の効果一般とする見解、②民法723条の名誉回復処分とする見解、③人格権としての名誉権に基づく妨害排除・予防請求権（通説・判例）。
　　　・北方ジャーナル事件・最高裁判決の提示した要件〜表現行為の事前差止の要件として、①表現内容が真実でないか又はもっぱら公益を図る目的でないことが明白であって、②被害者が重大にして回復困難な損害を被る虞がある場合に限られる。
　　　・私人間の私的な内容の名誉毀損記事の場合で、真実性・公益目的の点を疎明程度に緩和した事例（「虚妄の学園」事件・東京地決平成元年3月24日判タ713号94頁）。
　　　・差止請求の際の投稿者側の故意又は過失を争う必要性の要否（不要）。
　(2)　プライバシー侵害に対する記事差止を容認した判例
　　　・プライバシー侵害に基づく差止請求の要件〜、①侵害行為により予想される被害と差止により侵害者側が受ける不利益との利益衡量によるという見解（個別的利益衡量論、「石に泳ぐ魚」事件・東京高判平成13年2月15日判時1741号68頁、「エロス＋虐殺」事件・東京高判昭和45年4月13日判時587号31頁）、②権利侵害の違法性が高度な場合に差止を認めるという見解（高度の違法性説、「エロス＋虐殺」事件・東京地判昭和45年3月14日判時586号41頁）、③専ら公益を図る目的でないことが明白で、重大かつ回復困難な損害を被る虞がある場合に差止を認める見解（定義的衡量論、週刊文春差止請求事件・東京高決平成16年3月31日判時1802号60頁、「ジャニーズおっかけマップ・スペシャ

ル」事件・東京地判平成10年11月30日判時1686号68頁）等。
- 「石に泳ぐ魚」事件・最高裁判決～「公共の利益に係わらない被上告人のプライバシーを含む本件小説の公表により、公的立場にない同人の名誉、プライバシー、名誉感情が侵害されたものであり、本件小説の出版等により被上告人に重大で回復困難な損害を被らせる虞がある」として、差止を認めた原審を維持した。

(3) コンテンツ・プロバイダに対する削除請求
- コンテンツ・プロバイダに対する削除請求の根拠～人格権に基づく妨害排除・予防請求権
- コンテンツ・プロバイダに対する削除請求の根拠要件～非公共的立場の本人の名誉権、プライバシー権等の人格権に回復困難な重大な損害を及ぼす虞があり、それが管理者によって削除等管理可能な状況にあれば、差止を否定する理由はないこと。
- 記事投稿者に対する差止が可能な場合の保全の必要性。

(4) プロバイダ責任制限法上の送信防止措置
- プロバイダ責任制限法におけるプロバイダの免責①～プロバイダが記事の削除に応じなかった結果、名誉毀損を受けた本人に損害が生じた場合
  次の要件のいずれかに該当しなければ損害賠償責任を負わない（同法3条1項）。
  ① プロバイダが当該電気通信による情報の流通によって他人の権利が侵害されていることを知っていたとき。
  ② プロバイダが、当該電気通信による情報の流通を知っていた場合であって、当該電気通信による情報の流通によって他人の権利が侵害されていることを知ることができたと認めるに足りる相当の理由があるとき。
- プロバイダ責任制限法におけるプロバイダの免責②～プロバイダが記事の削除に応じた結果、投稿者側に損害が生じた場合
  次の各号のいずれかに該当するときは損害賠償責任を負わない（同法3条2項）。
  ① プロバイダが当該電気通信による情報の流通によって他人の権利が不当に侵害されていると信じるに足りる相当の理由があったとき。
  ② 被害者本人から、当該権利を侵害したとする情報、侵害されたとする権利及び権利が侵害されたとする理由を示してプロバイダに対し侵害情報の送信防止措置を講ずるよう申出があった場合に、当該プロバイダが、発信者（投稿者）に対し当該侵害情報等を示して当該送信防止措置を講ずることに同意するかどうかを照会した場合において、当該発信者が当該照会を

I　ネット炎上・ネット上の情報削除の法的手続

　　　　受けた日から7日を経過しても当該送信防止措置を講ずることに同意しない旨の申出がなかったとき。
　　・送信防止措置を求められたプロバイダから発信者（投稿者）への連絡・送信防止措置に同意するかの照会の意義
　　・ガイドラインと送信防止措置に関する書式等〜一般社団法人テレコムサービス協会のプロバイダ責任制限法ガイドライン等検討協議会　http://www.isplaw.jp/
　　・送信防止措置の求めに際しての留意点。
　(5)　検索エンジン運営事業者に対する削除請求の可能性〜EUの動向と我が国の裁判例の現状
　　・検索エンジン運営事業者に対する差止請求が必要となる背景
　　・EUでの「忘れられる権利」の議論と検索結果削除請求の意義
　　・EUでのリーディングケース〜グーグル（Google Inc.）に対して検索結果に表示される過去の競売情報の削除を命じたEU司法裁判所の判決（平成26年5月13日）。
　　・元の記事の抜粋部分（スニペット）に表示される本人の逮捕を報じる記事の削除と損害賠償請求が棄却された事例（大阪高判平成27年2月18日、上告受理申立中）。
　　・サジェストに本人の氏名と同時に表示される犯罪関与を窺わせる表示の差止及び損害賠償請求が棄却された事例（東京高判平成26年1月15日、上告中）。
　　・検索結果の削除仮処分が命じられた事例（東京地決平成26年10月9日）
　　・検索結果の表題及びスニペットに表示される過去の逮捕報道を報じる記事の削除を命じた仮処分決定が認可された事例（さいたま地決平成27年12月22日判時2282号78頁等）、及びこれを取り消して仮処分決定を却下した事例（東京高決平成28年7月12日公刊物未登載）。

4　法的対処法③〜発信者情報開示請求

　(1)　発信者情報開示請求権
　　・発信者情報開示請求権の必要性と法的位置づけ
　　・対象となる電気通信〜不特定者によって受信されることを目的とする電気通信（同法2条1号）
　　・開示請求の要件〜電気通信によって権利侵害を受けた者が、
　　　①　侵害情報の流通による権利侵害が明らかであるとき
　　　②　当該発信者情報が当該開示請求者の損害賠償請求権の行使のために必要である場合その他開示を受けるべき正当な理由があるとき

—5—

のいずれの要件も満たすこと（同法4条1項）。
- 権利侵害の明白性〜違法性阻却事由である真実性・真実相当性の抗弁等に関する各事由の存在を窺わせるような事情が存在しないことの立証責任を請求者側に課した事例（東京地判平成17年8月29日判夕1200号286頁）。
- 不法行為の主観的要件（発信者の故意・過失）までは請求者が主張立証する必要はないとした事例（上記東京地判、及び東京地判平成15年3月31日判時1817号84頁）。
- プロバイダによる、発信者への意見聴取（同条2項）。
- プロバイダの免責〜開示請求に応じないことにより開示請求者に生じた損害については、故意又は重大な過失がある場合でなければ、賠償の責めに任じない。
- 開示に応じなかったプロバイダは同法4条1項各号所定の要件のいずれにも該当することを認識し、またはそのいずれにも該当することが一見明白であり、その旨認識できなかったことについて重大な過失がある場合にのみ、損害賠償責任を負う（最判平成22年4月13日判時2082号59頁）。

(2) コンテンツ・プロバイダから経由プロバイダにたどり着くための二段階請求
- 多くのコンテンツ・プロバイダはユーザの匿名利用を許容〜把握している発信者情報は、IPアドレス（数字の羅列で表されるインターネット上のいわば住所）、タイムスタンプ情報(接続日時情報)、携帯電話の場合の個体識別番号(SIMカード識別番号) 程度。
- IPアドレスの開示を受けられれば、当該アドレスを管理し当該日時に投稿者に当該アドレスを付与していた経由プロバイダ事業者名を探索可能。
  → Whois検索（whoisをインターネットで検索すると各社が表示されます）、Aguse（https://www.aguse.jp/）等の各サイトを利用。
- 経由プロバイダにおいては、発信者と直接実名かつ有償での利用契約を締結していることが多い〜ここに当該タイムスタンプの日時に当該IPアドレスを付与した発信者の開示を求めることで、当該発信者の氏名、住所が判明することが期待される。
  → まずはコンテンツ・プロバイダから上記IPアドレス、タイムスタンプ情報の開示を受けた上で、これにより判明する経由プロバイダに対して、第二次的な発信者情報の開示を請求することになる。
  → 経由プロバイダにおける発信者情報の保存期間に留意する必要があり、第一段階のコンテンツ・プロバイダに対する開示請求は、任意交渉で開示されない場合には仮処分で行うのが通例。
- 第二段階の請求を裁判外で受けた時点で事実上経由プロバイダが発信者情報

Ⅰ　ネット炎上・ネット上の情報削除の法的手続

の保存に応じることも多い。
- 第二段階の請求における経由プロバイダは発信者情報開示請求の対象となるとするのが判例（最判平成22年4月8日民集64巻3号676頁）・実務。

(3) 携帯電話からの投稿への法的対応
- 携帯電話からの投稿の特徴〜IPアドレスは極めて短時間に複数の携帯電話に用いられることがある。
  →IPアドレスとタイムスタンプだけでは発信者の特定が困難な場合があり得ることから、省令で個体識別番号が開示対象の発信者情報に加えられている（同法4条1項の発信者情報を定める省令6号）。
  →第一段階の発信者情報開示請求の時点で個体識別番号も含めて開示を求め、その開示の上で第二段階の携帯電話事業者宛ての開示請求を行うべきである。

5　終わりに

第2部　ネット上の情報削除の法的手段（応用編）

弁護士　神田　知宏

特殊な削除請求

相談の増えているケース

・犯罪報道の削除
・クチコミ、レビューの削除
・ハイパーリンクの削除
・キャッシュの削除
・サジェストの削除
・検索結果の削除

逮捕報道の削除

・更生を妨げられない利益（最判平成6年2月8日）
・「更生を妨げられない利益が優先すると判断されるときには、その者はウェブサイトの管理運営者に対し、当該ウェブページを削除することを請求することができる」（東京高裁平成26年4月24日判決（公刊物未登載））
・「更生を妨げられない利益」侵害に基づく妨害排除請求としての差止請求（削除請求）

いつから削除請求できるのか

・長期間経過後に過去の犯罪記事を実名で書かれた場合だけでなく
・有罪判決以前にウェブサイトの掲示板に被疑事実に係るウェブページが作成され、そのまま閲覧可能な状態に置かれて**長期間経過した場合にも当てはまる**（前掲東京高判）

長期間とは何年か

・公衆の正当な関心という観点からは、公訴時効と同じ程度の期間（3年〜5年）
・民事の時効という観点もある（3年）
・執行猶予期間中はまだ削除できないのか、という問題
　・ノンフィクション逆転判決は「有罪判決を受けた後あるいは服役を終えた後」という基準
・不起訴でも長期間経過が必要なのかという問題
・任意請求であれば、もっと早期に削除可能

クチコミ・レビューの削除

・商品や賃貸物件等、「物」に対するクチコミ・レビューを削除できるか
・一般的な削除請求権は、人格権に基づく妨害排除請求権としての差止請求権なので、「物」の評価を下げても財産権侵害にしかならない
・営業権侵害（業務妨害）は**人格権侵害ではない**ため、削除請求の根拠とならない

ハイパーリンクは名誉毀損か

・リンク先の記事は名誉権侵害だが、そのリンク先を示すURL文字列（ハイパーリンク）自体は名誉権侵害か、という問題
・ハイパーリンク
　・（例）http://www.nichibenren.or.jp/
　・クリックすると、別のウェブページが開く
　・単なる文字列なのか、名誉権を侵害する事実の摘示なのか

肯定説

- 東京高裁平成24年4月18日判決(公刊物未登載)
  - 本件各記事を書き込んだ者は、意図的に本件記事3に移行できるようにハイパーリンクを設定表示しているのであるから、本件記事3を本件各記事に取り込んでいると認めることができる
  - 「取り込んでいる」という基準で事実摘示による名誉権侵害を肯定

検索サイトのキャッシュ削除

- 問題の記事本体が削除されても、Google等の検索結果に残り続ける問題
- Google等が記事のコピー(キャッシュ)を保有しているために生じる
- キャッシュの削除依頼をする
  - https://www.google.com/webmasters/tools/removals
  - https://www.yahoo-help.jp/app/ask/p/2508/form/searchfdbk-info

サジェストの削除請求

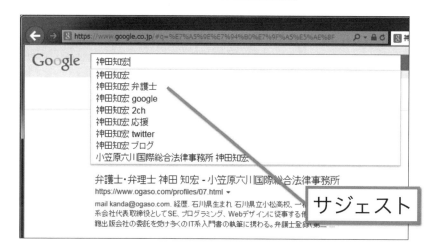

サジェスト削除の裁判例

- 認容例：
  - 東京地裁平成25年4月15日判決
    - サジェストが違法なページへ誘導している
- 棄却例：
  - 東京地裁平成25年5月30日判決
    - 検索結果からは違法性が読み取れない
  - 東京高裁平成25年10月30日判決
    - 表示された氏名と団体名が関連づけられてはおらず、名誉毀損は成立しない

サジェストの任意削除請求

- 検索サイトはサジェストの任意削除請求に応じている
- 削除請求フォームから請求（「オートコンプリート」の削除請求）
- https://support.google.com/legal/contact/lr_legalother?product＝searchfeature

関連キーワードの削除請求

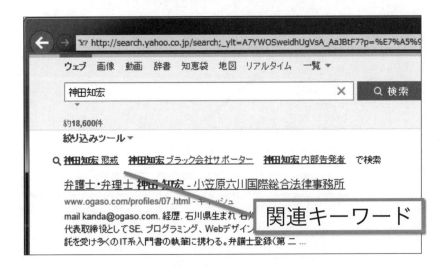

関連キーワードの削除

- 単なる単語の連続であると考えられており、サジェスト同様に法的な削除請求は難しい
  - なお、東京高裁平成27年3月12日判決は単語の羅列による名誉権侵害を肯定
- 任意削除請求では、削除が認められるケースもある
- https://support.google.com/legal/contact/lr_legalother?product=searchfeature
- https://www.yahoo-help.jp/app/ask/p/2508/form/searchrelword-info

検索結果の削除請求

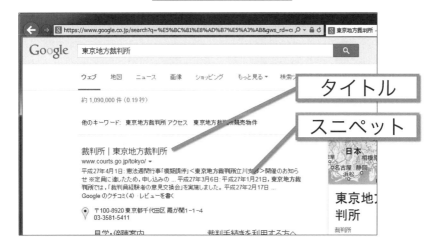

目　的

- 海外サーバー、海外ドメイン、まったく削除の手がかりがない、という状況でも、心理的負担を減らすことができる
- 削除対象の記事が膨大にあるとき、手続のコスト、日数などを減らせる

削除請求の方法

- 任意削除請求も可能
    - https://support.google.com/legal/contact/lr_legalother?product=websearch
    - 現在、回答に1か月ほど要している
    - 削除を拒まれる場合も多い
    - https://www.yahoo-help.jp/app/ask/p/2508/form/searchfdbk-info
- 検索結果削除仮処分
    - 検索結果として表示されるタイトル、URL、スニペットを指定して検索結果の削除を申し立てる

検索結果削除仮処分(1)

- 東京地裁平成26年10月9日決定
    - Google、プライバシー等、一部認容
- 東京地裁平成27年5月8日決定
    - Google、専門職の犯罪、9年、認容、本案係属中
- さいたま地裁平成27年6月25日決定
    - Google、性関係犯罪、3年半、認容、本案係属中
- さいたま地裁平成27年12月22日認可決定（判時2282号78頁）
    - 「忘れられる権利」に基づく削除請求に言及

検索結果削除仮処分(2)

- 東京地裁平成27年11月16日決定
    - Google、詐欺、10年、認容
- 札幌地裁平成27年12月7日決定（2015WLJPCA12076001）
- 東京地裁平成27年11月27日決定　一部認容
- 東京地裁平成27年12月1日決定　一部認容
    - ヤフー株式会社に対するもの
- 千葉地裁松戸支部平成27年4月7日決定
    - Google Mapの口コミおよび検索結果、認容
    - 保全異議も認可決定（10月1日）

検索結果削除仮処分⑶

- 東京地裁平成28年4月11日決定（2件）
  - Google、法人に対する名誉権侵害、認容

検索結果削除訴訟

- 大阪高裁平成27年2月18日判決
  - Yahoo!JAPAN、迷惑防止条例違反、約2年
  - 比較衡量のうえ、棄却
  - 「本件検索結果に係るスニペット部分に記載された本件逮捕事実は、」「控訴人の社会的評価を低下させる事実であるから、本件検索結果に係るスニペット部分にある本件逮捕事実の表示は、原則として、控訴人の名誉を毀損するものであって違法であると評価される。」

検索サイト側の引用する例

- 東京地裁平成27年7月27日判決（棄却）
  - 原告の代理人弁護士が原告の前歴を公表したものであり、要保護性がないとした
  - 「総合考慮すれば」差止請求は認められない
- 東京高裁平成27年7月7日決定（棄却）
  - 本人訴訟（仮処分）、地裁がスニペット外の事情を違法性判断の基礎としなかったため、即時抗告したものと考えられる
  - スニペット外の事情をどこまで取り込めるかを判断したもの

いわゆる「忘れられる権利」

- EU司法裁判所（2014/5/13）
  - the "right to be forgotten"
- 日本では「検索結果の削除請求権」の意味でも使われるが、前掲さいたま地裁決定は、「社会から忘れられる権利」と表現し、かかる人格権に基づく削除請求を認めたものと読める。
- 忘れられる権利とプライバシー権の違いは何か
  - 公表時に適法だった記事の削除に議論・論点の違いが生じる

I ネット炎上・ネット上の情報削除の法的手続

海外企業に対する請求

債務者の例（２ちゃんねる）

- ２ちゃんねる（2ch.net）
    - フィリピン法人RaceQueen, Inc
    - 送達条約未加盟のため双方審尋が7か月以上先
    - IPアドレス開示は無審尋上申が通る
    - メールで決定正本を送信し削除・開示請求
- ２ちゃんねる（2ch.sc）
    - シンガポール法人PACKET MONSTER INC.
    - 主たる業務担当者が東京在住[1]
    - 無審尋上申＋送達遅らせ上申（簡易取戻のため）

債務者の例（ほか）

- Google：カリフォルニア州法人GOOGLE INC.
    - ストリートビューは日本法人
- Twitter：カリフォルニア州法人Twitter, Inc.
- facebook：アイルランド法人Facebook Ireland, Ltd.
- FC2：ネバダ州法人FC2, Inc.
- Amazon：ワシントン州法人Amazon.com Int'l Sales, Inc.[2]
    - アマゾンジャパン株式会社は開示関係役務提供者性を認めた（東京地裁平成28年3月25日判決）[3]

---

1 現在はフランス在住。
2 現在は別の会社（本文参照）。
3 現在は合同会社。

削除請求の管轄

- 国際裁判管轄
  - 不法行為地（民訴3条の3、8号）
- 国内管轄
  - 不法行為地（民訴5条、9号）
  - インターネット事案では、被害者の住所地が結果発生地となることが多い（判タ1395号）
  - 居所や所属法人の所在地、等により管轄を変えることも可能

開示請求の管轄（2ch.sc）

- 国際裁判管轄
  - **主たる事務所又は営業所**が日本国内にあるとき、事務所若しくは営業所がない場合又はその所在地が知れない場合には代表者その他の**主たる業務担当者**の住所が日本国内にあるとき（民訴3条の2、3項）
- 国内管轄
  - 主たる事務所又は営業所、代表者その他の主たる業務担当者の住所（民訴4条5項、4条2項準用）

開示請求の管轄（一般）

- 国際裁判管轄
  - 日本において事業を行う者に対する訴え（民訴3条の3、5号）
- 国内管轄
  - 管轄裁判所が定まらないとき（民訴10条の2）
  - 東京都千代田区とする（民訴規則6条の2）
    - 東京地裁

I　ネット炎上・ネット上の情報削除の法的手続

管轄の分離の問題

- 削除仮処分
    - 不法行為の結果発生地（依頼者の住所地）
- 発信者情報開示仮処分
    - 東京地裁
- 仮処分には併合請求や応訴管轄の適用がないため、管轄が別れてしまう問題

双方審尋

- 債務者呼出
    - 仮処分申立書（＋疎明資料）の英訳
    - 呼出状の英訳（裁判官名、書記官名を確認）
    - 送達嘱託書の英訳（送達条約未加盟国）
    - 送達条約加盟国であればEMS（国際スピード郵便）での呼出に1週間＋準備期間1〜2週間で双方審尋期日
    - 代理人がついたあとは、国内法人と扱いが同じ

II 企業における情報管理、SNSに関する規制等

弁護士 足木 良太
弁護士 大倉 健嗣

Ⅱ　企業における情報管理、SNSに関する規制等

第1部　最近の情報セキュリティに関する一般論

〈足木　良太〉

はじめに

　弁護士の足木と申します。よろしくお願いいたします。私は今、ブロードメディアという会社の執行役員と法務部長を務めております。会社の知名度はそれほど高くないと思います。もともとはソフトバンク系列だったのですが、その後、上場して今は完全に独立しています。映画配給も行っておりますが、大体はBtoBが多いです。あとは、釣り好きの方はひょっとしたら見てくださっているかもしれませんが「釣りビジョン」という番組、また、海外の映画やドラマの字幕の吹き替えといったもののシェアは業界では指折りです。黒子会社ですので、あまり有名ではないかと思います。

　業態としては、主にエンタメ、コンテンツ業界になりますが、内側にいるとよく分かるのですが、権利元、特にハリウッド系の会社というのは、すごくセキュリティを気にするのですね。ですから、その関係でセキュリティをかじり始めて、いろいろな人に話を聞いたことを、今日皆さんにお話ししたいと思っております。レベル感が分からず、なるべく分かりやすく話すので、すごく詳しい話を聞きたいと思って来られた方に関しては少し物足りないかもしれませんが、次回、LINEに勤めていらっしゃる大倉先生からより突っ込んだ話を聞けると思いますので、今日は割と一般的な話をしたいと思っております。

　今日のテーマとして、どういう切り口でお話ししようかなと思ったときに、皆さんご自身のセキュリティっていうのが一点、顧問先の指導をするときのセキュリティというのがもう一点。そして、これから起こりうる新しい問題にも少し触れていこうと考えております。

　基本的にはレジュメに沿って進めていく予定なのですが、一応、簡単に皆さんの雰囲気を探りたいので、特に手を挙げたりとかする必要ないのですが、いくつかチェックしてみたいと思います。中には「SNS等を一切やったことない。私はそういうものには触れたくないんだ」という方もいらっしゃる

かと思います。また、喫茶店などでスマートフォンを置いて席取りして、コーヒー買ってくるというようなレベルの方は皆さんの中ではいらっしゃらないのかなと思っています。

　少し細かい話なのですが、URL でhttpとhttpsとを見たことがあると思うのですが、この違いは何かを知っているという方はいますでしょうか。ネット上でURLをクリックしたことがあるかどうか。これはしたことのない人はいないのではないかというのが私の印象です。最後に、ランサムウェアという言葉を知っているでしょうか。これもすごく怖いウイルスで、私もこれを聞いてかなりまずいなと思い、いろいろと対策も働き掛けているのですが、これについても説明したいと思います。

第1　最近の事件

　これらの回答を織り交ぜていきたいと思いますが、最近の事件で皆さんにとって一番ホットトピックスなのは、パナマ文書ではないでしょうか。パナマ文書に関しては、相当な情報漏えいがあり、首相が退陣してしまう国なんかもありました。しかも法律事務所の事件なので、皆さんの関心はすごく高いところだと思っております。これは、量がすごいのですね。1150万件、40年分、デジタルデータとしては2.6テラバイト。1テラ＝1024ギガバイトで、大体2時間の映画で100ギガくらいなので、その量の多さは目を見張るものがあります。したがって、これを普通にハッキングすると家庭用の水道水でプールを満たすぐらいの時間がかかってしまうので、ハッキングなのかというのが疑問の一つであり、内部の人が持ち出したのではないかというのが、私の印象です。印刷するとトラック1000台分という量のものが盗まれ、今後詳細も明らかになってくると思います。

　昨年（平成27年）のニュースですが、スマートフォンにアプリを仕込んでそのスマートフォンを遠隔操作し、その知人女性の行動を探った事件がありました。もともとはカップルだったらしいのですが、その後別れて、その前後どちらか分からないのですが、「セキュリティ上すごく大事なソフトをインストールしてあげるよ」と言って、相手のスマホに遠隔操作が可能になるアプリを仕込み、それでこの女性をストーカーみたいな形で追い回していた

Ⅱ　企業における情報管理、SNSに関する規制等

ということです。その女性が、何か自分が操作した記憶がないスマホの動きがあるというのに気付いて確認したところ、この遠隔操作が分かりました。犯人は中学校教諭の方でしたが、逮捕されてもちろん何か処分があったのだと思います。

最近の話題では、世界中の監視カメラの映像が流出してしまいました。日本でも6000台以上のカメラがネット上で自由に見られてしまうというものです。これはあるメーカーのカメラが多かったらしいのですが、原因としては、工場出荷時の初期設定のパスワードを、本当は皆さんがお買い求めになったときに自分のパスワードに変えなければいけないのにそれを失念しており、そのままにしてしまっていた。それに気付いた人がいて、世界中のいろいろな機種のカメラをインターネットで見られるように公開した、と。その趣旨としては、「もっとちゃんとセキュリティしなさいね」というものだったと聞いております。

最近の話では、平成28年1月末に金融庁と財務省のホームページがつながりにくくなったということがありました。ちょうど2月1日から政府がサイバーセキュリティ月間というものを定めたということもあり、ハッカーたちがこのタイミングでDDoS攻撃をしたようです。DDoS攻撃というのは人のパソコンを踏み台にして、例えば皆さんのパソコンにウイルスを仕込んで、皆さんのパソコンからも集中的にアタック、いろいろな人のパソコンからアタックさせる攻撃のことをいうのですが、こういう攻撃でサーバー、ネットワークをダウンさせ、つながりにくい状態にしてしまいました。

また、少し毛色の変わったものだと「キーロガー」に関わる事件もありました。キーロガーというのを聞いたことがある方はいらっしゃるでしょうか。平成15年ぐらいなのですが、キーボードで入力する際のキーのタッチする操作を覚えさせて盗むという割とアナログな方法なのですが、実はこのキーロガーは防ぐのが非常に大変なのですね。

漫画喫茶かどこかで仕掛けていて、そこで使った利用者のIDなどを不正に取得したというものです。このキーロガーを防ぐために、仮想のバーチャルキーボードなんかを付ける対策もあったりするのですが、意外とこの古典的なキーロガーというのはアナログなゆえに防ぐのが難しいです。

最近の事例の中では、インターネットバンキングに関する不正というのは多く、警察庁の平成27年9月の発表では、15億4400万円の被害が出たと聞いております。基本的には銀行は、法律に基づくものではないのですが、全銀協の声明で被害者に対して過失に応じて補償するとしております。被害は特に地方の信金が多いらしいです。東京なんかはオレオレ詐欺も減ってきているのですが、地方に関してはオレオレ詐欺もフィッシング詐欺に関してもまだ発生件数が多いということです。

　最近の事件も踏まえて、先ほどのチェックの回答としては、SNSを全くやらないから安全かというと、そうではありません。やらないという人を見つけて、その人の名前と生年月日で勝手になりすましができてしまうという危険がありますね。

　また、席取りにスマートフォンを使うというのは、海外だと盗まれることが頻繁にありますので絶対にやってはいけないということもあるのですが、横に友達なり恋人なりがいたとしてもパスワードとかを見られてしまいます。スマホの操作ロックにパターンロックというのを使っている方がいると思うのですが、ZだったらZの文字の形に指の跡が残るのですね。それを見られてしまうので、スマホを放置するというのも絶対にやってはいけないという話です。

　httpとhttpsの違いというのは、「s」が付いているほうは「暗号化されていますよ」というサイトなのですね。鍵マークなどの暗号化のマークを見たことは、皆さんあると思います。自分の情報を発信するとき「s」がついてないときには絶対に送ってはいけません。特にフィッシングを防ぐときには、絶対に知っておかなければいけないところではあります。

第2　パソコン遠隔操作事件

　猫好きの会社員の方の事件がありました。犯行の中身は、他人のパソコンを遠隔操作したというものですが、これにより無実の人が4人逮捕され、7件の襲撃でIPアドレスに基づいて捜査をしたところ、取り調べの過程で2人が容疑を認めました。そして、否認していた1人も起訴されてしまいました。これは全く無実の罪であり、我々弁護士としてもこのような捜査に関し

ては、絶対やってはいけない、許せないというところもあるのですが、この捕まってしまった加害者と思われていた被害者は、一体何をやったのだろうという話で、二つのパターンがあります。

一つのパターンというのは、ある人が2ちゃんねるで欲しい機能を持つソフトウエアがないかを尋ねる書き込みをしました。それを紹介してくれる書き込みがあったので、そのURL、リンクをクリックして、ソフトウエアをダウンロードしました。これによってパソコンがトロイというウイルスに感染し、自分のパソコンが踏み台にされる形で襲撃予告等の書き込みがされてしまいました。

二つ目のパターンはもっと簡単で、2ちゃんねるに記載してあったURLをクリックしただけです。それで感染し、無差別殺人の予告が書き込まれてしまいました。特に後者のパターンが怖いですね。私もそうですが、URLをクリックしたことない人はいないと思います。このトロイのすごかったところは、情報を集めて、遠隔操作をして、無差別書き込みをさせた後に、自分の痕跡も消す、後始末までするということで、優れたというと語弊がありますが、非常に高度な技を持ったウイルスが仕掛けられ遠隔操作が行われました。ですから、先ほどの「ネット上でURLをクリックしたことがあるか」という質問に関して、イエスと考えた方が多いと思いますが、誰しもが犯罪の被害者になりうるのだということなのですね。たまたま、この遠隔操作されてしまった4人に含まれなかっただけという可能性もあるということです。

第3 最新の情報セキュリティにおける脅威

1 2016年10大脅威

2016年の情報処理推進機構の「セキュリティ10大脅威」というものが出ているのですが、さきほどの遠隔操作のようなもののほか、2016年に流行するもの、流行するだろうと思われているものが挙げられています。1位の「標的型攻撃による情報流出」は皆さん絶対にご存じのところだと思うのですが、年金機構がやられてしまったものです。以下、「内部不正による情報漏えい」「ウェブサービスからの個人情報の窃取」と続き、7位には「ランサムウェアを使った詐欺・恐喝」があります。

ランサムウェアというのはどんなウイルスかというと、ランサムという英単語をご存じの方は多分いらっしゃると思うのですが、身代金という意味です。このランサムウェアが皆さんのパソコンに入ると、データを全部暗号化するわけですね。その暗号化の鍵を持っているのは犯人だけで、「暗号化を解いてほしかったら、お金を払え」といった要求が来るのです。

　アメリカの今年の２月の話ですが、病院がランサムウェアで感染してダウンしてしまい、身代金を要求されて、支払をして復旧をしたというニュースがあります。支払ったのは40ビットコイン、ビットコインというのも最近の流行りですが、180万円くらいと言われています。ただ、この病院はお金を払って暗号化を解くことができたのですが、支払っても解けないときもやはりあるわけですね。ですから、払ってはいけないというのが今の方針になっており、「かかってしまったらアウトなので、必ずバックアップをとっておいてくださいね」というような話です。ランサムウェアにかかってしまったら、もう仕方がないので初期化をするという対策しかありません。

　また、ランサムウェアで更に怖いのは、皆さんのパソコンに入っていろいろな画像などをチェックし、その中であやしいものに関して、勝手に見つけて自動的に通報するものもあるということです。例えば、万が一児童ポルノに引っかかりそうなものがあるということになると、それを勝手に通報してしまうという怖い機能があるものもあるそうです。

　このランサムウェアはアメリカではやっているのですが、日本でも平成27年の８月14日、ウイルス保管罪という罪で少年が逮捕されています。本人いわく、数十人のパソコンを感染させたということで、実際に被害があったのかどうかは分からないのですが、日本でもランサムウェアが発見されてしまったということで、これからまた少し怖くなってきます。皆さんの法律事務所なんかも危ないとは思っているのですが、多分ハッカーからしたら弁護士さんにはまだ少し怖くて手を出せないのではないかという気はしております。ただ、用心するに越したことはないと思っております。

2　過去の脅威との比較

　過去の脅威にもざっと触れますと、2005年の５位の「巧妙化するスパイウェア」というのは、ワンクリックウェア、画面に張り付いて「いくら払わ

ないと削除できません」といったスパイウェアでした。2007年の1位の「DNSキャシュポイズニング」というのは、自分がネット上で見たサイトの履歴を置き換えてしまう、例えば銀行のサイトを同じようにクリックすると、同じ銀行の名前で違うフィッシング詐欺のサイトに誘導されてしまうという怖いものでした。また、2012年の3位のものはスマートフォンのアプリについてであり、iPhoneなんかは割と安全と言われている一方、Androidはオープンソースソフトウエアを使っている関係で非常に危険だということです。だいぶ減ってはきてはいますが。

アップルのiOSでも「ジェイルブレイク」という非公認のアプリをダウンロードできるソフトがあります。違法ではないが非認可のアプリというものがあり、レベルの高い方は自分でこういったアプリを入れて、それで感染してしまうということもよくあったりします。

3 インシデント件数と被害人数

過去の事故原因に関してどんなものが多いかという話を、皆さんも顧問先の企業の方にするということもあると思います。事故原因で1位から10位まで見たときに、5位の不正アクセスと10位のバグを除くと、残りは全部人的ミスです。誤操作、管理ミス、紛失・置き忘れ、など。事故を防ぐという面から見ると、やはり人的な対策というものが非常に大事だということが、このデータから分かります。

一方で、被害の人数に関していうと、不正アクセスが断トツの1位で728万人です。80％近くを占めています。したがって、インシデントとしては人的ミスが多いのですが、被害人数は不正アクセスが多いです。企業の方に私はいつも、不正アクセスは、数は少ないものの破壊力は極めて強力だと申し上げています。

4 人的ミスの対策

クラウド上にデータを上げたときに、クラウド自体はセキュリティ対策がされているのですが、誰でも見られる共有の設定にするとデータが流れてしまうといったこともあります。これも人的ミスなのですね。

平成27年に堺市で選挙名簿をアップロードして関係者が懲戒免職になってしまったという事件もあったのですが、あれも誰でも見られる設定に間違

えてしてしまったと聞いております。保険金の支払例では、日本商工会議所のHPに、2000万円の事故対応費用が発生した、あるいは2500万円が発生したといったものが載っています。

それから、意外と多いのが学校です。USBの持出しで紛失をしてしまったという事故が非常に多いです。また、パチンコ中に名簿を盗難されてしまうということもあります。

5 不正な情報持出し

人的な話でいえば、ここでいう過失的なもののほかに、不正な情報持ち出しというのは皆さんの耳に新しいところだと思とます。

新日鐵の技術情報の漏えいはポスコ訴訟ですね。ポスコと新日鐵との訴訟で、ポスコの元社員が持ち出してしまったというニュースです。ベネッセの事件に関しても持出しがありました。おわびの品は1人500円、総額200億円の被害がありました。これは今も多数の訴訟が係属しており、弁護士さんでそのお子さんが被害にあった方が、自分の訴訟の準備書面なんかを公開しており、それをもとに多数の一般の方も訴えを起こしています。その対応費用だけでも相当な額だろうと思います。東芝のフラッシュメモリーの流出事件というのもありました。

不正競争防止法の3要件というのは皆さんもご存じだと思いますが、改正で罰則強化、転得者の処罰、未遂行為の処罰なども設けられたというのを一応おさらいです。

第4 代表的なサイバーアタックと対応策

1 標的型攻撃メール

先ほど2016年の1位になると言った標的型攻撃メールですが、これの脅威というのはすごいもので、皆さんにお渡ししたレジュメの締め切りの後、（平成28年）4月21日に日本テレビ放送網のウェブサイトから不正アクセスがあり、情報が流出しました。攻撃方法は、OSコマンドインジェクションというもので、これは、オペレーションシステムのコマンドの脆弱性をついたもので、2013年ぐらいから言われていたところなので、これは割とシステム管理上の初歩的なミスだったのではないかと、想像しております。

Ⅱ　企業における情報管理、SNSに関する規制等

標的型攻撃メールの例①

標的型攻撃メールについては、例①をパッと見て何かおかしいなと気付くかと思うのですが、いかがでしょうか。分かりますかね。まずワードファイルのほうですが、拡張子がエクスキュート、すなわち実行ファイルなのですね。見た目はワードのアイコンなのですが、実際には実行ファイルというものです。また、エクセルのほうを見ますと、拡張子はエクセルファイルのように見えて問題ないように思えます。ただ、「…」という表示が見えますね。実際のファイル名は「xls」の後がブランクになっており、やはり実行ファイルになっているという巧妙なものです。アイコンを見て、拡張子を確認して異常がないかを判断してくださいという話です。

次の例②は普通の取材のメールに見えます。これは分かりやすいと思うのですが、おかしな箇所が分かるでしょうか。「東京オリンピック」の「東」や「質問事項を送らせて」の「質問」が中国語の文字になっているのですね。よく見ると日本の文字じゃないものが入っているというのも、あやしい標的型メールの見分け方の一つです。

標的型攻撃メールの例②

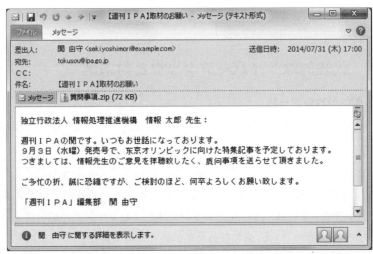

＊IPA「標的型攻撃メールの例と見分け方」より

標的型攻撃メールの例③

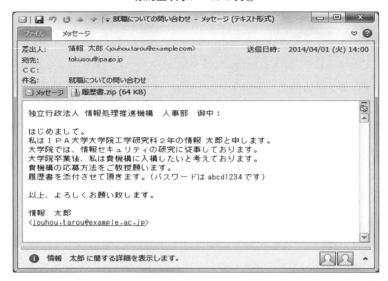

＊IPA「標的型攻撃メールの例と見分け方」より

　最後の例③は少し難しいのですが、どこがおかしいのでしょうか。差出人のアドレスと「情報太郎さん」のアドレスが違うのですね。こういったところが標的型攻撃メールの見分け方として挙げられております。これはIPAの資料を引用しております。

標的型攻撃メールの手口

・差出人：×× ×× xxxx@yahoo.co.jp
件名：厚生年金徴収関係研修資料
添付ファイル：厚生年金徴収関係資料(150331 厚生年金徴収支出(G)).lzh

・○○ ○○様
　いつもお世話なっております。
　遅くなりましたが、先日、お話しした第1回養成研修のときに使用した「研修のご案内」等のデータを送付します。これらを参考にして、加工していただければと思います。
　お忙しい中、ご負担をおかけしておりますが、何卒、よろしくお願いいたします。
何かありましたら、何なりとお問い合わせください。

＊日本年金機構「不正アクセスによる情報流出事案に関する調査結果報告について」より

II　企業における情報管理、SNSに関する規制等

　これは実際に年金機構に届いた、まさにそのままの文面であり、○○のところに人の名前が入ってきます。

　実際にメールを受け取った方というのは、この研修に参加していたのですね。参加しており、参加した研修の主催者からメールをもらいました。「lzh」という拡張子は圧縮ファイルなのですが、これをクリックして感染してしまいました。自分が研修を受けた相手方から来たメールであれば、やはり油断してしまいますよね。標的型攻撃メールの特徴はメールやメールのテーマが巧妙であるということです。開かざるを得ない内容である、すなわち、心あたりのないメールだが演説や原稿など興味をそそられる内容、これまで届いたことがない公的機関からのお知らせ、組織全体への案内、「航空券のチケットを確認します」というような英文のものが来たりもします。

　見分け方なのですが、先ほどのようにメールアドレスがフリーメールだったり、送信者のところと署名の表示が違ったり、メールの本文に日本語ではない文字が入ったり、日本にはない電話番号が書いてあったりということがあります。添付ファイルの拡張子とアイコンが異なるということもあります。

　標的型の一番の問題点は、オーダーメイドウイルスというのがありウイルスの駆除ソフトが効かないものもあるということです。ウイルスソフトというのは、現在出回っているウイルスを指名手配みたいな形で集めてきて防ぎます。ですから、出回っていないウイルスというのは防ぐことができないわけです。おそらく年金機構のときもオーダーメイドウイルスを使い、代表的なウイルス対策ソフト、ワクチンソフトに1回通して反応しないことを確認してから送ったと言われています。

　ゼロディ攻撃というのは、「脆弱性が見つかったのでアップデイトしてくださいね」という警告が出て皆さんがアップデートするその前に攻撃を仕掛けるというものです。対策する側もいろいろ考えており、ウイルスソフトは効かないがパソコンの中に入ると奇妙な動きをするウイルスを見たときには、それを駆除するというソフトが出ています。それが振る舞い検知型のIDSやIDPといった検知システムなのですが、これをサーバー側に付けて、サーバーにアクセスするようなものをチェックします。今すごく売れているようですね。MS-EMETというのは、個々のパソコン（クライアント側）に

第1部　最近の情報セキュリティに関する一般論

付けるもので、マイクロソフトが無料で出しており、脆弱性を防いでくれる（振る舞い検知する）ワクチンソフトウエアです。

更に進んでいるものとしてサンドボックス型というのがあり、皆さんのパソコン（クライアント）とサーバーとの間に仮想の空間を作るのですね。そこで送られてきたファイルを開いてみて、異常な動きがしないかどうかということを確認をし、異常な動きがないと分かったときに、やっと皆さんの下に届けられるというものです。ワンクッション（タイムラグ）があるような感じです。

聞いた話では、官公庁などは添付ファイルを付けることを禁止しており、「重要なファイルはどうするんですか」と聞いたら、「ファックスする」と言っており、「昔に戻っちゃいましたね」といったことがあります。官公庁のほうもおそらくいろいろな対策をしており、このサンドボックスも候補の一つには挙がっているのではないかと思っています。

さて、ハッキングされたときにどんな裁判になるのかという話です。これは平成16年の北海道の事件なのですが、Winnyを使用している人のPCから情報流出をさせるウイルスに感染してしまいました。このときの裁判例は、予見可能性があったかどうかというところを判断基準にしており、①アンティニーGの出現が確認されてから5日程度しか経過していないこと、②アンティニーGは新たな特質を有すること、③この京都府警の記事が出るまでは、一般にはまだ広まっていないので、予見可能性はなかったということで過失がなかったとしています。

もう一つ、これ重要な裁判例なのですが、ウェブサイトを作る会社が、eコマースの会社に発注を受けてウェブサイト作りました。すると、そのソフトウエアに脆弱性がありハッキングされてしまいました。そこで、eコマースの会社がウェブサイトの制作会社を訴えたという事件です。東京地裁は、「契約に明文がなくても、契約締結当時の技術水準に沿ったセキュリティ対策を施したシステムを提供することが黙示的に合意されることになる」として、契約書になくてもセキリティ対策をしなければいけないということを裁判例の中ではっきり言ったところです。ただ、ウェブサイトを作る側としては、作ることに必死になってセキュリティまで間に合わなかったということ

Ⅱ　企業における情報管理、SNSに関する規制等

もあると思います。先日の日テレの情報漏えい事件などもウェブサイトを作ったところが外部委託先であると責任追及される可能性があるかもしれないですね。

2　損害額……個人情報の計算式

では、漏えいしたときの損害額はどれくらいでしょうか。JNSA（日本ネットワークセキュリティ協会）の調査によると、大体4万円ぐらいとされています。どうやって計算するのかといえば、JNSAが算定式を作っており、個人情報の価値に漏えいした会社の社会的責任と事後対応の良し悪しを掛けたものです。

宇治市の住民基本台帳の漏えい事件を参考に作成されたJOモデルと言われているのですが、基礎情報価値は一律500円です。機密情報度は精神的苦痛レベル（X）と経済的損失レベル（Y）を、「$10^{(X-1)}$」と「$5^{(Y-1)}$」に入れて、本人特定容易度は1、3又は6を入れ、社会的責任は1又は2、事故対応評価は1又は2により計算をします。ベネッセの事件でベネッセを個人的に訴えてらっしゃる弁護士の方も、このJOモデルを参考に3万円ぐらいの算定をして請求をしています。最近、割とよく使われている印象です。この算定式から分かることは、事前の対策だけでなく事後の対策も大事ということです。

3　企業のなすべきこと

(1)　事前対策の必要性

少し前のベクターの事例では、ハッキングされてしまい26万人の情報が流出をしました。そこで、1億1000万の特別損失を計上したのですが、レジュメに列挙したようないろいろな対策を強いられ、PCI DSSという、ISMSよりもさらに厳格な基準を取得させられました。

このベクターもそうなのですが、クレジットカードをeコマースなどに使っている会社では、一回漏えいがあるとクレジットカード会社からコンサルタントを指定されてPCI DSSなどを取得させられ、それらの費用がとても高くて本当に莫大な金額の対策費になってしまいます。ベクターくらい大きな会社ならばまだよいのかもしれませんが、中小のeコマースの会社で漏えいがあると、死活問題になってしまいます。

(2)　事後対策

ソニーの情報漏えいの事件では、利用者や経済産業省への連絡はだいぶ時

間がかかったのですが、クレジット会社に協力を要請したり、安全管理をすぐに施したりということで、きちんとした対応をした場合の事後評価については、一定程度の評価を受けているようです。

第5 セキュリティ対策のまとめ

　本当に一般的なことで恐縮なのですが、セキュリティ対策のまとめとしては、①人的対策として、従業員の教育や監督、②技術的対策として、ファイアウォールやウイルス対策ソフトの整備、アップデートや暗号化をしっかりしましょうということ。また、③物理的対策として、サーバールームや保管室など情報のある部屋に入れる人を制限したり、入退室のログを取る、キャビネットは施錠する、廃棄するときにはパソコンなどもきちんと業者に頼んで情報を抜いてから捨てる、紙に関しても溶かして捨てましょうといったこと。さらに、④組織的危機対策としては、社内ルールを整備したり、危機意識の定期的喚起、事後の対応もきちんとしましょうということで、この4つが大きなものです。

　このように①～④と並んでいますが、最近感じるのは、①の人的対策というのが一番大事ではないかと思っています。先ほどの標的型攻撃メールのように、なかなか技術的には防ぎきれないものが多く、特に本当にオーダーメイドウイルスでターゲットにされてしまうと防ぎきれません。ですから、やはり「メールを見たときに、「あ、あやしいな」と社員が気付くように研修や注意喚起などの人的対策をしてください」というところが一番大事ではないかと思っています。

　結局話としてはこのようなありきたりな対策なのですが、やはりこの4つをしっかりとしないと、先ほどの特にeコマースの会社などでは情報漏えいによって会社の事業が運営できなくなるという非常に大きい被害になってしまうというのが、概括的なまとめになります。

第6 今後大きくなりうる問題

1 無線LAN（Wi-Fi）における通信傍受

　その他の問題として、最近よく言われるのは、無線LANで接続したとき

に、特に海外が多いのですが、無線LANの通信を傍受されて、情報が全部漏れてしまったという事故があったりします。無線LANにも鍵が付いている、暗号化のマークがあるものとないものがあるので、まずはその点を確認してください。暗号化していても暗号化を解読する技術もあるので、現時点では大事な情報をあまりWi-Fiをつないでやり取りしないほうがよいと思います。Wi-Fi接続の設定をオンにしたまま街を歩いていて、暗号化されないフリーのWi-Fiのところにつながってしまい気づいたら情報を抜かれるということも聞いたりします。

特に最近は飛行機でWi-Fiが使えますが、その飛行機のWi-Fiルータをハッキングして情報を取ろうといった動きもあり、飛行機のWi-Fi安全とは言い切れないと感じています。

2 IoTに関わる問題

IoTというのはInternet of Thingsのことであり、関連する事件の一つとしてクライスラーのジープがハッキングされてしまったというニュースがありました。これは著名ハッカーがクライスラーの車に搭載されている「Uコネクト」という車の操作に関わるシステムを乗っ取り、そのジープを遠隔操作したというものです。クライスラーとしては、最初はこのUコネクトの脆弱性を生来的にアップデートすることで対応しようとしたのですが、消費者の反応があまりにも強くてリコールすることになったそうです。

そのIoTの話なのですが、2026年ぐらいまでに500億台ぐらいなると言われており、冷蔵庫や洗濯機といった家電が全部インターネットにつながっていきます。家電なんかもそうですが、OSS（Open Source Software）を使っていることが多く、家電の開発をされた後に、技術者の方もオープンソースのほうの初期設定を初期パスワードのままにしていて、そこをハッキングされるというのが、すごく多いみたいです。技術者さんの話ですと、単に忘れていたという人もいるのですが、今後別の方がその機械を修理するときに備えて初期パスワードのままにしておいたという話もあったりします。

冷蔵庫や洗濯機などはハッキングされてもあまり被害がないでしょうし、電子レンジは火事の元、冷蔵庫に関しては物が腐ってしまう程度かと思っていたのですが、いろいろ考えてみますと、これは少し危ないのではないかと

思ったのが、スマートフォンで鍵を開けたり鍵が閉まっているか確認できたりする機能です。あれが乗っ取られてしまうと、鍵を自由に開け閉めできてしまうわけであり、多分そこのセキュリティというのは、まだそんなに進んでいないのではないかと、個人的には思っています。

3 保守終了後のIoT機器対策

メーカーの方に話を聞きますと、IoT家電というものにはファームウェアという固定されたソフトウエアが入っているのですが、その保守をいつまで行うかということが非常に大事な問題のようです。Windowsでも保守はいつまでというように期限を決めたりしていますよね。冷蔵庫や洗濯機といった家電は、10年、15年と使う方がいると思うのですが、その10年、15年の間ずっとメーカーが保証しなくてはいけないのか、ファームウェアのアップデートをずっとやらなくてはいけないのかということも、メーカーの中では議論をされていますが、まだ結論が出ていない問題と聞いてます。

4 東京オリンピック問題

ロンドンオリンピックでもサイバー攻撃があり、東京オリンピックでも同様の攻撃が想定されます。そこでサイバーセキュリティ基本法なんかも制定されました。

5 その他

最近よく話題になっていることとして、PCの内蔵カメラが乗っ取られ、自分のパソコンの前に座る自分の姿が全部盗撮されてしまったという事件がありました。ですから、私もそうしていますが、カメラを使わないときはシールを貼ったりなどするようにしたほうがよいと思います。

また、写真をSNSにアップデートする際に写真に位置情報が埋め込まれていることにも注意が必要です。代表的なSNSでは、今は位置情報を削除するように設定ができているので大丈夫なのですが、友達にシンプルに写真なんかを送付すると位置情報を確認するようなソフトウエアで簡単に確認されてしまったりということもありますので気を付けてください。

また、少し前にはやったものでは、USBを持ってきて「データをちょうだい」と言ってパソコンに挿し、そのUSBがパソコンから全部データを抜いてしまうということもありました。

Ⅱ　企業における情報管理、SNSに関する規制等

指の跡は先ほどのパスコードロックの話ですが、ショルダーハッキングというのは意外と原始的で、背後から肩越しにパスコードを盗んでしまうというものです。

パスワードの管理はこれも悩ましいところで、「同じパスワードを使わないでください」というのですが、絶対に皆さん10個も20個も持っていませんよね。統計によると、平均してせいぜい3つのパスワードを使い回しているということです。私もパスワードを20個も管理するのは少し現実的ではないと思いますが、今後はワンタイムパスワードジェネレータのようなものを使ったり、アプリなんかで一時的にパスワードを発行してくれるものや、生体認証といったものを使うなど、パスワードプラスアルファを使うようにしましょうという話になっていきます。

第7　SNS等の規制

次回、大倉先生が割と深い話をしてくださると思うのですが、ご本人がLINEに勤めている関係で、LINEのことは今回の講義で話してほしいという話がありましたので、少し触れておきますと、まずLINEが出会い系として使われてしまうということがありましたが、年齢制限等の対策で何とかする必要があります。

また、皆さんの中にも被害に遭った方がいるかと思うのですが、LINEが乗っ取られてしまうと「iTunesのカードを買ってきてくれ」とか「何でもいいから買ってきてくれ」と言われ、その後に当人は行方をくらましてしまうということがあります。これは結構多かったのですが、スマートフォン以外のパソコン等でもLINEを見られるようにする設定というのが危ないです。芸能人なんかのLINE情報の漏えいで有名になりましたがクローンの問題もあります。これは旧端末から復活させた可能性もあると言われています。

最後は資金決済法に関わる問題なのですが、LINEの「宝箱の鍵」が資金決済法に当たるのではないかという話があります。これはあまり情報セキュリティに関係ないのですが、資金決済法の3要件の中の三つ目に関し、「宝箱の鍵」の使用が役務の提供を受ける対価に当たるかということが今議論されており、ここは非常に難しいところです。私はこのゲームをやったことがな

いのですが、現在の設定では、ルビーか何かで宝箱を買えたりするので、ルビーにも資金決済法、ルビーで買った宝箱の鍵にも資金決済法が及ぶ、というと対価といえる範囲がどこまで及ぶのかということで、報道発表では割と「LINEが悪事を働いてしまった」というような書きぶりをしている記事もあるのですが、実は意外と微妙な問題であったりします。

　最後におさらいですが、セキュリティに関しては、家のセキュリティと同じで泥棒が入りたくないと思わせるような仕組みを作ること、この家に盗みに入ろうとしたらコストが掛かるということを、きちんと分からせてあげるのが大事だと言われています。

　少し一般的な結論で大変恐縮なのですが、以上で終わりたいと思います。どうもありがとうございました。

第2部　企業が保有する情報に関する実務

〈大倉　健嗣〉

はじめに

　ただいまご紹介にあずかりました、弁護士の大倉と申します。

　本日は「情報・インターネット法専門講座」の第3回ということで、「企業における情報管理、SNSに関する規制等（後半）」という題でお話しさせていただきたいと思います。

　情報管理ということで、早速ですが、企業が保有する情報としてどんなものを想像されるでしょうか。その企業自身に関する情報、従業員に関する情報、他社との取引の情報などいろいろな情報を持っていると思います。

　例えば、その企業が検討している新製品やサービスといった情報については未発表の技術情報であればもちろん秘密として取り扱わないといけませんし、インサイダー情報にも該当するかもしれません。

　これに対して、企業のサイトを見ると、代表者名や住所といった情報が開示されていますが、このようにオープンになっている情報も結構あります。

　他方、その企業自身に関する情報だけではなく、従業員に関する情報も持っています。従業員の氏名や住所、あるいは勤怠や評価に関するような情報は、当然取り扱いに気を付けないといけません。

　私も、ネットサービスの法律問題をよく扱いますが、サイト上でユーザーの皆さんがやり取りされているような情報、あるいはサイトに登録されているような氏名・住所、あるいは、IDやパスワードといった情報というのもあります。

　このように様々な情報を企業は保有しているわけなのですが、これらの情報を一律に管理すればそれでよいかというと、そういうわけではなく、漏えいしたときの影響度や、改竄されたときにどのくらいのリスクがあるだろうか、影響があるだろうかということを考えながら管理していくということが、企業における情報管理の実務の核となる部分ではないかと思っています。

第1 企業情報管理の実務

1 総　論
(1) 全社的リスクマネジメント（ERM）

"Enterprise Risk Management"という言葉をお聞きになったことがあるかもしれませんが、全社的なリスクマネジメントの一環として、情報管理というのを捉えるということが、ネット企業に限らず、大体そのような考え方で情報管理を行っていることが多いのではと思います。

企業がなぜ情報管理する必要があるかというと、要はリスクを減らしたいわけです。リスクをゼロにするというのは難しいかもしれませんが、適切にコントロールし、ある程度リスクを低くするということを目的として、情報管理というものをしているわけです。

私が考える企業情報管理の実務というのは、レジュメに書いてありますが、「企業が情報セキュリティリスクや法務リスクその他の情報関連リスクに対応する活動及びプロセス」です。この「ERM」という手法がある程度確立されていますので、これを踏まえて、情報分野でリスクマネジメントを実施するというのが、情報管理の実務だと考えています。

ERMというのは歴史的な経緯があり、1992年にCOSOモデルというものがトレッドウェイ委員会というところから出ています。これは内部統制に関するモデルなのですが、それを進化させたのがERMというものです。これは2004年に発表されています。

ERMの定義ですが、「企業の目的達成について合理的な保証を提供するために、企業に影響を及ぼす潜在的事象を特定し、企業のリスク選好の範囲内でリスクを管理するために設計された、戦略策定を含む企業全体に適用される、取締役会、経営層、及びその他の従業員よって実行されるプロセスである」と、分かったような分からないような、少々複雑な定義になっています。

要は、潜在的な事象を特定するとどんなリスクがあるかということを見つけだすということですね。「リスク選好の範囲内で」というのは、そのリスクに対してどうやるかというのは企業に任されているわけで、リスクを多く取って儲ける、リターンを得るという考えの企業もあれば、極限までリスク

を減らしたいという企業もあるでしょう。そのリスク選好の範囲内で、リスクをコントロールするような施策を打ち、PDCAのように適宜見直して洗練化させていくというような流れが定義の中に書いてあるのですね。

　ERMの特徴の一つとして、従来のCOSOモデルと違うところは、企業グループ全体でリスクを把握して対応するというところであり、マーケティング戦略、M&A、設備投資など経営者が判断すべきような戦略リスクも対象としているところです。リスクというとすごくネガティブなものを想像されると思うのですが、ポジティブなリスクといいますか、リターンを生むためのリスクというものもこのERMの中で管理していきましょうというような思想が表れているわけです。なお、このERMというのは、経緯からも分かりますが、内部統制の概念をその一部に含んでいるものです。

　リスクマネジメントの考え方の中で、情報管理については、リスクとして、主に情報に関する法務リスクと情報セキュリティに関するリスクという二つがあります。

(2) 情報セキュリティ

　情報セキュリティとはどういうものかという定義があり、それがレジュメに書いてあります。情報の「機密性」「完全性」「可用性」を「維持すること」が情報セキュリティだといわれています。「Confidentiality」、「Integrity」及び「Availability」ということで、頭文字を取って、CIAとよくいわれます。「機密性」というのは秘密にすることですね。「完全性」というのは、例えば改竄により内容が変わってしまったら、完全性が失われたということになりますし、「可用性」というのは、例えばサーバーがダウンしてサービスが使えなくなったというときに、可用性が失われたといいます。

　最近では、これに加えて、拡張要件といわれる「真正性」「責任追跡性」「否認防止」「信頼性」を加えて情報セキュリティだという論者もいるのですが、厳密にはこの4要件というのは情報セキュリティの定義には入ってきません。

　この「真正性」というのは、本人であることを確認できるという性質のことですね。「責任追跡性」は、システムで行う処理ややり取りが、後から順を追って確認できるようにすること、ログを取ることです。「否認防止」という

のは、ログを残すといいますか、後から誰かが「そんなログはないよ」と言って否認してきたときに、「いや、ちゃんと残っていますよ」と言えること。これが「Non-repudiation」です。「信頼性」というのは、システム自身の信頼性、動作が意図したとおりであることと定義されます。こういった4要件も、最近の情報セキュリティでは考えて対処しているということです。

　情報セキュリティに関するリスクは何かというと、「情報資産の脆弱性を原因としてインシデントが生じるリスクのこと」です。「脆弱性（Vulnerability）」というのは、機密性・完全性・可用性すなわちCIAが「欠けている状態」のことをいい、「インシデント」というのは、その「脆弱性に起因して事件が発生した状態・事案」のことをいいます。ですから、ネット企業などでインシデントというと、このセキュリティ・インシデントのことをいいます。ですから、私も「事故」と言わず「インシデント」と言ってしまうことがよくあります。こういった情報セキュリティリスクにも対応しないといけません。

　法務リスクと情報セキュリティリスクというのは非常に密接に関わっており、後でお話ししますが、個人情報保護法には情報セキュリティについての条文があるというように、大きく重なっているといえます。

　全くの余談ですが、先ほどERMの定義を申し上げましたが、「合理的保証」という言葉がその中にあると思います。「合理的な保証を提供するため」というのは、絶対的な保証ではなく、1％くらいは残存リスクといいますか、何か問題があるというようなことを認めましょうという意味合いです。ですから、例えば、私は企業内弁護士をやっているのですが、企業で起こった法律問題について外部の法律事務所に意見を求めるということが結構あり、そのときにこういうセキュリティや個人情報、後ほどお話しする通信の秘密であるとか、そういうある種先端的な論点についてお伺いを立てると、非常にネガティブな反応、「これはリスクがゼロにならないから、やめておきなさい」というような意見が返ってくることがよくあります。

　しかし、ERMは合理的保証を求めているのですよね。合理的な範囲でリスクをテイクするのであればそれでよいというようなことを企業は考えているので、それよりも踏み込んで、「こうやったらリスクがこれぐらいに減って、

実施可能なんじゃないですか」というような意見がもらえればよいのですが、なかなかそういうものはもらえないような状況があります。

2 法務リスクへの対応

ここが法律家として知っておくべきところなのですが、法務リスクについて詳しく見ていきたいと思います。

(1) 個人情報

個人情報保護法については、次回の講義で上沼先生から詳細な解説があると思いますので、今日のところはざっと簡単に概要について触れたいと思います。

ア 個人情報保護法の概要

種別として、「個人情報」と「個人データ」と「保有個人データ」という三つの概念があり、「個人情報」が「個人データ」を含んで、「個人データ」が「保有個人データ」を含んでいるという包含関係にあります。定義としては、「個人情報」は「生存する特定の個人を識別できる情報」ですね。ルールとしては表の右のほうに書いてありますが、こういった15条から18条が関わってきます。

「個人データ」は「個人情報データベースを構成する個人情報」で、こちらもルールがあります。

「保有個人データ」については、「個人データ」の中で6か月超保存されるものということになっています。ですから、「保有個人データ」になれば、15条から29条まで書いてありますが、全部適用されるというような形になります。

イ 個人情報に関するルール

まず15条は「利用目的の特定」です。できる限り特定しなさいということと、変更する場合は、「変更前の利用目的と相当の関連性を有すると合理的に認められる範囲内で行う」ということがルールとなっています。

それから16条は「利用目的による制限」です。「利用目的の範囲を超えて」個人情報を扱ってはなりません。例外として五つあり、本人の「同意を得た場合」、「法令に基づく場合」、「人の生命・身体・財産の保護のために必要で同意取得が困難な場合」、「公衆衛生の向上・児童の健全な育成の推進のため

に特に必要で同意取得が困難な場合」、「国・地方公共団体等の事務遂行に支障を及ぼすおそれがある場合」といったところが例外になっています。

17条では「適正な取得」ということで、「偽りその他不正な手段により」取得してはなりません。「取得に際して利用目的を通知・公表」しなさいというのは18条です。これも、「あらかじめ利用目的を公表しておくか、取得時に利用目的を通知または公表する」ということで、例外が四つ定められています。

ここで非常に特徴的なのが、個人情報保護法では個人情報を取得するときに利用目的の通知や公表が義務付けられているのですが、本人の同意を取ること自体は義務とはされていないのです。ただ、レジュメの脚注には書いていますが、プライバシーマークを取るときには同意を得ることが必須となりますけれども。

ウ　個人データに関するルール

データの正確性や最新性の確保をしなさいという努力義務があり、20条では「安全管理措置」がありますが、21条の「従業者の監督」と22条の「委託先の監督」というのはいずれも安全管理措置について定められた条文だといわれています。

個人情報保護法の安全管理措置に関する条文というのは、まさに情報セキュリティについて定めた条文です。しかも、日本で初めてこういった情報セキュリティに関する規定が入ったものですね。

ここでは、「安全管理措置の類型」という説明がありますが、これは金融庁の「個人情報保護法ガイドライン」から拝借してきたもので、「組織的安全管理措置」「人的安全管理措置」「技術的安全管理措置」という構成をとるというのが安全管理措置の内容です。

組織的安全管理措置というと、責任と権限を明確にし、社内規定を整備して実施状況を点検したり監査したりするというものです。

人的なものとしては、従業員が悪さをしないようにNDAを結ぶ、誓約書をとる、きちんと教育・訓練を行うというのが人的安全管理措置です。

技術的安全管理措置は、アクセス制御、いわゆるIDとパスワードで入れなくする等ですね。モニタリングというのは、後でお話ししますが、Eメー

II 企業における情報管理、SNSに関する規制等

ルを監視する、暗号化して読めないようにするといったことです。ファイアウォールというのは、ある通信だけ遮断してしまうというようなことで、これも技術的な安全管理措置の一つということになります。

　従業者の監督について、金融庁のガイドラインに書いてあるのは①「従業者が、在職中」あるいは「その職を退いた後において、その業務に関して知り得た個人データを第三者に知らせ、又は利用目的外に使用しないことを内容とする契約等を採用時等に締結すること」です。②としては、取扱規程ですね。「個人データの適正な取扱いのための取扱規程の策定を通じた従業者の役割・責任の明確化及び従業者への安全管理業務の周知徹底、教育及び訓練を行う」ことです。これは先ほどの人的安全管理措置に似ていますよね。③としては、持出し等を防ぐために、「安全管理措置に定めた事項の遵守状況等の確認」や、その「点検」「監査制度を整備すること」が求められているわけです。

　委託先の監督としては、これもガイドラインですが、委託先の選定基準をきちんと定めておきましょうということと、委託契約においても安全管理措置の規定や定期的な監査を委託先に行うということが求められています。

　この金融庁ガイドラインというのは一例なのですね。ほかにも監督官庁ごとにガイドラインが多く定められておりますので、適宜ご参照いただければと思います。金融庁のものは結構厳しめに書かれていますので、このレベルをやっておけば大体大丈夫かなという感覚があります。

　次に23条です。「第三者提供の制限」は若干複雑なルールになっているのですが、まず、第三者提供というのは原則として駄目です。ただ、第三者に該当しない場合があります。該当しない場合というのはどういう場合かというと、①委託契約で個人データの取扱いを外注するといった場合ですね。これはよく使います。ですから、「第三者ではありません」ということにしてしまうことが、企業としてはよくあります。②としては、合併その他の事業の承継に伴う場合ということもあるでしょうね。そして、③共同利用の場合として、例えば複数の金融機関で信用情報を共有するというような場合です。これは一定の事項をあらかじめ本人に通知したり、サイトに載せるなど容易に知り得る状態に置くといったことで、第三者には当たらないということに

なります。

　個人的な感想としては、結構緩いルールだと思いますね。こんなので同意を取らなくてよいのかという議論はあると思いますが、現状ではこのようなルールになっています。ですから、緩いがゆえにこれぐらいは企業としてはきちんとやりたいところです。

　提供先が第三者に該当してしまうということになれば、原則として提供禁止なのですが、例外として、本人の同意がある場合や法令に基づく場合云々、先ほど出てきた例外事項がずらっと書かれているということです。

　法令に基づく場合に第三者提供できるというのは、実務上よく使う、あるいは見る条文で、後ほどお話しする情報開示の実務では、「個人情報を開示してくれ」とを言われたときには、法令に基づく場合であれば、この23条1項1号に基づいて開示ができます。できるというだけで開示するかどうかは企業に任されているというところはありますが。

　また、例外の2番目としてはオプトアウトですね。オプトアウトの手続というものが定められています。これは、そこに書いてあるとおり「本人の求めに応じて当該本人が識別される個人データの第三者への提供を停止することとしている場合」、第三者提供できます。

　次に、一定事項（第三者への提供を利用目的とする旨、提供される個人データの項目と提供の手段・方法、オプトアウトができますよということ）を「本人に通知または容易に知り得る状態に置く場合」にも、第三者提供ができるという例外になっています。

エ　保有個人データに関するルール

　24条では、「保有個人データに関する事項を公表」しなさいということで、公表する項目は、事業者の氏名・名称や利用目的、苦情の申し出先など、レジュメに書いてあります。利用目的の通知請求というのは24条2項に書かれており、「本人から保有個人データの利用目的の通知を求められたときは、本人に通知」しなければならないということです。例外もいくつか定められています。

　25条の「開示」では、「本人から……開示請求があれば、遅滞なく開示しなければなら」ず、「書面の交付、または本人が同意した方法により開示す

Ⅱ　企業における情報管理、SNSに関する規制等

る」、また、「開示が不要となる例」』についても、「本人・第三者の生命」云々と書いてありますね。こういった例外も規定されています。

　この開示の条文については、実は、「この規定に基づいて開示請求権という権利が認められるものではない」というようなことを言った東京地裁の裁判例があるのですが、ここは後でお話しするとおり、平成27年の個人情報保護法の改正によって、手当てされたところです。

　26条は「訂正等」の条文で、「利用停止等」が27条1項です。27条2項の「第三者提供の停止」など個人データを持っている企業などに対する請求について定められています。28条の「理由の説明〈努力義務〉」では、「本人に通知しなければならない」こととして、「利用目的を通知しない旨の決定」「開示しない旨の決定」、すなわち何か請求をされて、「いや、それはうちでは受け付けませんよ」というときには、そのような決定をしたときに本人に通知し理由を説明する努力義務があるということになっています。努力義務ですので拘束力はありません。

　29条の「開示等の求めに応じる手続」では、「受け付ける方法を定めることができる」と書いてあります。ですから、一旦手続を定めたら「ユーザーさんはそのとおりにちゃんと手続してくださいね」ということです。

　手数料も徴収できるということになっています。細かいですが、30条については「利用目的の通知請求、開示請求、については、手数料を徴収できる」が、その他については徴収ができないということもルールとして書いてあります。

オ　制　裁

　個人情報保護法は行政規制ですので、基本的には行政指導があり、勧告があって、命令という行政処分がされて、それにも従わない場合には罰則があるという、よくあるパターンですね。

　個人情報保護法には損害賠償請求の規定がなく、混同されている方も若干見受けられるのですが、個人情報が漏えいした場合というのはプライバシーの侵害なのですね。個人情報保護法に基づいてユーザーが企業を訴えることができるかというわけではないということも、細かいですが覚えておいていただければと思います。

第2部　企業が保有する情報に関する実務

カ　平成27年改正

個人情報保護法は、平成27年に非常に大きな改正がありました。これも次回の講義に詳細は譲りますが、「定義の明確化等」ということで、個人情報の定義の中に個人識別符号という類型が設けられ、「要配慮個人情報」すなわち人種・信条・病歴といった機微情報の保護が厳格になりました。また、権利利益を害するおそれのない個人情報データベース等を除外したり、5000件以下の個人情報しか取り扱わない小規模取扱事業者は個人情報保護法の対象外だったのですが、今回の改正で適用されることになったりということもあります。

それから、「匿名加工情報」といって、誰だか分からないような統計情報にしたら利活用できるということで、利活用の促進のルールもできましたし、民間の例えば事業者団体みたいなところで、自主的な個人情報保護指針を作ればそれがルールになってしまうという仕組みが導入される予定です。

そのほか、第三者請求をする場合に個人情報保護委員会に届出をしなければならないとなったり、あるいはトレーサビリティの確保、データベース提供罪ができたりなど、いろいろな改正がなされています。

特徴的なのは、グローバル化ということで、域外適応が認められるようになるということや、執行の協力といった外国との関係についても規定されることになっています。詳しくは次回お聞きいただければと思います。

(2)　プライバシー

ア　要件

プライバシーの要件については、司法試験の頃からずっと覚えられてきたかもしれませんが、「宴のあと」事件において、①公表された事柄が私生活上の事実または私生活上の事実らしく受け取られるおそれのあること（私事性）、②一般人の感受性を基準にして当該私人の立場に立った場合公開を欲しないと認められる事柄であること、③一般の人に未だ知られていない事柄であること（非公知性）の3要件が提示されました。

最近は最高裁判例などを見ていますと、この要件は使われていないといいますか、他人にみだりに知られたくない情報であるか否かといった基準で判断しているのではないかという指摘があります。これは前科みたいな情報は

Ⅱ　企業における情報管理、SNSに関する規制等

私事性のあるものとはなかなか言いづらいからだと言われています。しかしやはり、前科を公表されたくないということはありますので、そういったときに、それがプライバシー権として保護されるためには私事性という要件はいらないのではないかというような議論があります。

イ　プライバシー権侵害の効果

これはご案内のとおり、損害賠償や差止めということであり、プライバシーも非常に企業にとっては重要な情報です。個人情報保護法を遵守していたら、大体プライバシーというのは守られているのかなと思うのですが、やはり重なり合う部分と重なり合わない部分とがあり、プライバシー権についても別途、個人情報保護法以外に安全管理措置をとっていかないといけないと思います。

(3) マイナンバー

マイナンバーも最近話題になっている、企業が保有する情報の一つですが、マイナンバー法（行政手続における特定の個人を識別するための番号の利用等に関する法律）で、マイナンバーという個人番号が規定されています。これは個人情報保護法の特別法という位置づけになっているのですね。マイナンバーは悪用されると非常に危険だということで、個人情報保護法よりも厳しいルールを課しています。ここでは特徴だけ触れる程度にとどめたいと思います。

利用できるシーンが非常に限られており、目的外利用は原則禁止です。レジュメに書いてあるように、①激甚災害等に利用主体・用途に関する一定の要件を満たす場合、②人の生命・身体・財産保護のために必要があって同意を取るのが困難な場合というようなときか目的外は利用できないということで、非常に厳格です。

また、企業内に何かファイル作成をして管理するわけなのですが、これはその事務処理に必要な範囲だけということになっています。

提供可能なケースは限定列挙され、ここも厳格になっています。再委託は原則禁止であったり、罰則が強化されたりということになっています。ここも次回の講義で詳しく説明があると思います。

(4) 通信の秘密

「通信の秘密」というのは実務上取り扱われたことがあるでしょうか、ど

うでしょうか。電気通信事業者は結構気にして、通信の秘密を保護しなくてはいけないという頭があるのですが、ニッチな分野かもしれませんね。最近、メッセージを交換するようなサービスやアプリケーションがはやっており、そのアプリケーション内のメッセージは通信の秘密として保護されます。情報管理というと、こういった通信の秘密にも気を配る必要があります。

　ご存知のとおり、憲法21条1項で表現の自由が規定され、21条2項前段で検閲が禁止されており、2項後段に通信の秘密の保護の条文があります。これを受けまして、電気事業通信法や郵便法といったところに通信の秘密の規定が置かれているのですね。これについて見ていきたいと思います。

　通信事業者に電気通信事業法が適用されるのですが、民間事業者ですので、憲法は直接関係しません。なぜこんな規定が電気通信事業法にあるのかというのは、いろいろ説があるところなのですが、憲法の趣旨を反映させた規定として考えるというのが通説的な立場のようです。いずれにしましても、電気通信事業法の4条に通信の秘密の規定があり、「通信の秘密は、侵してはならない」とされています。

ア　登録又は届出を要する電気通信事業

　ただ、先ほど申し上げたとおり、あまり一般的な企業に適用されるものではなく、この電気通信事業者に該当しなければ原則として関わってこないわけです。レジュメに列挙してありますが、加入電話や、少し古い言葉ですがISDNなどが電気通信事業とされます。その他、中継電話、国際電話、公衆電話、FAX、電報、携帯電話、PHS、移動端末データ通信、IP電話、ISPなど。ISPはいわゆるプロバイダです。FTTHやDSLなど足回りの回線を提供する事業、そしてケーブルテレビやFWAと書いてありますが、これは固定された無線機器で大量のパケット通信ができるような仕組みです。あとは公衆無線LANアクセスやインターネット関連サービスです。インターネット関連サービスの中の電子メールやインスタント・メッセンジャーといったところは、提供する事業者も最近では多いのではないかと思います。あとはデータ伝送、フレームリレーやATM。これは懐かしい言葉ですね。電話会社の方ぐらいしか知りませんが、ATMというのは銀行のではなくて、アシンクロナス・トランスファー・モードというテクノロジーで、パケット交換サービ

Ⅱ　企業における情報管理、SNSに関する規制等

スの一種です。こういったサービスについては、電気通信事業として登録したり、届出が必要になったりするということです。

最近ではアプリを使って通信をするという仕組みが非常に多くなってきており、日本だけではなく全世界的にそうです。いわゆるOTT（Over-The-Topの略）といわれるアプリケーションの事業者というのは、各国で従来の電気通信事業者と対立が深まりつつあり、いくつかの国では規制に乗り出すという動きなどもあります。

日本ではあまりそういった規制の動きというのは耳にしませんが、非常に急進的な国だと、「必ずサーバーを国内に置きなさい、捜査のためなど政府が見たいときにその内容を見せなさい、そのためのバックドアを設置しなさい、通信傍受をさせなさい」というようなことを法律にしようとしているところがあります。海外ではOTTプレイヤーの規制というのは、かなりホットな話題になっていますね。

イ　通信の秘密の保護

4条の1項は「電気通信事業者の取扱中に係る通信の秘密は、侵してはならない」、2項は「電気通信事業に従事する者は、在職中電気通信事業者の取扱中に係る通信に関して知り得た他人の秘密を守らなければならない。その職を退いた後においても、同様とする」となっており、罰則規定があります。

ウ　電気通信事業法4条1項

ここでいう「秘密」というのは、主観的に自分がこれは秘密しておきたいというような情報ではなく、客観的に一般人が通常秘密にしたいというような「客観的秘密」のことをいうという解釈になります。

この通信の秘密は、日本では広い範囲で保護されています。通信内容はもちろん、通信の日時、場所、通信当事者の氏名、住所・居所、電話番号、当事者の識別符号、通信回数、あるいはインターネットのIPアドレスといったものも「通信の秘密の保護」の範囲内に入ってきます。IPアドレスは、外国では個人情報の一種みたいな形になっており、通信の秘密というプライバシー性の高いものとはあまり思われていないみたいですが、日本では通信の秘密の保護下にあって、厳格に処理されなければならないということになっています。

「通信の秘密を侵す」というのは、事業者側でいえば通信の内容をサーバーから取ってきて見る（知得）、第三者に渡してしまう（漏えい）、目的外利用する（窃用）といったことですね。

Facebookをお使いの方もいらっしゃると思うのですが、自分で画像とかテキストをサイトに載せることができたり、メッセンジャーといって一対一でやり取りできたりという機能がありますが、一対一でやり取りするというような機能については通信の秘密の保護が及ぶものになってきます。ただ、Facebookはアメリカの企業ですので、どこまで日本の法律が適用されるかという別の問題もあるかもしれませんが。

エ　電気通信事業法4条2項

2項のほうは、1項が非常に重要なものであまり重要性がないといわれていますし、他人の秘密を保護しましょうという条文なのですが、「通信の内容」云々と書いていますね。通信の秘密のほか、通信当事者の人相、言葉の訛、契約の際に入手した契約者の個人情報、営業秘密などと書いてあります。こういった「個々の通信の構成要素とはいえない」が「それを推知させる可能性のあるものも含む」ということなので、かなり広範なところが秘密になるということです。

ただ、これについてはレジュメ（27頁）の表の下段にもありますが、漏えいしたり、窃用したりというところは駄目だと書いてあるのですが罰則がありませんので、他人の秘密というのがどういうものを指すのか外延を確定する意義に乏しいのではないかという指摘もあるところですね。

通信の秘密が厳格に保護されるといっても、同意があれば取ってきて使ったりしても大丈夫です。ただ、プライバシーポリシーなどで、個人情報を取るときと少し違い、かなり厳格な同意が求められています。いわゆる明確かつ個別の同意が必要ということが、よく言われるのですが、個別の同意については、約款で包括的に「利用者の通信の秘密を当社は利用することがあります」といった一文で、それに同意してもらったらよいかというとそういうわけではなく、どういうことに使う、どういうときにそれを取得するということをかなり細かく書いて、明確に同意をもらってくださいということになっています。そういうところが少し厳格なところですね。

Ⅱ　企業における情報管理、SNSに関する規制等

オ　違法性阻却自由

　通信の秘密の侵害に当たるが、違法性阻却事由があるから大丈夫だというようなときもあります。例えば、正当業務行為ですね。「電気通信事業者の従業員等が業務上必要な情報を知得する」というのは、正当な業務行為であるという考え方になっています。

　あるいは、最近サイバー攻撃に対応する必要が高まっているのですが、サイバー攻撃を受けたときに、利用者の通信を見ないと対策が打てないということもかなりあります。例えば、レジュメ図１（28頁）の「Ｃ＆Ｃサーバー等との通信の遮断」という絵がありますが、これはどういうものかといいますと、利用者の中でマルウェアという悪意のあるコード、プログラムがあります。そこで、「○○.example.jpのIPアドレスは何ですか」と尋ねると、ISPのDNSサーバー（インターネットのURLをIPアドレスの数字の並びに変換するようなサーバーのこと）はそれに対して例えば「アドレスは、192.0.×.×です」というような回答をします。ただ、それがC&Cサーバーという攻撃者のサーバーにアクセスするようなIPアドレスが返ってくるということがあります。こういったことで悪さをする人がいます。ISPとしてはこのDNSサーバーからの回答を遮断したいのですが、遮断するには利用者がどういったところにアクセスしようとしているかということを知らないといけない、すなわち通信の秘密を侵害してしまうのですね。

　ですから、これは通信の秘密の侵害だから許されないのか、それとも正当業務行為や他に何か違法性阻却事由があるのかとかといった議論になるわけです。

　これについては、総務省の「第二次とりまとめ」という冊子に書いてあるところでは、包括同意で取っていればよいのではないかというような論調なのですが、まず約款などに「マルウェアに感染したときに何か通信を見る場合があります」といった感じで包括的に書いて同意を取ります。それで有効なのではないかという議論がこの「とりまとめ」の中でされています。

　先ほどの有効な同意になる要件として「個別同意」が必要と言いましたが、事前の包括同意というのは将来の事実に対する予測に基づくので、対象や範囲というのが不明確になりがちなのです。ですから包括では駄目だといわれ

ます。契約約款は当事者の同意が推定可能な事項を定める性質のものなので、通信の秘密の利益を放棄させる内容というのは、そういった約款の性質になじまないというような議論があります。

　ところが、このC&Cサーバーや悪意のあるサーバーにアクセスするようなときには、そういった趣旨には反しないだろうということで、OKですよというような議論がされています。ご興味のある方は原典に当たっていただければと思います。

　また、レジュメ図3（29頁）のような「他人のID・パスワードを悪用した不正利用」にもやはり対処しないといけません。こういったどこかの脆弱なサイトからIDやパスワードを盗んできて、違うサイトにアクセスして悪さをしようというようなことはよくあり、そういった不正利用を検知したISP側、プロバイダ側が、正規の利用者にパスワードの変更依頼をかけるということをしたいときにも、通信の秘密を侵害するのではないかという問題があります。これについては正当業務行為として認められるのではないかという議論になっています。

　正当業務行為が認められる要件としては、目的の正当性、行為の必要性、手段の相当性を考えるのが一般的です。セキュリティホールを突くような悪意のある攻撃者から守るためというようなことであれば、この3要件が認められる場合が多いのではと考えられます。

　他にもいろいろなセキュリティに関する攻撃の類型がこの「とりまとめ」の中に書いてあるのですが、その次に書いてあるのが、「脆弱性を有するブロードバンドルータ」利用者への注意喚起をする場合です。ブロードバンドルータは家で使われている方もいらっしゃると思いますが、脆弱性のあるルータというのが案外、世の中に多いのですね。その脆弱なブロードバンドルータを乗っ取って、他のサーバーに攻撃するという手法が、よく見られるわけです。これも同様に、正当業務行為になるという整理がされています。

　それから「DNSAmp攻撃」というものもあり、DNSサーバーから返ってくるデータについて、大量のデータを返すような仕組みを埋め込んで攻撃先のサーバーに大量のデータを送り付けるという、「DDos攻撃」みたいな攻撃手法があるのですが、これについても違法性阻却事由が認められるという

Ⅱ　企業における情報管理、SNSに関する規制等

ことです。こういったリフレクション攻撃が最近のトレンドのようです。その他「ランダムサブドメイン攻撃」というものもあります。

　技術的に細かい話ですので、適宜「とりまとめ」資料を見ていただければと思います。

(5)　営業秘密

　営業秘密というのは、技術上の情報、顧客の情報、ノウハウといったものですよね。定義としては、「秘密として管理されている生産方法、販売方法その他の事業活動に有用な技術上又は営業上の情報であって、公然と知られていないもの」（不正競争防止法2条6項）です。要件としては、「秘密管理性」「有用性」「非公知性」があるというのは、ご存知のとおりだと思います。

　この営業秘密の管理については、経済産業省から「営業管理秘密指針」というものが出ているのですが、内容がガラッと変わりました。従来は非常に厳しい要件が課されるような書き方になっており、私もだいぶ前からこの秘密管理性という要件を満たすのは非常に難しいと思っていました。企業は、例えば99％くらいまで秘密管理をしていますが、1％過失があってきちんと管理ができていないところがあったということになったら、秘密管理性が失われるかのようなイメージが持たれていた時期があって、秘密管理性の要件が厳しすぎるのではないか、営業秘密管理指針の書き方が悪いのではないかというような議論があったため、平成27年にこれが改訂され、営業秘密と認められる範囲が広くなりました。今回の改訂で秘密管理についてのハンドブックというものが付いてくるようになったのですが、それはまた後でお話ししたいと思います。

　「秘密管理性要件が満たされるためには、……秘密管理意思が、具体的状況に応じた経済合理的な秘密管理措置によって、従業員に明確に示され、結果として、従業員が当該秘密管理意思を容易に認識できる（認識可能性が確保される）必要がある」ということで、秘密管理措置というのは、一般の秘密でないような通常の情報から合理的に区分されて、従業員からもよく分かるように、営業秘密であることを明らかにする措置をとっていればよいということです。

　具体例としては、紙媒体の場合には文書にマル秘を表示する、コンフィデ

ンシャルと書く、施錠可能なキャビネット・金庫に保管しておくといったことです。

電子媒体の場合では、記録媒体自体にマル秘を表示する、あるいはファイル名・フォルダ名にコンフィデンシャルやマル秘というのを含める、あるいはワードなどの文書の見えるところ（右上）にマル秘を書いておくといった措置が考えられます。

物件にその営業秘密が化体している場合というのは、例えば非常に優れた金型があって、それ自体が営業秘密である場合には、「立ち入り禁止」の貼り紙を貼ったり、IDカードで入退室を管理したりといったことが管理措置になります。

媒体が利用されない場合、すなわちノウハウみたいな形で、従業員の頭の中にはあるがそれが物理的な媒体や電子媒体になっているわけでもないというときには、秘密をカテゴリー化して、リスト化して、文書等に記載するといった措置で、秘密管理性の要件が満たされるということになっています。

詳細については、ぜひ「営業秘密管理指針」をご覧になっていただければと思います。

(6) インサイダー情報

内部者取引は、「上場会社の関係者等が、その職務や地位により知り得た、投資者の投資判断に重大な影響を与える未公表の会社情報を利用して、自社の株券等を売買する行為」。金商法の167条です。退職後1年以内は会社関係者に含まれ、重要事実としては、「決定事実」「発生事実」「決算情報」、そしてバスケット条項といいまして「その他投資家の判断に著しい影響を及ぼす事実」です。このバスケット条項は曖昧さゆえに批判されることもありますが、企業としては広く重要事実を捉えておく必要があるだろうということですね。

これが公表によって、インサイダー情報ではなくなります。例えば「重要事実が2以上の報道機関に公開され12時間以上経過したこと」、東証やTDNetへの登録をする、公衆縦覧に供されるといったことも公表になるらしいのですが、こういった公表をすることによってインサイダー情報ではなくなるということです。

Ⅱ　企業における情報管理、SNSに関する規制等

非常に罰則も厳しく、個人であると5年以下の懲役若しくは500万円以下罰金、又はこれらの併科になりますし、法人も同様に罰金が科せられることがあります。

没収・追徴については、利益ではなく売却額そのものが没収・追徴されるということですので、非常に厳しいですよね。課徴金なども課される場合があるということで、コンプライアンス的には非常に重要な情報になるわけです。

インサイダー取引を従業員にさせないためにどうしたらよいのかということについては、適時適切な開示をしていくこと、そして、社内体制を整備したり、規制を正しく従業員に伝えて理解してもらったりというようなことですね。

なお、社員教育については、日本取引所自主規制法人が講師を派遣しており、私も受けたことがありますが結構充実した研修をしていただけます。

(7)　人事労務に関連する情報管理
　　ア　従業員との秘密保持契約

従業員に対しきちんと秘密を管理しなさいということを警告したり、秘密保持契約で縛ったりということが非常に重要になってきます。

入社したり採用したりするとき、退職するとき、在職中でも部署を移動したり、出向したり、プロジェクトに参加したり、昇進したり、その他取り扱う情報の量や質が変わるタイミングで秘密保持契約をしていくのがよいということです。

経験上、プログラムを開発する技術者についてはかなり重要です。プログラムのソースコードなどを流用するケースが多いです。他の会社に行って同じものを使うといった事例に遭遇したことが多いので、気を付けないといけないと思っています。技術者としてはあまり考えずにこういうことをやってしまうみたいです。ですから、どのソースコードなのかいろいろ細かく指定し、秘密保持契約をプロジェクトごとに取っていくといったケアは必要なのかなと思っています。

　　イ　従業員のモニタリング

先ほどの人的管理措置みたいな形で従業員をモニターして漏えいを防ごうという考え方があるわけなのですが、例えば、メールの中身をモニタリングしたり、カスタマーサポートや個人情報を結構扱う部門では、皆さんに施錠

された部屋に入って仕事をしていただき、勤務中の一挙手一投足に至るまで監視カメラで撮って情報漏えいを防ぐというのは、結構よくやられているのではないかと思います。

　こういったカスタマーサポートというのは、主に派遣の方や契約社員の方などがやり、正社員の方がやることが少ないんですね。スーパーバイザーなどになると別ですが。したがって、漏えいリスクが高いというのが企業の実感ではないでしょうか。ですから、モニタリングについてはしっかりやろうということで、別室にして、IDで管理して、監視カメラも付けるというのは、企業においてはごく当然のことと考えられがちです。

　ただ、労働者等のプライバシーには配慮しないといけないということで、レジュメに書いているとおり、「雇用管理に関する個人情報の取り扱いに関する重要事項を定めるときは、あらかじめ労働組合に通知して、必要に応じて、協議をすることが望ましい。……重要事項を定めたときは、労働者等に周知することが望ましい」。

　重要事項というのは、ここに四つ書いてあるようなモニタリングに関する事項です。モニタリングの目的、実施に関する責任者とその権限を定める、あるいは社内規定を策定して事前に社内に徹底する、実施状況については内部監査を行うほうが望ましいということになっています。

ウ　ソーシャルメディアガイドライン

　従業員の問題として、SNS、例えばTwitterなどで、ばかな写真をアップするという事件が流行った時期がありましたが、ああいうふうにSNSは気軽に書き込めるものですから、何らかのガイドラインを定めて従業員に周知徹底させないと、なかなかそういったリスクは減りません。従業員が個人的に書く場合もありますが、企業が公式のFacebookアカウントを持って（Twitterもそうですね）そこで何かを投稿するといったことが最近よくやられており、そういったときの企業が書き込むとき、従業員にある程度こういうふうに書きなさいというガイドラインを示す企業は多いと思います。

　レジュメに挙げているのが、一般的な留意事項としてはこんなものがありますよという一例です。これは総務省が発表している国家公務員がソーシャルメディアの私的利用をするときの留意点をまとめた文書から持ってきてい

Ⅱ　企業における情報管理、SNSに関する規制等

ます。事後対応としては、「誹謗中傷、不当な批判その他不快又は嫌悪の念を起こさせるような発信を受けた場合であっても、感情的に対応しない」ということが重要とされています。あるいは「事実に反する発信」「嫌悪の念を起こさせるような発信」をしない、「発信を削除するに留まることなく、訂正やお詫びを行うなど誠実な対応を心がける」といったことが書かれていますので、参照していただければと思います。

こういったものに基づいて社内規程を策定し、コンプライアンス教育のときには規程を説明して、リスクを周知するということが重要かなと思います。

(8)　サイト上の違法・有害情報への対応
ア　他人の権利を侵害する違法な情報

ネットサービスをやっている会社では本当に切実な日常的によくあることで、オープンなサイトを運営していますと、そこに法律に違反するような情報が書き込まれたり、法律には違反しないがこれはまずい情報だという有害な情報を書き込まれたりすることはよくあります。

例えば、名誉毀損になるような発言がサイト上であったり、わいせつな画像をアップしたり、自殺をほのめかすような書き込みがあったり、日常的にこういうことは起こります。そのときにどういうふうに企業が対応するかというのも考えておかないといけないということですね。

イ　社会的法益等を侵害する違法な情報

わいせつ、児童ポルノ、売春防止法違反の広告、出会い系サイト規制法の誘引行為、薬物犯罪関連、あるいは銀行口座、オレオレ詐欺みたいなものに使うような携帯の違法売買の書き込み、ヤミ金の広告などいろいろなものがあります。

こういった違法な情報をサイト管理者が発見したときには、自主的に送信防止措置をとったり、発信者に対する発信中止するように要求をしたり、あるいは利用規約に基づいてその人のアカウント自体を利用停止にしたりするという対応をすることがありますね。

ウ　公序良俗に反する情報への対応

これは違法ではないが、例えば、死体マニアの人が死体の写真を交換しているだとか、公序良俗的にまずいのではないかというレベルの情報です。

企業としてはそういった情報が出回ると困りますし、サイトのレピュテーションにも結び付きますので、かなり広い範囲でそういったものは消しているのですね。

　また、モニタリングなどもしています。例えば、テキストベースで書き込めるサイトだと、テキストを全部クローリングといってインターネットから拾い出してきて、プログラムで解析して、NGワードみたいなもので引っ掛け、そこに引っ掛かった場合には従業員が実際にサイトに見にいき、まずい書き込みがあるなと目視したら、それを消すといった活動をやっています。こういう監視サービスといいますか、モニタリングサービスを提供する事業者も最近は多くなっています。

エ　コミュニティサイトの監視

　コミュニティサイトとは何かといいますと出会い系サイトに似て非なるものというイメージです。出会い系サイトというのは、インターネットを通して異性を紹介するという事業です。これは警察に届け出て事業を運営するのですが、出会い系サイトと認められるための要件があり、「面識のない異性との交際を希望する者を対象としていること」「異性交際に関する情報を電子掲示板等に掲載していること」「……異性交際希望者が、……電子メール等により1対1の連絡ができること」といったものがあります。

　こういった要件をすべて満たすサイトは出会い系サイトとして正規に警察に届け出なければなりませんが、そうではないサイト、例えば1対1の連絡ができないが掲示板には書き込めるというようなサイト、つまり「ここに電話してください」というような電話番号を載せれば1対1の連絡はできるのですがサイトが仕組みとして連絡手段を用意しているわけではないことになると、出会い系サイトの要件を欠くわけです。

　したがって、出会い系サイトではないので法の規制がかかってきません。こういったサイトを出会い系サイトに準ずるものとして「コミュニティサイト」というのですが、このコミュニティサイトで児童被害が起きるケースが非常に多くなってきているのです。警察のほうもこれはまずいということで、コミュニティサイトに関しては自主的な取組でそういった状況を改善してもらおうという形で頑張っておられます。児童被害数は、大体半年に1回、警

Ⅱ　企業における情報管理、SNSに関する規制等

察庁から数が公表されていますので、ご興味がある方は警察庁のサイトで確認していただければと思います。

　オ　利用者からの相談先

　こういった違法・有害情報について、ユーザーから相談できる団体があり、例えば、違法・有害情報相談センターというものがあります。これは総務省関係です。警察庁がやっているインターネット・ホットラインセンターというのもあります。法務省でも人権擁護局がやっており、地方法務局の人権擁護課というところから連絡が来て、「こういう書き込みがあるので消してください」というようなお願いが企業に来たりします。

　こういった違法情報の申告があっても、プロ責法で処理できるかというとそうではない場合が多いので、利用規約に基づいてこれは有害だなということで、利用停止にしたり、送信防止措置を自主的にとったりということがよくあります。

　ですから、そういうことができるように、利用規約というのは、あらかじめきちんと有害とされる事例を詳細に書いておく必要があるのですね。

　⑼　**各種コンプライアンス違反情報と公益通報者保護法**

　何か談合をしていますとか、官庁への届出に虚偽の記載がありますといったことも、企業内部にいると見たり聞いたりすることはあるかもしれません。

　そういったときに、企業としてはそれが外部に漏れると非常にまずいですね。もちろん法令の違反があること自体がまずいのですが、メディアなどで騒がれてたたかれるというようなことも企業としては非常に怖いものです。したがって、もしそんな兆候を見つけたときは、従業員から内部通報をしてほしいと企業は考えます。外部通報を回避するツールとして、この内部通報制度というのは企業にとって大事になってきます。

　これは企業の文化にもよるのでしょうが、従業員が内部通報をして何か会社に問題点を伝えるというのは少しハードルが高いような感じみたいですね。なかなか内部通報の件数というのも多くならないというのが実際のところではないでしょうか。

　ですから、従業員が相談しやすいような環境をきちんとつくっていくことが大事になってきます。内部通報先が上司しかなかったら、その上司が悪い

ことをしていたら何も言えません。そういう極端な例はあまりないかもしれませんが、外部の第三者たる法律事務所に委託して内部通報を受けてくださいといったこと、顧問弁護士ではない本当に第三者的な立場の法律事務所と契約してそういうことを受けてもらったり、従業員からどんどん情報を吸い出せるような仕組みをつくっていくというのが肝になってくるかなと思います。

3　情報セキュリティリスクへの対応
(1)　総　論

　弁護士として直接情報セキュリティリスクへの対応をするということはあまりないのかもしれませんが、最近では個人情報保護法のセキュリティの規定もありますから、かなり密接に関連しているところなのですね。ある程度概要は知っておいていただければと思います。

　リスクへの対応ですので、先ほど申し上げたような、ERMのリスクマネジメントの手法というのがここでも応用されるわけです。

　要は、リスクを最初に特定してその重みづけをします。リスクをマッピングした上でどのリスクに対応していくかということを決め、そこに対してコントロールといわれるリスク対応措置を決め、それをひと回し、ふた回しする中で監査も入れながら、フィードバックを受けてまた改定していくという流れになります。

(2)　各種ガイドライン

　この情報セキュリティリスクへの対応というのは、かなりたくさんの団体がガイドラインみたいなものを出しており、レジュメに挙げているのは「サイバーセキュリティ経営ガイドライン」という経済産業省が出しているものです。中身にここではあまり立ち入りませんが、こういったものを参考にしながら、情報セキュリティについては、弁護士としては横目で見ながら法律相談を受けるみたいな感じになるでしょうから、時間のあるときにざっと目を通していただければと思います。

　この「サイバーセキュリティ経営ガイドライン」のほかに、経産省は「個人情報ガイドライン」も出しており、その中にもちろん個人情報の安全管理措置が書かれていて、安全管理措置をどういうふうに実施したらよいかとい

Ⅱ　企業における情報管理、SNSに関する規制等

うことも細かくガイドラインになっています。マイナンバーについてもガイドラインがあります。

　それから、「秘密情報の保護ハンドブック」というのが、先ほど申し上げた「営業秘密管理指針」とともに公表されたハンドブックで、新しいもの（平成28年2月公表）です。ここでは、営業秘密にかかわらず広く企業が秘密としたい情報を守るためにはどうしたらよいかという方策が載っており、しかも最近の知見も踏まえて書かれているということで、結構参考になると思います。

　特徴的なものとしては、例えばステップ3⑤の「信頼関係の維持・向上等」といったところですね。実は、情報セキュリティのリスクを軽減するためには確かにシステム的な対応は重要であって絶対やらないといけないのですが、それだけでは防ぎようがないような類型の事件というのも起きています。

　従業員など内部の人に不正をされたら防ぎようがないので、そういった不正行為を防ぐためにはどうしたらよいかということが、犯罪学の見地などから研究されています。この「信頼関係」というのはそういった意味があり、例えば、会社内部で不正な人事をしている、仲良し人事、すなわち仲のよいものだけ実力に基づかず昇進させているといったことがあると、従業員のモチベーションは下がります。そういうことが不正の温床になり、情報の漏えいにつながるという考え方ですね。

　この辺が今後はより研究され、いろいろな知見がたまっていくのかなと考えています。そういう意味でもこのハンドブックは一読されたほうがよいかと思っています。

　最後の「組織における内部不正防止ガイドライン」はIPAという団体が作っているもので、まさに犯罪学の理論を使ってどういうふうにすべきかということが書いてあります。主にセキュリティの専門家によるものです。

　「犯行を難しくする（やりにくくする）」「やると見つかる」、それをやったら「割に合わない」、犯行しようという「その気にさせない」、それから不正をやったときに「言い訳させない」といったことが基本原則となっており、そうするためにはどういうふうに環境整備したらよいかということが書かれています。

実際、内部不正によるセキュリティ・インシデントというのはかなり多いので、こういった文献に当たっていただいて、知見を深めていただければと思います。

4 インシデント対応

(1) 情報漏えい・事故発生時の対応

ここまではリスクマネジメントということで、事前に予防するためにはどうしたらよいかという話でしたが、インシデント、すなわち情報漏えいなどが起こった場合にどうしたらよいのかということです。

ア 一般的な対応フロー

まず、そういった漏れているというような兆候を把握しないといけません。これはなかなか難しいのですが、たとえばサーバーのメモリが不自然なほど、90％ぐらい食っていて非常に重くなっているといった兆候があれば、技術部門、インフラなどの部門がそれを監視しているので、そういったものをいち早くつかみます。

兆候をつかんだらそこに調査を入れ、どれくらいの規模のインシデントが今起こっているのかということを把握し、インシデントを企業内で管理するようなツール、システムがあったりしますが、そこに登録した上で、関係者にメールを打ち、そうこうしているうちに顧客から問合せがあったり、マスコミからこれについて取材をさせてほしいということがあったり、挙げ句の果てにデマまで出回るのでそれにも対応して、という感じです。

デマというと、以前、例えば企業の偽Twitterアカウントみたいなものが作られ、そこでこんなインシデントがありました。「事故のお詫びをしたいので個人情報を当社に送ってください。お詫びとしては一人1万円ぐらい払います」というような。まるでデマなのですが、そういった偽アカウントが出回ることがあります。それを一個一個つぶしていくというようなこともインシデント対応としては非常に重要なところであります。

イ インシデント関連情報の管理項目例

電気通信事業法の事故の報告制度というのがあり、それに似たようなものなのですが、事故の概要、原因、再発防止策、外部（お客さまやメディア）の対応状況といったものをまとめておくとよいと思います。あとは、原因究

Ⅱ　企業における情報管理、SNSに関する規制等

明をした後に責任追及、攻撃者がいる場合は刑事や民事で対応していくということもやります。

　事故内容の届出というのは、例えば電気通信事業法ですと、通信の秘密が漏えいした場合など一定の重大な事故になると報告してくださいということになっています。事故が起こってから30日以内にこういった報告書をまとめて提出します。

　最近、電気通信事業法も変わりまして、「電気通信事故検証会議」といったものが総務省に設置されることになりました。システムの専門家や顧客対応の専門家がパネルを組んで、その事故について深く検討し、そこで検討した結果を事業者にフィードバックしましょうという試みも始まっています。

(2)　情報セキュリティに関連する刑事法

　こういったセキュリティのインシデントが攻撃者によって惹き起こされたということになると、刑事的な措置をとることもよくあります。

　不正アクセスには二つの行為類型があり、①他人の識別符号を悪用する行為、②コンピュータプログラムの不備を衝く行為です。「フィッシング行為の禁止」ということで7条もありますね。

　これ以外にもウイルス作成罪や電子計算機損壊等業務妨害罪／使用詐欺罪などいろいろな犯罪類型があるのですが、実務的には、構成要件の一部が欠けてしまうことがよくあり悩ましいところです。

　例えば、電子計算機損壊等業務妨害だとサーバーが壊れないといけないということなので、非常に堅牢なシステムに大量のパケットを送り付けるというようなDoS攻撃をしても、全く損壊しない、そんなものは屁でもないみたいな感じの堅牢なサーバーですと、これが成立しません。

　あるいは、オンラインゲームなどでチート行為みたいのがあるのです。例えば銃で撃つゲームなどでは、壁をすり抜けたりという不正な行為をやって楽しんでいるユーザーがいます。このチート行為もゲームの環境を壊しますので、売上などにも影響するのですが、それを取り締まろうにも、構成要件が全部そろわなかったりということがよくあるので、実務上対応が難しい場合が多いといえます。

　警察の捜査実務として、法理論的にはこの罪に当たるのだが、警察として

第2部　企業が保有する情報に関する実務

は捜査できない、起訴まで持っていくような証拠固めができないということも結構あり、警察実務にも目を光らせないといけません。実際にはかなり警察と相談を重ねて、理屈を立ててから告訴していくという形になるでしょう。

　例えば、IPアドレスを警察が調べようとしても、1か月くらいしか保存していないというISPもあり、時間との勝負になることも多いです。

　その他の刑法上の犯罪としては、何か営業秘密を盗み出そうとしてビルに侵入したりすると建造物侵入罪が成立することがありますし、支払用カードに関する罪、普通の業務妨害罪といったものも検討対象に入ることがあります。

第2　企業情報開示の実務

　ここまで、企業における情報管理という面でお話しましたが、もう一つ企業で非常に大きなウエイトを占めているのが開示の実務です。例えば、捜査機関からこういったデータを出してほしいといった照会が来たり、あるいは弁護士会照会などもかなり多く件数があります。そういった開示を請求されたときに、どうやって対応するかということも大きな論点であり、これについてお話ししたいと思います。

1　会社法等に基づく企業情報の開示

　開示請求ではありませんが、決算公告や金商法上の有価証券報告書の開示といったものがあります。あとは、適時開示ということで、上場規程などに書いてある適時開示制度を守りましょうということです。インサイダー情報を適切に管理するために非常に重要なことです。

2　個人情報保護法に基づく開示請求

　先ほど開示請求に対応するために手続を定めることができるということがありましたが、そういったことをきちんと定めておいたり、あるいは、戦略的に全く定めなかったりということもあり得るとは思います。いずれにしましても、こういった保有個人データを開示してくれという請求があったときには遅滞なく開示しなければならないということになっています。

　ただ、先ほど申し上げた東京地裁の裁判例があり、「保有個人データの開示請求権を付与した規定であると解することは困難」だと言っています。

Ⅱ　企業における情報管理、SNSに関する規制等

　ここは平成27年の改正でその穴が埋められ、裁判上の請求権だと明文化されることになりました。企業に開示請求してからでないと訴訟は提起できないという「開示請求前置主義」のような条文もできることになりました。

3　プロバイダ責任制限法に基づく発信者情報の開示請求

　ここについては既に講義があったと思いますので、割愛させていただきます。

4　捜査機関からの開示請求

(1)　強制捜査

　一部の企業では件数が多く、捜査機関対応で1チームできるぐらいのマンパワーがいるような実務になっています。

　昔から令状による差押えというのはもちろんあり、サーバーを丸ごと差し押さえるというようなひどい事例もあったと聞いています。サーバーを差し押さえられると、全くサービスができなくなり、非常に大きな影響があります。ここはさすがに警察のほうも空気を読んで、従来も差押令状をとった上で、データだけ吸い出してといいますか、警察のパソコンに移してそれだけを持っていくというような実務上の対応がされていたようです。

　それがついに、平成23年の改正法で「記録命令付差押え」という手続が導入されて解決しました。この「記録命令付差押え」というのが、現在、サーバーに入っているデータを押さえるときのメジャーな手段になっていると思われます。

　これは企業の担当者に、CD-Rなどの記録媒体に情報を記録してもらった上で、そのCD-Rを差し押さえるというような手続になっています。後で出てくる国際捜査共助との関係では、外国にあるサーバーのデータであっても日本の「記録命令付差押え」の令状でとれてしまうということは細かいですが押さえていただければと思います。

　実務的には、あらかじめそういった記録媒体を用意しておいて、警察が企業に来て令状が提示され、企業から記録媒体が提供されて、押収品目録交付書を受領した上で、「CD-Rはもう要りません」という所有権放棄書を提出するといった流れでやっています。

　他にもいろいろと手続が整備され、「電気通信回線で接続している記録媒体からの複写」は、差し押さえる対象がコンピュータの場合なのですが、コ

ンピュータにネットワークでつながっている記録媒体から差し押さえる対象の電子計算機（コンピュータや他のメディア）にコピーした上で、そのコンピュータやメディアを差し押さえるという手続も規定されました。「コピー元の記録媒体が外国にある場合は、国際捜査共助の枠組みで行う必要がある」という点が「記録命令付差押え」と違うところですね。刑事訴訟法110条の２には、「電磁的記録に係る記録媒体の差押えの執行方法」ということで、メディアを差し押さえますよ、CD-Rを差し押さえますよというような令状のときに、「差押状を執行する者」すなわち警察などが、差押えに代えて記録媒体にコピーした上でその記録媒体を差し押さえることができるというような手続もあります。企業の担当者にコピーさせる場合もあります。

あるいは、「保全要請」というものもあります。電気通信事業者に対して、「業務上記録している通信履歴の電磁的記録を一時的に消去しないように求めることができる」というものです。30日を超えない期間で、全体を通じて60日を超えることはできない期間、データの保全をしてくれというような要請です。これもよく受けることがあります。

通信傍受法で、通信内容を押さえられるという場合があるのですが、実は、例えば、サーバーや、ドコモやau、ソフトバンクといった通信事業者の普通の固定電話や携帯電話のネットワークで流れる通信内容に網をかけし、そこから情報を抜き出すというような従来の通信傍受もあります。

通信傍受の対象としては、例えばアプリで通信している場合なども、一応法律上は傍受できるのですね。捜査機関というのは、通信事業者に対して必要な協力を求めることができるとなっていますけれども、従来の通信事業者を持っているネットワークは物理的な層で動いているものなので通信傍受しやすいのですが、アプリケーション層でやっている通信事業者というのはなかなかそこからデータを抜くのが難しく、かなりシステムを改修しないと傍受ができないシステムになっていることが多いと思います。捜査機関としては、システムを改修しなさいというところまでその令状で命ずることはできず、どうやって対応したらよいのかといったところも論点としてはあります。

通信傍受法は最近改正の動きがあり、対象犯罪が大幅に拡大する予定になっています。これまでは事業者側の立会いを必要としていたのですが、こ

Ⅱ　企業における情報管理、SNSに関する規制等

れも不要になるということで警察の権限が大きくなるようです。

(2)　任意捜査

ここまでが令状とかに基づく強制捜査の話なのですが、任意捜査として、いわゆる「捜査関係事項照会書」を提示してきて、「個人情報を教えてくれないか」という請求が企業に来ることもあります。ここは先ほどお伝えした個人情報保護法23条1項1号の「法令に基づく場合」に当たるので、個人情報を提供することは違法ではありません。

ただ、これは企業に開示義務が課されたものなのかというと、政府側は報告義務があるという立場をとっているようなのですが、実効的な制裁もありませんし、場合によっては、「警察にそんなユーザーのプライバシーに関わることを出したくないよね」というような企業も多くあると思います。機微情報を扱っているような事業者だと、「令状じゃないと出せないですよ」という立場のところもあると思います。そこら辺は、実務上捜査機関と企業の立場が対立してしまう問題はあります。

他方、通信の秘密について捜査関係事項照会書に応じて開示することは、全くできないということになっています。これは総務省のガイドラインなどにも書かれていますので、ご参照いただければと思います。

それから、裁判所による照会です。刑訴法の279条や検察官などから来る裁判の執行に関する照会（507条）というものがあります。こういったものも捜査関係事項照会書と同じような任意捜査の手段ということで、同じように個人情報開示することは適法にできるということになっています。ただし、通信の秘密は開示できません。

(3)　緊急案件に関する情報開示

事件の発生が切迫していて誰かに危害が及びそうだというときに、警察から「通信相手の情報を開示してくれないか」という依頼が来たりします。

こういった緊急案件では、理論的には「緊急避難が成立する場合」であれば情報開示することができるということになります。

自殺予告案件については、「インターネット上の自殺予告事案への対応に関するガイドライン」というものがあり、自殺予告案件のほか若干殺害予告案件にも言及があるのですが、「現在の危難の存在」「補充性」「法益の権衡」

についてこう考えたらよいのではないかということをまとめています。

　例えば、「現在の危難の存在」のところでは、発信された日時、発信された情報の内容（自殺を行う日時・場所、意思の表示、動機・手段、具体性・実現可能性）、書き込まれた掲示板の性質（自殺願望者が集まっている掲示板なのかどうかといった性質）、ほかにどんな書き込みがあるのか、あるいは警察がどんな情報を他に入手しているのかといったことを「総合考慮して判断する」ということで、おそらく私が思うに、緊急避難の成立を若干容易にしているようなガイドラインなのかなという気がします。

　このガイドラインが対象としているのは、通信の秘密のようなものを開示する、個人情報を開示するといった場面ですが、生命・身体に比べて通信の秘密はどれぐらい重いのかというと、確かに生命・身体のほうがはるかに重要な法益になります。そういったこともこのガイドラインにおける考慮要素の一つなのかもしれません。

　いずれにしましても、実務上は、警察で握っている情報に確実性があり、ほぼこれは自殺してしまうのではないかという心象を持ったら、大体この「現在の危難」を認定する方向に何かロジックを考えるということで、協力する方向で事業者が動くことが多いのではないかなと思います。

　最後に書いてある「外国の法益を救うための緊急避難は成立するか？」というのは、『大コンメンタール刑法』を調べると、韓国の革命立法によって日本に密入国した方がいて、このケースでは緊急避難の成立を認めているのですね。すると、外国の法益でも成立することはあるのかなと思います。

(4)　外国政府からの開示請求

　国内のみならず、外国の警察機関から連絡を受け、「お宅が持っているメッセージの情報を出してください」「個人情報を出してください」というような請求が来たりします。

　これについては法律が制定されており、国際捜査共助法というものがあります。そこによると、三つの請求ルートがあり、外交を通す場合、条約の枠組みに従う方法、国際刑事警察機構（ICPO）を通じてやるルートです。

　外交ルートについては、レジュメの①から③の事由がいずれもないことが要件になっています。政治犯罪に該当したら共助できません。また、相互の

Ⅱ　企業における情報管理、SNSに関する規制等

保証がないと駄目です。それから、双罰性です。相手の国で犯罪になって日本でも犯罪になるということがないと共助できません。例えば、某国の王室を侮辱する罪みたいなものがあったとして、その王族を侮辱する罪というのは日本では今ありませんよね。そうすると、この双罰性というのは欠けるという議論になります。

条約を結んでいる国としては、例えばアメリカ、韓国、EU、ロシアといったところですので、そういったものがあればそれを利用できます。

ICPOルートについては任意捜査に限られます。ICPOルートで令状を使った強制捜査はできないということになっており、それが特徴です。

手続の速さとしては、外交ルートが一番遅く、数か月から6か月位のオーダーの時間がかかります。条約はもう少し早く、ICPOは本当に数日などで連携がとられているらしいです。

変わったところですと、在日米軍から開示請求がくるなんていうこともあります。これも結構珍しい手続で、刑事特別法という法律があるのですね。これは地位協定に基づく法律ではあるのですが、在日米軍から「日本国の法令による罪に係る事件以外の刑事事件につき」、すなわち合衆国の刑事事件があった場合に協力の要請を受けたときには、警察も取り調べることができるというような条文になっているのですね。こういった法律に基づいて開示請求が外国から来ることもあります。

非常に悩ましいのが、この手続も任意捜査の条文だとは思っているのですが、協力しないということになったら何が待っているかというと、同じ法律の15条に出頭命令みたいなものがあるのです。出頭命令が課され、出頭しなかったら勾引もされてしまうというような、非常につらい立場に立たされます。お宅の社長に出頭命令を出すからよろしくと言われると、任意とはいえ協力せざるを得ないのではないでしょうか。少し問題のある法律だと感じます。

(5) 透明性報告書

これはアメリカなどで、特に、政府から情報を開示しろというような圧力が強い国においては、「うちはきちんと法律にのっとってやっていますよ。バックドアをしかけて政府に勝手に情報を流していませんよ」ということを示すための、「透明性報告書（transparency report）」というものを出してい

ることが多いです。これは日本では事例はまだないのですが、今後こういうものも出てくるかもしれませんし、ご参考程度にお伝えしたいと思います。

5　民事裁判手続上の開示請求

それから民事裁判の途中で、開示請求が行われることとか、調査嘱託や文書送付嘱託といったものも来たりしますが、これは強制処分ではありません。任意のものなので、個人情報保護法に基づいて個人情報を提供するのはよいが通信の秘密は出せないという話があります。

あるいは文書提出命令では、原則として提出義務はあるのですが、通信の秘密などは技術上の秘密、職業上の秘密なのでということで提出を拒否することも可能なのかなというふうに考えられます。

6　弁護士会照会

それから弁護士会照会も企業としては受けることはあるのですが、これもいわゆる個人情報保護法23条1項1号で個人情報提供することはできますが、通信の秘密については基本的に出せないということになっています。

ただ、企業としては、罰則もなければ、実効的な制裁がないこと、万が一、事件の当事者に情報が渡ったときに、そこから、例えば、DVの加害者に被害者の情報が渡ってしまったらどうするんだろうかとか、結構心配になることが多いようです。ですから、15％くらい回答拒否するケースがあるのでしょうね。

郵便法に関する高裁の裁判例なども出ていまして、これも時間がありましたら見ていただきたいと思います。照会拒否されたのは弁護士会であって、依頼者ではないということで、依頼者のほうの損害賠償請求が認められなかったというような判決もあります。これは今、最高裁でやっているところと聞いています。

7　その他

ここは読み流していただければと思いますが、特定電子メール法や特商法に基づく表示が必要になることや、資金決済法で前払式支払手段の発行をしていたら、発行者に関する情報開示をすること、あるいは各種のリコール制度なんかもありますから、そういったところも気を付けながら、実務をしていく必要があるということですね。

II　企業における情報管理、SNSに関する規制等

　本日はかなり広い範囲のことを早口でご説明する感じではありましたが、企業情報管理の実務について何らかのご参考になればうれしい限りです。
　本日お伝えできなかった個人情報保護法やマイナンバーなど改正の点も含めまして、次回の講義でお聞きになっていただければと思います。それでは私のお話はこれまでとさせていただきます。ご清聴ありがとうございました。

レジュメ

Ⅱ　企業における情報管理、SNSに関する規制等
第1部　最近の情報セキュリティに関する一般論

弁護士　足木　良太

■本日のテーマ

① みなさんご自身のセキュリティ
② 顧問先に指導するためのセキュリティ
③ これから起こりうる新しい問題

■情報セキュリティレベルの個人差確認

① SNS等を一切やっていない
② 席取りにスマホを使ったことがある
③ httpとhttpsの違いを知っている
④ ネット上でURLをクリックしたことがある
⑤ ランサムウェアという言葉を知っている

第1　最近の事件

■パナマ文書

・パナマにあるケイマン諸島などにペーパーカンパニーを設立し管理する法律事務所のPCがハッキングされ、顧客情報が流出。総数は1150万件といわれている。各国の政財界のトップや富裕層の脱税が発覚。

(2016年4月3日　南ドイツ新聞より)

Ⅱ　企業における情報管理、SNSに関する規制等

■漏えい数

- 案件は過去40年分。
- デジタルデータとしては2.6テラバイト。
- 印刷するとトラック1000台分。

■遠隔操作

- 知人女性の個人情報をインターネットで盗み見たとして、不正アクセス禁止法違反罪などで、東広島市の中学校教諭（43）が逮捕。女性のスマートフォンに遠隔操作できるアプリをダウンロードして、位置検索などをしていた。

（2014年4月10日　産経ニュースより）

■監視カメラ映像流出

- 監視カメラ映像流出。世界中の監視カメラ映像をリアルタイムで表示するサイトにより、日本でも6000台以上を超える監視カメラの映像が無断で流された。

（2016年1月22日　YOMIURI ONLINEより）

■DDos攻撃

- 財務省と金融庁のホームページが1月31日深夜からつながりにくい状態になっている。短時間に大量のデータをサーバーに送りつける「DDoS（ディードス）攻撃」の可能性も含めて調査している。

（2016年2月1日　時事ドットコムより）

■キーロガー

・インターネットカフェの従業員が店内のパソコンに「キーロガー」を仕掛け、他人のID・パスワードを不正に取得した上、その入手したID・パスワードを利用して、オークションサイトにおいて数十回不正アクセス行為を繰り返し不正アクセス禁止罪で逮捕。東京地裁平成15年8月21日は同罪等の成立を認めた。

■インターネットバンキング

・平成27年上半期インターネットバンキングに係る不正送金事犯の発生状況。
・警察庁の発表によると被害は754件、被害金額約15億4400万円。

(平成27年9月3日　警察庁広報資料より)

■確認問題の回答

① SNSをまったくやっていない
　→なりすましの危険
② 席取りにスマホ
　→盗難、盗み見の危険
③ httpとhttpsの違い
　→暗号化の有無

Ⅱ　企業における情報管理、SNSに関する規制等

第2　パソコン遠隔操作事件

・2015年2月、他人のパソコンを遠隔操作し、インターネット上で無差別殺人などの犯罪を予告したとして、威力業務妨害などの罪に問われた会社員に対し、懲役8年（求刑懲役10年）が言い渡された。
　→無実の罪で4人が逮捕。
　　この事件が与えた恐怖とは。

■捜査の過程

・7件の襲撃・殺害予告で4人が逮捕。
・IPアドレスに基づく捜査。
・取り調べの過程で2人が容疑を認める。
・否認していた1人も起訴。

■逮捕された被害者の行動

・パターン1
① 2ちゃんねるで、欲しい機能を持つソフトウェアがないかをたずねる書き込みをした。
② ソフトウェアを紹介する書き込みがあったためリンクをクリックした。
③ ソフトウェアをダウンロードしインストールした。
　→感染したPCから施設の襲撃予告等の書き込み。
・パターン2
① 2ちゃんねるに記載されていたURLをクリックしただけ
　→横浜市のホームページに小学校無差別殺人の予告が書き込まれた
＊「企業のための情報セキュリティ」（LexisNexis/吉田直可・石田淳一著）より

■確認問題について

④　ネット上でURLをクリックしたことがある
　　→誰しも遠隔操作の被害者（逮捕されうる）になりうる

第3　最新の脅威

＊情報処理推進機構「情報セキュリティ10大脅威より」

順位	脅威内容（組織編）
1	標的型攻撃による情報流出
2	内部不正による情報漏えいとそれに伴う業務停止
3	ウェブサービスからの個人情報の窃取
4	サービス妨害攻撃によるサービスの停止
5	ウェブサイトの改ざん
6	脆弱性対策情報の公開に伴い公知となる脆弱性の悪用増加
7	ランサムウェアを使った詐欺・恐喝
8	インターネットバンキングやクレジットカード情報の不正利用
9	ウェブサービスへの不正ログイン
10	過失による情報漏えい

■ランサムウェア

・ランサム（ransom）＝身代金
・米ロサンゼルスの病院がランサムウェアに感染してシステムがダウンしていた問題で、同病院は2016年2月17日、要求された身代金を支払ってシステムを復旧させたと発表した。要求金額は40ビットコイン（約180万円）。
　　　　　　（2016年2月19日「IT mediaエンタープライズ」より）

Ⅱ　企業における情報管理、SNSに関する規制等

■日本でも

・警視庁サイバー犯罪対策課は14日、ウイルスの作成ツールを保管したとして、不正指令電磁的記録保管容疑で追送検した。同課によると容疑を認めている。
・同課によると、ウイルス作成ツールに関する摘発は全国で初めて。少年はこのツールを使い、パソコンをロックして金銭を要求する「身代金要求型ウイルス」を作成し、数十人のパソコンを感染させたと供述している。ツールはネット上で、仮想通貨「ビットコイン」で購入したという。
・ウイルスは「ランサムウェア」と呼ばれており世界各国で感染が確認されている。昨年12月に初めて見つかった日本語版は、少年がつくったものだった。

(2015年8月14日　産経ニュースより)

■過去の脅威との比較

順位	2005年	2007年	2012年
1	事件化するSQLインジェクション	DNSキャッシュポイズニングの脅威	クライアントソフトの脆弱性を突いた攻撃
2	Winnyを通じたウィルス感染による情報漏えいの多発	正規ウェブサイトを経由した攻撃の猛威	標的型諜報攻撃の脅威
3	音楽CDに格納された「ルートキットに類似した機能」の事件化	巧妙化する標的型攻撃	スマートデバイスを狙った悪意あるアプリの横行
4	悪質化するフィッシング詐欺	検知されにくいボット、潜在化するコンピュータウイルス	ウイルスを使った遠隔操作
5	巧妙化するスパイウェア	恒常化する情報漏えい	金銭窃取を目的としたウイルスの横行

■インシデント件数と被害人数

事故原因
- 1位　誤操作　　　　　　　　485件（34.9%）
- 2位　管理ミス　　　　　　　449件（32.3%）
- 3位　紛失・置き忘れ　　　　199件（14.3%）
- 4位　盗難　　　　　　　　　77件（5.5%）
- 5位　不正アクセス　　　　　65件（4.7%）
- 6位　設定ミス　　　　　　　43件（3.1%）
- 7位　不正な情報持ち出し　　21件（1.5%）
- 8位　内部犯罪　　　　　　　14件（1.0%）
- 9位　目的外使用　　　　　　10件（0.7%）
- 10位　バグ・セキュリティホール　10件（0.7%）

＊日本ネットワークセキュリティ協会2013年情報セキュリティインシデントに関する調査報告書（2015年2月23日改訂）より

■被害人数

- 1位　不正アクセス　　728万3082人（78.7%）
- 2位　管理ミス　　　　85万0329人（9.2%）
- 3位　紛失・置き忘れ　56万5659人（6.1%）
- 4位　設定ミス　　　　24万8216人（2.7%）

＊日本ネットワークセキュリティ協会2013年情報セキュリティインシデントに関する調査報告書（2015年2月23日改訂）より

■人的ミス

・誤操作
　→宛先間違いや操作の誤り。FAX誤送信も含む。
・管理ミス
　→組織のルール不備が原因で生じる紛失・行方不明。
・紛失・置き忘れ
　→持ち出し許可を得た情報を、個人のミスにより持ち出し先や移動中に忘れたり、紛失すること。

Ⅱ　企業における情報管理、SNSに関する規制等

■個人情報漏えい賠償責任保険制度における保険金支払例

・金融機関の担当者が100万件強の顧客情報が記録された電子媒体を紛失。所轄官庁に報告、報道機関に発表、新聞にお詫び広告を掲載するなど、約2000万円の事故対応費用が発生した。
・ソフトウェア業者の従業員が、業務用データを自宅に持ち帰り、個人所有のパソコンにデータを保存。パソコンがウイルス感染していたため、個人情報が流出し、法律相談費用、事故対応費用、広告宣伝活動費用として約2500万円が発生した。

＊日本商工会議所HPより

■事故事例

・生徒537人分の個人情報漏えいで中学校教諭処分
・K県教育委員会は、生徒数延べ537人分の個人情報などが記録されているUSBメモリーを紛失したとして、中学校教諭（33）を戒告処分にした。USBメモリーには、生徒の個人情報（生徒と保護者の氏名、住所、電話番号）や当該教諭担当科目の成績評定などが記録されていた。

（「内外教育」2007年2月16日より）

・県立高校教諭、パチンコ中に名簿盗難
・A県立高校教諭（60）は、帰宅途中に市内のパチンコ店の駐車場に止めておいた車から、生徒や保護者の名簿などの入ったカバンを盗まれた。また、カバンには当該教諭担当科目195人分の成績を記入した教務手帳も入っていた。

（同書2007年2月16日号より）

■不正な情報持出しについて

・新日鐵の高機能鋼板の技術情報がポスコ社（韓国）に漏えい。
・2015年9月末にポスコから300億円の支払いを受けて和解。

■ポスコ訴訟

- 問題となった鋼板は「方向性電磁鋼板」。新日鉄住金がシェア約3割を占めるトップメーカー。
- ポスコの急速な追い上げについて「不正に技術を入手しない限り、簡単に製造できるはずがない」と疑念を抱いてきた。
- そんな折、新日鉄住金(当時は新日鉄)に、突然の「追い風」が吹いた。ポスコの元社員が問題の鋼板の製造技術を中国の鉄鋼メーカーに流したとして韓国で逮捕・起訴され、2008年に有罪判決を受けたが、その裁判の過程で「中国側に流した技術は、元は新日鉄のもの」と供述し、これが今回、新日鉄住金側の有力な証拠になって実質勝訴に結びついた。

＊J-CASTニュース　2015年11月6日より

■ベネッセ個人情報漏えい

- ベネッセホールディングス(HD)は2014年7月9日、760万件の顧客情報が漏えいしたと発表。
- 外部業者であるSEがUSBで持ちだす。
- 被害を受けたのは4000万人であることを明らかにした。
- お詫びの品は1人500円、総額200億円。
- 現在も多数の訴訟が係属中。

■東芝フラッシュメモリー流出事件

- 共同研究企業の半導体メーカ元社員(被告人)が研究データのコピーを行い、韓国企業に流出させた。東京地裁は平成27年3月9日、被告人に不正競争防止法違反(営業秘密開示)の罪で懲役5年、罰金300万円の実刑判決を言い渡した。
- 東芝は韓国ハイニックスに対し1000億円の損害賠償を求める訴訟を2014年3月13日提起した。

＊東洋経済ONLINE　2014年4月25日より

II　企業における情報管理、SNSに関する規制等

■不正競争防止法と改正

・3要件の確認
　① 　秘密管理性（秘密として管理）
　② 　有用性（事業活動に有用）
　③ 　非公知性（世間一般に知られてない）
・改正内容（平成28年1月1日施行）
・罰則強化
・転得者処罰
・未遂行為の処罰

第4　代表的なサイバーアタック
標的型攻撃メール

■企業の受ける脅威

・日本テレビホールディングスは4月21日、日本テレビ放送網のWebサイトに不正アクセスがあり、個人情報約43万件が流出した恐れがあると発表した。OSに対する命令文を紛れ込ませて不正操作する「OSコマンドインジェクション」という手法での攻撃と判明。

＊Itmediaビジネス　2016年4月21日より

■標的型攻撃メールの例①

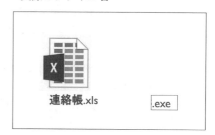

・実際のファイル名

レジュメ

■標的型攻撃メールの例②③

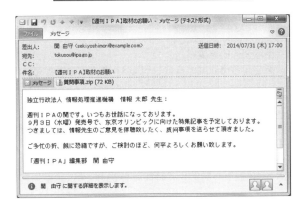

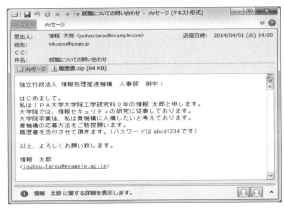

＊IPA「標的型攻撃メールの例と見分け方」より

■標的型攻撃メールについて（引用元）

独立行政法人情報処理推進機構（IPA）セキュリティセンター
IPAテクニカルウォッチ「標的型攻撃メールの例と見分け方」
「標的型攻撃メールの傾向と事例分析」（伊東宏明氏）より

II　企業における情報管理、SNSに関する規制等

■標的型攻撃メールの手口

・差出人:×× ×× xxxx@yahoo.co.jp
件名:厚生年金徴収関係研修資料
添付ファイル:厚生年金徴収関係資料(150331 厚生年金徴収支出(G)).lzh

・○○ ○○様
　いつもお世話なっております。
　遅くなりましたが、先日、お話しした第1回養成研修のときに使用した「研修のご案内」等のデータを送付します。これらを参考にして、加工していただければと思います。
　お忙しい中、ご負担をおかけしておりますが、何卒、よろしくお願いいたします。
　何かありましたら、何なりとお問い合わせください。

＊日本年金機構「不正アクセスによる情報流出事案に関する調査結果報告について」より

■標的型攻撃メール

- メールのテーマが巧妙
- 知らない人からのメールだが、メール本文のURLや添付ファイルを開かざるを得ない内容
  e.g. 新聞社や出版社からの取材申込みや講演依頼
- 心当たりのないメールだが、興味をそそられる内容
  e.g. 議事録、演説原稿などの内部文書送付
- これまで届いたことがない公的機関からのお知らせ
  e.g. 情報セキュリティに関する注意喚起
- 組織全体への案内
  e.g. 人事情報
- 心当たりのない決裁や配送通知（英文の場合が多い）
  e.g. 航空券の予約確認
- IDやパスワードなどの入力を要求するメール
  e.g. メールボックスの容量オーバーの警告

■見分け方

- 送信者のメールアドレス
  e.g. フリーメールからの送信、送信者のアドレスが署名と異なる
- メール本文
  e.g. 日本語の言い回しが不自然、署名の内容が誤っている
- 添付ファイル
  e.g. 拡張子とアイコンが異なる

■問題点

- ウイルス駆除ソフトが効かない理由
  →セキュリティソフトの限界、ゼロディ攻撃

- 最新の対策
- e.g. 振る舞い検知型、IDS、IDP/IPS
- MS-EMET、サンドボックス型

■ハッキングに関する裁判例

- 警察官が個人情報を自己のパソコンに保存し、そのパソコンにファイル交換ソフト「WINNY」が保存されていたため、情報が流出した事件。
- 情報漏えいにより精神的損害を被ったとして北海道に対し、200万円を請求。
- ①A巡査が本件パソコンを自宅に持ち帰った平成16年3月28日において、アンティニーG（本件のウイルス）の出現が確認されてから5日程度しか経過していないこと
- ②アンティニーGがそれまでのウイルスとは異なり、パソコン内の情報が外部に開示・流出するという新たな特質を有すること
- ③アンティニーGについての情報は、ウイルス対策ソフトを扱う会社等一部のサイトに掲載されているにとどまっており、同月2月9日の京都府警における操作情報の流出新聞記事が出るまで、一般にはアンティニーGの内容が広まっていなかったこと等を総合」して判断し、予見可能性がなかったとしている（札幌高裁（平成17年11月11日判決）より）。

Ⅱ　企業における情報管理、SNSに関する規制等

■SQLインジェクション対策もれの責任を開発会社に問う裁判例

・通信販売業を営むX社のウェブサイトに対しSQLインジェクション攻撃。7316件のクレジットカード情報が漏えい。X社はウェブサイトの制作保守を委託したY社に対し、債務不履行に基づく損害賠償請求。
・東京地裁（平成26年1月23日判決）は、Y社に対し、契約に明文がなくても、契約締結時の技術水準に沿ったセキュリティ対策を施したシステムを提供することが黙示的に合意されることになると判示。

■個人情報漏えいの損害額

・JNSA2010年情報セキュリティインシデントに関する調査報告書（以下「同報告書」という）によれば、一人あたり平均想定損害賠償額は、4万2662円（2010年）とされている。

■JOモデル

（＊宇治市住民基本台帳データ大量漏えい事件を参考に作成）

・漏えい個人情報価値
　＝①（基礎情報価値×機微情報度×本人特定容易度）
　　×②情報漏えい元組織の社会的責任度
　　×③事後対応評価

・＊基礎情報価値は一律500、機微情報度は、$10^{(X-1)} + 5^{(Y-1)}$（X：精神的苦痛レベル、Y：経済的損失レベルを1または2または3として計算）、本人特定容易度は1または3または6、社会的責任度は1または2、事後対応評価は1または2により計算

■事前対策の必要性

- ベクター株式会社の例
- 2012年ハッキング（不正アクセス）により、26万人の顧客情報が流出と発表。
- 情報セキュリティ対策費として1億1000万円の特別損失を計上。その後対応策を発表。
  (i)　ファイアウォールの設定強化等
  (ii)　個人情報の削減と暗号化
  (iii)　モニタリングによる監視
  (iv)　ネットワーク構成全体の見直し
  (v)　社内セキュリティレベルの向上
  (vi)　PCI DSSの取得と決済サービスの再開

■PDI DSS

- 上記(vi)で言及されているPDI DSS（Payment Card Industry Data Security Standard）とは、加盟店・決済代行事業者が取り扱うクレジットカード情報・取引情報を安全に守るために、国際ペイメントブランド5社が共同で策定した、クレジット業界におけるグローバルセキュリティ基準

■事後対策

- ソニー・コンピュータエンタテインメントの例
- 2011年4月に7700万人の情報漏えい事件。
- 経済産業省の発表の中において、事後の対応として、

(i)　記者会見の開催やクレジットカード会社に対する協力要請など、被害の拡大防止に随時務めたこと

(ii)　安全管理措置及び委託先の監督に係る不備を解消し、技術面及び組織面から、安全管理の確保に必要な再発防止策を既に実施
　→同省は、利用者及び経済産業省への連絡までに相当な時間を要したことを遺憾としつつも、一定の評価を与えた。

Ⅱ　企業における情報管理、SNSに関する規制等

第5　セキュリティ対策のまとめ

① 　人的対策
　　e.g. 教育、監督
② 　技術的対策
　　e.g. FW 、ウイルス対策ソフト、アップデート、暗号化
③ 　物理的対策
　　e.g. 入室制限、キャビネットの施錠、溶解等による廃棄
④ 　組織的対策
　　e.g. 社内ルール整備、十分な周知による危機意識の定期的喚起、事後対応体制

第6　今後大きくなりうる問題

1　無線LAN（Wi-Fi）における通信傍受
・無線LAN区間における情報窃取、なりすまし。

2　IoTに関わる問題
・クライスラー、ハッキング対策で140万台リコール。米国の著名ハッカーが、同社の「ジープ・グランドチェロキー」をハッキング。専用無線回線「Uコネクト」システムから侵入し遠隔操作。
　　　　　　　　　　　　　　　＊2016年4月13日　日本経済新聞より

3　保守終了後のIoT機器対策
・IoT家電は2020年までに500億台とも言われている（「Cisco IBSG (Internet Business Solutions Group)」の調査による）。
・家電の寿命に対し、どこまでファームウェアの保守・アップデートを行うかが大きな問題。

4　東京オリンピック問題
・2012年ロンドンでは開会式当日に2億件のサイバー攻撃。
・東京オリンピックでも同様の攻撃が想定される。
・c.f. サイバーセキュリティ基本法の制定（2014年11月6日）

5 その他
- PC内蔵カメラ
- 写真に埋め込まれた位置情報
- USBによる情報抜き取り
- ショルダーハッキング・指の跡
- パスワードの管理

第7 SNS等の規制〜LINEに関わる問題

- 出会い系としての利用…出会い系でのID公開。年齢制限等の対策。
- 乗っ取り問題…メールアドレス等の流出。PINコード等の設定。
- クローン問題…旧端末の利用。
- 資金決済法に関わる問題…三要件への該当性、「宝箱の鍵」の性質。

■資金決済法3要件

1 金額等財産的価値が記載保存されること（価値の保存）
2 対価を得て発行されること（対価発行）
3 代金の支払等に使用されること（権利行使）→宝箱の鍵の使用が「役務の提供」を受ける対価にあたるか。

Ⅱ　企業における情報管理、SNSに関する規制等

第2部　企業が保有する情報に関する実務

弁護士　大倉　健嗣

第1　企業情報管理の実務
1　総論
(1) 全社的リスクマネジメント（ERM）
- 企業情報管理の実務＝企業が情報セキュリティリスクや法務リスクその他の情報関連リスクに対応する活動及びプロセス　→ERMの手法を踏まえてリスクマネジメントを実施する。
- ERM（Enterprise Risk Management）は、企業の目的達成について合理的な保証を提供するために、企業に影響を及ぼす潜在的事象を特定し、企業のリスク選好の範囲内でリスクを管理するために設計された、戦略策定を含む企業全体に適用される、取締役会、経営層、及びその他の従業員によって実行されるプロセスである[1]。
- ERMは内部統制（Internal Control）の概念をその重要な一部として包含するものである[2]。

(2) 情報セキュリティ
- 情報セキュリティ
  ＝情報の①機密性（Confidentiality）、②完全性（Integrity）、③可用性（Availability）を維持すること
- 拡張要件
  ① 真正性（Authenticity）
  ② 責任追跡性（Accountability）
  ③ 否認防止（Non-repudiation）
  ④ 信頼性（Reliability）
- 情報セキュリティリスク＝情報資産の脆弱性を原因としてインシデントが生じるリスクのこと
  脆弱性（Vulnerability）＝機密性・完全性・可用性が欠けている状態
  インシデント（Incident）＝脆弱性に起因して事件が発生した状態・事案

---

[1] Committee of Sponsoring Organizations of the Treadway Commission(COSO)「Enterprise Risk Management - Integrated Framework, Exective Summary」（2004年9月）2頁
[2] 同6頁

2 法務リスクへの対応
(1) 個人情報
ア 個人情報保護法の概要(次頁表参照)
・個人情報 ⊃ 個人データ ⊃ 保有個人データ

種 別	定 義	ルール
個人情報	生存する特定の個人を識別できる情報	利用目的の特定(15条) 利用目的による制限(16条) 適正な取得(17条) 取得に際しての利用目的の通知・公表(18条)
個人データ	個人情報データベースを構成する個人情報	上記に加え、 データの正確性・最新性の確保(19条) 安全管理措置(20条) 従業者の監督(21条) 委託先の監督(22条) 第三者提供の原則禁止(23条)
保有個人データ	6か月超保存される個人データ	上記に加え、 保有個人データに関する事項の公表(24条) 開示(25条) 訂正等(26条) 利用停止等(27条) 理由の説明(28条) 開示等の求めに応じる手続(29条) 手数料(30条)

イ 個人情報に関するルール
・利用目的の特定(15条)
利用目的をできる限り特定する(同条1項)
利用目的を変更する場合、変更前の利用目的と相当の関連性を有すると合理的に認められる範囲内で行う(同条2項)。
・利用目的による制限(16条)
利用目的の範囲を超えて個人情報を取り扱ってはならない。
例外:
① 同意を得た場合
② 法令に基づく場合
③ 人の生命・身体・財産の保護のために必要で同意取得が困難な場合
④ 公衆衛生の向上・児童の健全な育成の推進のために特に必要で同意取得が困難な場合
⑤ 国・地方公共団体等の事務の遂行に協力が必要で同意取得により事務遂行に支障を及ぼすおそれがある場合

Ⅱ　企業における情報管理、SNSに関する規制等

・適正な取得（17条）
　　偽りその他不正な手段により取得してはならない。
・取得に際しての利用目的の通知・公表（18条）
　　あらかじめ利用目的を公表しておくか、取得時に利用目的を通知または公表する。
　例外：
　　① 本人・第三者の生命・身体・財産その他を害するおそれがある場合
　　② 事業者の権利・正当な利益を害するおそれがある場合
　　③ 国・地方公共団体の事務遂行に支障を及ぼすおそれがある場合
　　④ 状況からみて利用目的が明らかである場合
　　個人情報保護法では、個人情報を取得する際、利用目的の通知または公表が義務づけられているものの、本人の同意を得ることは義務とされていない[3]。

ウ　個人データに関するルール
・データの正確性・最新性の確保（19条）〈努力義務〉
・安全管理措置（20条）
　　個人データの漏えい・滅失・毀損・その他の個人データの安全管理のために必要かつ適切な措置
　安全管理措置の類型[4]：
　　① 組織的安全管理措置
　　　　責任と権限の明確化、規程の整備、実施状況の点検・監査、等
　　② 人的安全管理措置
　　　　従業員とのNDA、教育・訓練、等
　　③ 技術的安全管理措置
　　　　アクセス制御、モニタリング、暗号化、ファイアウォールの設置、等
・従業者の監督（21条）
　（参考）金融庁個情法ガイドライン11条3項[5]：
　　① 従業者が、在職中及びその職を退いた後において、その業務に関して知り得た個人データを第三者に知らせ、又は利用目的外に使用しないことを内容とする契約等を採用時等に締結すること。

---

[3] プライバシーマークを取得するためには同意を得ることが必須となる。http://privacymark.jp/wakaru/kouza/theme4_02.html
[4] 関連するものとして、金融庁「金融分野における個人情報保護に関するガイドライン」（以下「金融庁個情法ガイドライン」という。）第10条、同「金融分野における個人情報保護に関するガイドラインの安全管理措置等についての実務指針」（以下「金融庁安全管理措置実務指針」という。）Ⅰなど
[5] 参考：金融庁安全管理実務指針Ⅱ

②　個人データの適正な取扱いのための取扱規程の策定を通じた従業者の役割・責任の明確化及び従業者への安全管理義務の周知徹底、教育及び訓練を行うこと。
③　従業者による個人データの持出し等を防ぐため、社内での安全管理措置に定めた事項の遵守状況等の確認及び従業者における個人データの保護に対する点検及び監査制度を整備すること。

・委託先の監督（22条）
（参考）金融庁個情法ガイドライン12条3項[6]：
①　委託先の選定基準の策定
　委託先における組織体制の整備・安全管理に係る基本方針・取扱規程の策定の内容を委託先選定の基準として定める。
②　委託契約における安全管理措置の規定、定期的な監査
　委託者の監督・監査・報告徴収に関する権限、委託先における個人データの漏えい・盗用・改ざん及び目的外利用の禁止、再委託に関する条件及び漏えい等が発生した場合の委託先の責任、を委託契約に定める。

・第三者提供の制限（23条）
提供先が第三者に該当しない場合（23条4項）：
①　個人データの取扱いを委託する場合
②　合併その他の事業の承継に伴う場合
③　共同して利用する場合で、一定の事項（共同利用の旨、利用する者の範囲、利用目的、管理責任者の氏名・名称）をあらかじめ本人に通知または容易に知り得る状態に置く場合

提供先が第三者に該当→原則として提供禁止
例外(1)（23条1項）
　①　本人の同意
　②　法令に基づく場合
　③　人の生命・身体・財産の保護のために必要で同意取得が困難な場合
　④　公衆衛生の向上・児童の健全な育成の推進のために特に必要で同意取得が困難な場合
　⑤　国・地方公共団体等の事務の遂行に協力が必要で同意取得により事務遂行に支障を及ぼすおそれがある場合

例外(2)（23条2項、オプトアウト）
　（ⅰ）本人の求めに応じて当該本人が識別される個人データの第三者への提

6　参考：金融庁安全管理実務指針Ⅲ

Ⅱ 企業における情報管理、SNSに関する規制等

供を停止することとしている場合であって、
(ii) 一定の事項（第三者への提供を利用目的とする旨、提供される個人データの項目、提供の手段・方法、オプトアウトできる旨）を本人に通知または容易に知り得る状態に置く場合

エ　保有個人データに関するルール

・保有個人データに関する事項の公表（24条）

本人の知り得る状態におくか、本人の求めに応じて遅滞なく回答しなければならない。

公表する項目（24条1項）：
① 事業者の氏名・名称
② 利用目的
③ 利用目的の通知・開示・訂正等・利用停止等・第三者提供の停止の請求に応じる手続、及び（定めている場合）手数料の金額
④ 苦情・問い合わせの申し出先

利用目的の通知請求（24条2項）

本人から保有個人データの利用目的の通知を求められたときは、本人に通知する。

例外：
① 利用目的が明らかな場合
② 本人・第三者の生命・身体・財産等が害されるおそれがある場合
③ 事業者の権利・利益が侵害されるおそれがある場合
④ 国等の機関の事務の遂行に支障を及ぼすおそれがある場合

・開示（25条）

本人から保有個人データの開示請求があれば、遅滞なく開示しなければならない。

書面の交付、または本人が同意した方法により開示する（施行令6条）。

開示が不要となる例外：
① 本人・第三者の生命・身体・財産などの権利・利益を侵害するおそれがある場合
② 事業者の業務の適正な実施に支障を及ぼすおそれがある場合
③ 他の法令に違反する場合

・訂正等（26条）

本人から、保有個人データの内容が事実ではないという理由によって、訂正・追加・削除（訂正等）の請求があれば、原則として、遅滞なく必要な調査を行い、訂正等を行わなければならない。

レジュメ

- 利用停止等（27条1項）
　本人から、保有個人データの目的外利用がなされている、または不正な取得がされたとの理由で、利用の停止・消去（利用停止等）の請求があり、請求に理由があることが判明したときは、是正に必要な限度で、遅滞なく、利用停止等を行われなければならない。
　例外：
　　(i) 多額の費用を要するなど利用停止等を行うことが困難な場合であって、
　　(ii) 本人の権利利益保護のため必要な代替措置をとる場合
- 第三者提供の停止（27条2項）
　本人から、保有個人データが23条1項の規定に違反して第三者提供されているという理由によって、提供の停止の請求があり、請求に理由があることが判明したときは、遅滞なく、第三者提供を停止しなければならない。
　例外：
　　(i) 多額の費用を要するなど第三者提供の停止を行うことが困難な場合であって、
　　(ii) 本人の権利利益保護のため必要な代替措置をとる場合
- 理由の説明（28条）〈努力義務〉
　前提：以下の決定をした場合、本人に通知しなければならない。
　　　　利用目的を通知しない旨の決定（24条3項）
　　　　開示しない旨の決定（25条2項）
　　　　訂正等を行った旨の決定、または行わない旨の決定（26条2項）
　　　　利用停止等・第三者提供停止等を行った旨の決定、または行わない旨の決定（27条3項）
　　　　本人が希望する措置と異なる措置をとった場合、理由を説明する努力義務がある（28条）
- 開示等の求めに応じる手続（29条）
　利用目的の通知・開示・訂正等・利用停止等・第三者提供の停止の請求（開示等の求め）を受け付ける方法を定めることができる。
受け付ける方法（施行令7条）：
　① 開示等の求めの申出先
　② 請求に際して提出すべき書面の様式その他の請求の方式
　③ 請求者が本人または代理人であることの確認の方法
　④ 手数料の徴収方法
事業者は上記方法を定める義務はない。定めなかった場合、本人は自由な方

Ⅱ 企業における情報管理、SNSに関する規制等

法で請求が可能。
　・手数料（30条）
　　　事業者は、利用目的の通知請求、開示請求、については、手数料を徴収できる。
　　　訂正等、利用停止等、第三者提供の停止、については手数料を徴収できない。
　オ　制　裁
　　・勧告（行政指導）（34条1項）
　　　16〜18条、20〜27条、30条2項
　　・命令（行政処分）
　　　勧告＋「個人の重大な権利利益の侵害が切迫」（34条2項）
　　　16条、17条、20〜22条、23条1項の違反＋「個人の重大な権利利益を害する事実があるため緊急に措置をとる必要」（34条3項）
　　・罰則
　　　34条2項、3項の命令違反→6月以下の懲役又は30万円以下の罰金（56条）
　　・個人情報保護法に損害賠償請求の規定なし。
　カ　平成27年改正[7]
　　・定義の明確化等
　　　個人情報の定義の明確化
　　　要配慮個人情報
　　　個人情報データベース等の除外
　　　小規模取扱事業者への対応
　　・適切な規律の下で個人情報等の有用性を確保
　　　匿名加工情報
　　　利用目的の制限の緩和
　　　個人情報保護指針
　　・個人情報の流通の適正さを確保（名簿屋対策）
　　　オプトアウト既定の厳格化
　　　トレーサビリティの確保
　　　データベース提供罪
　　・個人情報保護委員会の新設及びその権限
　　　　個人情報保護委員会
　　・個人情報の取扱いのグローバル化
　　　外国事業者への第三者提供

7　経済産業省『「個人情報」の「取扱いのルール」が改正されます！』

国境を越えた適用と外国執行当局への情報提供
　　・請求権
　　　開示、訂正等、利用停止等
(2)　プライバシー
　ア　要　件
　　・「宴のあと」事件[8]
　　　①　公表された事柄が私生活上の事実または私生活上の事実らしく受け取られるおそれのあること（私事性）
　　　②　一般人の感受性を基準にして当該私人の立場に立った場合公開を欲しないと認められる事柄であること
　　　③　一般の人に未だ知られていない事柄であること（非公知性）
　　・近時の最高裁判例では、上記3要件に依拠せず、「他人にみだりに知られたくない情報であるか否か」を、もっぱら基準としているとの指摘がある[9]。
　イ　プライバシー権侵害の効果
　　　損害賠償、差止め
(3)　マイナンバー
　ア　限定的な利用範囲
　　・企業においては、法定調書の作成・提出、社会保障分野の情報の提出、のみに利用できる（マイナンバー法9条3項）。
　イ　目的外利用の原則禁止
　　・例外：
　　　①　激甚災害時等に利用主体・用途に関する一定の要件を満たす場合
　　　②　人の生命・身体・財産保護のために必要がある場合で、本人の同意があるか、本人の同意取得が困難な場合（同法9条4項、30条3項、32条）
　　　※本人の同意があるだけでは目的外利用不可。
　ウ　ファイル作成の制限
　　・個人番号利用事務等を処理するために必要な範囲でのみファイル作成が認められる（同法29条）。
　エ　提供可能なケースの限定列挙（同法19条各号）
　　・個人番号利用事務の処理に必要な限度での提供（同法19条1号、2号）、委託による提供や合併等の事業の承継に伴う提供（同法19条5号）、等
　オ　再委託の原則禁止
　　・委託元の同意がなければ再委託できない（同法10条1項）

---

[8]　東京地判昭和39年9月28日判時385号12頁
[9]　岡村久道「情報セキュリティの法律（改訂版）」102～103頁

Ⅱ 企業における情報管理、SNSに関する規制等

　カ　罰則の強化
　　・個人情報保護法に比べ、罰則が科される行為が増え、法定刑も重いものとなっている[10]。
(4) 通信の秘密
　ア　登録又は届出を要する電気通信事業
　　加入電話、ISDN、中継電話、国際電話、公衆電話、FAX、電報、携帯電話、PHS、移動端末データ通信、IP電話、ISP、FTTH・DSL・CATV・FWA・公衆無線LANアクセス、インターネット関連サービス（電子メール、インスタント・メッセンジャー、IX等）、データ伝送（フレームリレー・ATM交換等）、IP-VPN、広域イーサネット、専用役務、電気通信役務の卸・再販、無線呼出し、等[11]
　イ　通信の秘密の保護（電気通信事業法4条、179条）

第4条　電気通信事業者の取扱中に係る通信の秘密は、侵してはならない。
2　電気通信事業に従事する者は、在職中電気通信事業者の取扱中に係る通信に関して知り得た他人の秘密を守らなければならない。その職を退いた後においても、同様とする。
第179条　電気通信事業者の取扱中に係る通信（第164条第2項に規定する通信を含む。）の秘密を侵した者は、2年以下の懲役又は100万円以下の罰金に処する。
2　電気通信事業に従事する者が前項の行為をしたときは、3年以下の懲役又は200万円以下の罰金に処する。
3　前二項の未遂罪は、罰する。

　ウ　電気通信事業法4条1項
　　・「秘密」[12]＝一般に知られていない事実であって、他人に知られていないことにつき本人が相当の利益を有すると認められる事実。一般人が通常秘密にしようとする蓋然性（客観的秘密）があることが必要である。
　　・「通信の秘密」の範囲は、通信内容はもちろん、通信の日時、場所、通信当事者の氏名、住所・居所、電話番号などの当事者の識別符号、通信回数等これらの事項を知られることによって通信の意味内容を推知されるような事項すべてを含む[13]。

10　内閣官房 社会保障改革担当室ほか「マイナンバー 社会保障・税番号制度 概要資料」20頁など参照。
11　総務省「電気通信事業参入マニュアル［追補版］」23～25頁
12　多賀谷一照ほか「電気通信事業法逐条解説」38頁
13　同

- ・「通信の秘密を侵す」……知得、漏えい、窃用
- ・罰則規定あり（電気通信事業法179条）

エ　電気通信事業法4条2項
- ・「通信に関して知り得た他人の秘密」＝通信の内容、通信の構成要素、通信の存在の事実等「通信の秘密」のほか、通信当事者の人相、言葉の訛や契約の際に入手した契約者の個人情報、営業秘密、料金滞納情報、電話帳掲載省略電話番号等、個々の通信の構成要素とはいえないが、それを推知させる可能性のあるものも含む[14]。
- ・「守らなければならない」……漏えい、窃用が禁止されるが、知得は禁止されていない。
- ・本項違反→第1項の通信の秘密の侵害の場合のみ179条が適用される。

行為	通信の秘密		他人の秘密（通信の秘密を除く）
	右記以外の者	電気通信事業に従事する者	
知得	×（§179 Ⅰ）	×（§179 Ⅱ）	○
漏えい	×（§179 Ⅰ）	×（§179 Ⅱ）	×（罰則なし）
窃用	×（§179 Ⅰ）	×（§179 Ⅱ）	×（罰則なし）

- ・通信当事者双方の同意がある場合には通信の秘密の侵害に該当しない。もっとも、約款等での包括的な同意は有効な同意にならない[15]。一般に個別かつ明確な同意が必要とされており、約款に抽象的な記載を行うだけでは足りないと解されるが、同意の対象を具体的に記載し、明示的に確認する等の方法をとればよいと解される[16]。

オ　違法性阻却事由
- ・電気通信事業者の従業員等が業務上必要な情報を知得することは、正当業務行為として違法性が阻却されるという考え方が有力である[17]。
- ・サイバー攻撃への対処につき違法性が阻却される場合がある[18]。

---

[14] 同40頁。この例示は広すぎるもののその外延を論ずる実益は少ないとの指摘がある。藤田潔ほか「実務 電気通信事業法」782頁
[15] 総務省「電気通信事業におけるサイバー攻撃への適正な対処の在り方に関する研究会　第一次とりまとめ」（平成26年4月）16頁
[16] 総務省「利用者視点を踏まえたICTサービスに係る諸問題に関する研究会 第二次提言」56頁
[17] 小向太郎「情報法入門（第3版）」77頁
[18] 総務省「電気通信事業におけるサイバー攻撃への適正な対処の在り方に関する研究会　第二次とりまとめ」（平成27年9月）に詳細な解説がある。

II 企業における情報管理、SNSに関する規制等

◆C&Cサーバ等との通信の遮断

図1　C&Cサーバ等との通信の遮断

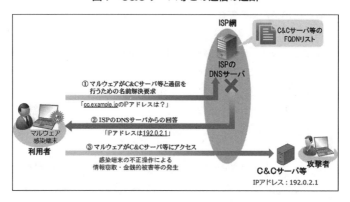

(総務省「電気通信事業におけるサイバー攻撃への適正な対処の在り方に関する研究会 第二次とりまとめ」3頁より)

◆他人のID・パスワードを悪用したインターネットの不正利用への対処

図2　他人のPPPoE認証の情報を悪用したサイバー攻撃

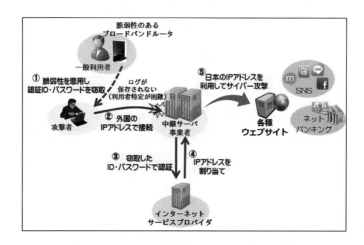

(総務省「電気通信事業におけるサイバー攻撃への適正な対処の在り方に関する研究会 第二次とりまとめ」4頁より)

レジュメ

図3 他人のID・パスワードを悪用したインターネットの不正利用への対処

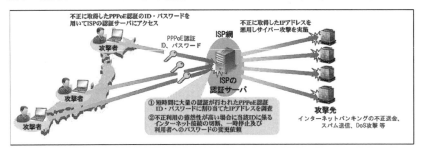

(総務省「電気通信事業におけるサイバー攻撃への適正な対処の在り方に関する研究会 第二次とりまとめ」5頁より)

◆脆弱性を有するブロードバンドルータ利用者への注意喚起

図4 脆弱性を有するブロードバンドルータの調査
(DNSAmp 攻撃等のリフレクション攻撃に悪用され得る脆弱性)

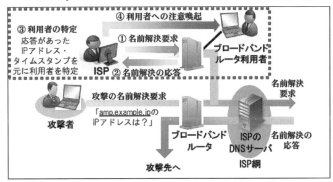

図5 脆弱性を有するブロードバンドルータの調査
(PPPoE 認証の情報を窃取され得る脆弱性)

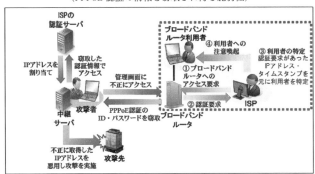

(総務省「電気通信事業におけるサイバー攻撃への適正な対処の在り方に関する研究会 第二次とりまとめ」7頁より)

II　企業における情報管理、SNSに関する規制等

◆固定IPアドレスを使用している通信機器を踏み台としたDNSAmp攻撃への対処

図6　DNSAmp攻撃

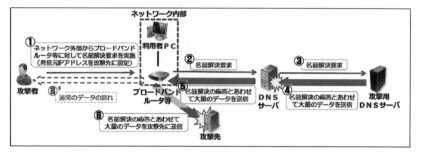

(総務省「電気通信事業におけるサイバー攻撃への適正な対処の在り方に関する研究会 第二次とりまとめ」8頁より)

◆新たなDDoS攻撃であるランダムサブドメイン攻撃への対処

図7　ランダムサブドメイン攻撃

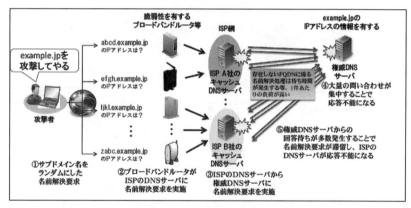

(総務省「電気通信事業におけるサイバー攻撃への適正な対処の在り方に関する研究会 第二次とりまとめ」9頁より)

・ネットワーク上のトラフィックの増大に対処するために帯域制御をする行為については、目的の正当性、行為の必要性、手段の相当性が認められ正当業務行為として違法性が阻却される場合がある[19]。

(5)　営業秘密

ア　定　義

営業秘密

＝秘密として管理されている生産方法、販売方法その他の事業活動に有用な

19　(社) 日本インターネットプロバイダー協会ほか「帯域制御の運用基準に関するガイドライン (改定)」5～11頁

技術上又は営業上の情報であって、公然と知られていないもの（不正競争防止法2条6項）
イ　要　件
　①秘密管理性、②有用性、③非公知性
ウ　秘密管理措置の程度[20]
・秘密管理性要件が満たされるためには、企業が秘密であると主観的に認識しているだけでは足りず、秘密管理意思が、具体的状況に応じた経済合理的な秘密管理措置によって、従業員に明確に示され、結果として、従業員が当該秘密管理意思を容易に認識できる（認識可能性が確保される）必要がある。
・秘密管理措置
＝一般情報からの合理的区分＋当該対象情報について営業秘密であることを明らかにする措置
・秘密管理措置の具体例[21]：
①　紙媒体の場合
　文書への「マル秘」表示、施錠可能なキャビネットや金庫等に保管
②　電子媒体の場合
　記録媒体へのマル秘表示の貼付、電子ファイル名・フォルダ名へのマル秘の付記、ファイルの電子データ上にマル秘を付記、ファイル・フォルダへのパスワード設定、記録媒体を保管するケース等にマル秘表示の貼付
③　物件に営業秘密が化体している場合
　「立ち入り禁止」の貼り紙、警備員・IDカード等による入退室制限、「写真撮影禁止」の貼り紙、物件をリスト化して関係者内で閲覧・共有化
④　媒体が利用されない場合
　営業秘密のカテゴリーをリスト化、営業秘密を具体的に文書等に記載
(6)　インサイダー情報
ア　インサイダー取引（内部者取引）規制の概要
・インサイダー取引＝上場会社の関係者等が、その職務や地位により知り得た、投資者の投資判断に重大な影響を与える未公表の会社情報を利用して、自社の株券等を売買する行為[22]（金融商品取引法167条）。
・退職後1年以内も会社関係者に含まれる。
・重要事実……①決定事実、②発生事実、③決算情報、④その他投資家の判

---

[20] 経済産業省「営業秘密管理指針」（平成15年1月30日（全部改訂：平成27年1月28日））5～8頁
[21] 同8～13頁
[22] http://www.jpx.co.jp/regulation/preventing/insider/

Ⅱ 企業における情報管理、SNSに関する規制等

断に著しい影響を及ぼす事実
・公表[23]
重要事実が2以上の報道機関に公開され12時間以上経過したこと（「12時間ルール」）TDNetへの登録（登録時に公表があったとされる）
重要事実の記載された有報等が公衆縦覧に供されたこと（財務局の備置時に公表がされたこととなる）
イ 罰　則
・個人……5年以下の懲役若しくは500万円以下の罰金、又はこれらの併科
・法人……5億円以下の罰金（法人重課）
・没収・追徴……インサイダー取引で得た財産はすべて没収・追徴される。
※利益ではなく売却額
・課徴金……「重要事実公表後2週間の最高値×買付等数量」から「重要事実公表前に買付け等した株券等の価格×買付等数量」を控除する方法等により算出される[24]。
ウ インサイダー取引の未然防止策
① 投資判断に重要な影響を及ぼす会社情報の適時開示に積極的に対応すること（適時適切な開示）
② 内部情報が他に漏れたり不正に利用されたりすることのないよう社内体制を整備すること（適切な情報の管理等）
③ インサイダー取引規制の意義や内容について役職員等に周知徹底を図ること（規制の正しい理解）　→社内規程の策定[25]、社員教育[26]など。
(7) 人事労務に関連する情報管理
ア 従業員との秘密保持契約[27]
・入社・採用時、退職・契約終了時、在職中（部署の異動時、出向時、プロジェクト参加時、昇進時等の取り扱う情報の種類や範囲が大きく変更されるタイミング）等のタイミングで契約を締結する。
・研修実施直後に「研修内容を理解したので、今後の情報の取扱いには注意します」といった誓約書を取得することも有効。
イ 従業員のモニタリング
・従業者の監督（個人情報保護法21条）の一環としてモニタリング（監視カ

---

[23] 木目田裕ほか「インサイダー取引規制の実務（第2版）」28頁
[24] http://www.fsa.go.jp/policy/kachoukin/b.html
[25] 東京証券取引所自主規制法人 東証COMLEC「内部者取引防止規程事例集」が参考になる。
[26] 日本取引所自主規制法人に対し、講師派遣を依頼することが可能。http://www.jpx.co.jp/regulation/preventing/activity/index.html
[27] 経済産業省「秘密情報の保護ハンドブック」（平成28年2月）48～50頁

メラの設置、メールの閲覧、等）を行う場合は、労働者等のプライバシーに配慮しなければならない。
・留意点[28]

　雇用管理に関する個人情報の取り扱いに関する重要事項を定めるときは、あらかじめ労働組合に通知して、必要に応じて、協議を行うことが望ましい。

　その重要事項を定めたときは、労働者等に周知することが望ましい。

　上記重要事項とは、以下のようなモニタリングに関する事項等をいう。

① モニタリングの目的、すなわち取得する個人情報の利用目的をあらかじめ特定し、社内規程に定めるとともに、従業者に明示すること。
② モニタリングの実施に関する責任者とその権限を定めること。
③ モニタリングを実施する場合には、あらかじめモニタリングの実施について定めた社内規程案を策定するものとし、事前に社内に徹底すること。
④ モニタリングの実施状況については、適正に行われているか監査又は確認を行うこと。

ウ　ソーシャルメディアガイドライン
・一般的な留意事項[29]

◆事後対応
○誹謗中傷、不当な批判その他不快又は嫌悪の念を起こさせるような発信を受けた場合であっても、感情的に対応しないよう心がけること。また、内容によっては、ソーシャルメディア上で引き続き取り扱うことが望ましくない場合や、返答そのものを控えるべき場合もあることを踏まえ、ソーシャルメディア上での応答にこだわらないこと。
○事実に反する発信、他人に不快又は嫌悪の念を起こさせるような発信その他の不適切な発信を行ったことを自覚した場合には、当該発信を削除するに留まることなく、訂正やお詫びを行うなど誠実な対応を心がけること。また、事案に応じて上司等に相談すること。
◆安全管理措置
○自己又は他人のプライバシーに関する情報を意に反して公開してしまわないよう、

---

[28] 経済産業省「個人情報の保護に関する法律についての経済産業分野を対象とするガイドライン」（平成26年12月）40頁
[29] 総務省人事・恩給局「国家公務員のソーシャルメディアの私的利用に当たっての留意点」（平成25年6月）

Ⅱ　企業における情報管理、SNSに関する規制等

　ソーシャルメディアの設定を十分に確認すること。
○面識のない者からソーシャルメディア上の交流(「友達」関係の形成等)の申し出を受けた場合には、安易に受諾しないこと。自己の情報の開示対象者を一定の範囲の者(「友達」のみ等)に限定している場合であっても、当該申出に応ずることにより情報が漏えいする危険性が高まることに留意すること。
○アカウントが乗っ取られること等がないよう、ログイン名及びパスワードの管理を適切に行うこと。
○発信を行う際に発言、画像等に位置情報を自動的に付与する機能を有するサービスが多数あるため、当該サービスを利用する場合には、当該位置情報を他人に知られることの影響について留意するとともに、必要に応じて当該機能の停止等の対応を行うこと。
○通信端末、パソコン等のウイルス対策を怠らないこと。特にスマートフォンではアプリケーションを装ったウイルスに注意すること。
◆特定のアプリケーションの動作
○ソーシャルメディア上のアプリケーションの中には自動的に発信を行う機能を有するものがあることに鑑み、その利用の際にはその動作等に注意すること。
○ソーシャルボタン(「いいね」ボタン等)については、これを押下することにより意図せぬ発信を行ってしまう場合があることに鑑み、その挙動等に注意すること。

(8)　サイト上の違法・有害情報への対応
　ア　他人の権利を侵害する違法な情報
　　・プロバイダ責任制限法に基づく送信防止措置(プロ責法3条、3条の2)
　　(省略)
　イ　社会的法益等を侵害する違法な情報
　　・わいせつ、児童ポルノ、売春防止法違反の広告、出会い系サイト規制法6条(児童との性交等の誘引行為)、薬物犯罪関連、銀行口座・携帯の違法売買(犯収法、携帯電話不正利用防止法違反)、ヤミ金の広告、など[30]
　　・電子掲示板の管理者等は、自主的に、①送信防止措置、②発信者に対する発信中止の要求、③利用規約等に基づく利用停止・契約解除、などの対応を行う[31]。
　ウ　公序良俗に反する情報への対応

---

[30]　(一社)電気通信事業者協会ほか「インターネット上の違法な情報への対応に関するガイドライン」8〜27頁
[31]　同29〜30頁。なお、同ガイドラインは、違法な情報に対する送信防止措置であれば、電子掲示板の管理者等が法的責任を問われることは一般的にはないと考えられる、としている。

- 利用規約に基づき、情報の削除、ブロッキング、アカウント停止等の対応を行う[32・33]。

エ　コミュニティサイトの監視
- 出会い系サイト規制法[34]
  インターネット異性紹介事業の要件（出会い系サイト規制法2条2号）：
  ① 面識のない異性との交際（異性交際）を希望する者を対象としていること
  ② 異性交際に関する情報を電子掲示板等に掲載していること
  ③ 情報を閲覧した異性交際希望者が、情報を掲載した異性交際希望者と電子メール等により1対1の連絡ができること
- コミュニティサイト
  　出会い系サイトに該当する要件を欠くが、出会い系サイトと同様、異性の出会いにも利用される可能性のあるSNS等のコミュニティサイトが問題となっている。企業は児童被害を防止するためにサイトのモニタリングや啓発活動等を行う社会的責任がある。なお、児童被害数は半年に一回、警察庁が公表している[35]。

オ　利用者からの相談先
- 違法・有害情報相談センター[36]、インターネット・ホットラインセンター[37]、法務省人権擁護局[38]等
- 各種団体から違法情報の申告があっても事業者は直接プロ責法を利用できないが、利用規約による対応は行うことができる。

(9) 各種コンプライアンス違反情報と公益通報者保護法
- 内部通報制度は、企業内部の法令違反を早期に発見し、外部通報を回避できるツール。
- 従業員が相談し易い環境作り。
- 内部通報を受けた企業は速やかに事実関係を調査し結果報告を行う。

---

32 同46頁
33 （一社）電気通信事業者協会ほか「違法・有害情報への対応等に関する契約約款モデル条項の解説」では違法情報、公序良俗に反する情報の対策として約款に記載すべき条項案が紹介されている。
34 正式名称は「インターネット異性紹介事業を利用して児童を誘引する行為の規制等に関する法律」（平成15年法律第83号）
35 警察庁「平成27年における出会い系サイト及びコミュニティサイトに起因する事犯の現状と対策について」（平成28年4月14日）などを参照。
36 http://www.ihaho.jp/
37 https://www.internethotline.jp/index.html
38 http://www.moj.go.jp/JINKEN/jinken113.html

Ⅱ 企業における情報管理、SNSに関する規制等

3 情報セキュリティリスクへの対応
(1) 総　論
　ア　組織と社内規程の整備
　　・情報セキュリティ基本方針の策定
　　・CISOの選任、組織の構築、権限・責任の分配
　　・情報セキュリティ規程
　　　個人情報管理規程、情報資産管理規程、ネットワーク管理規程、メール管理規程、データアクセス管理規程、パスワード管理規程、暗号化管理規程、記憶媒体管理規程、バックアップ管理規程、ウィルス対策管理規程、システム開発規程、外部委託先管理規程、情報セキュリティ教育規程、セキュリティ監査規程、インシデント管理規程、など
　　・マニュアル、ガイドライン等の策定
　　・情報セキュリティ教育の実施
　　　集合研修、eラーニング、標的型メール攻撃の訓練
　　・外部認証制度の活用
　　　プライバシーマーク制度[39]
　　　ISMS適合性評価制度[40]
　イ　リスクコントロールの設定と運用
　　・リスクの洗い出し
　　・リスクの評価、マッピングと優先順位付け
　　　発生確率と影響度、費用対効果
　　・リスク対応方針の決定
　　　リスクの回避、低減、移転、受容
　　・対応策（リスクコントロール）の設定
　　　情報資産へのアクセス制御、入退室管理、ログの記録、暗号化、パッチの適用、ウィルス検出ソフトのインストール、等々
　　・運用、見直し（PDCAサイクル）
　　・情報セキュリティ監査
　　　自己監査、内部監査、外部監査

---

[39] http://privacymark.jp/
[40] http://www.isms.jipdec.or.jp/isms.html　なお、ISMSという語は情報セキュリティのマネジメントシステムそのものを指す場合と、適合性評価制度を指す場合とがある。

(2) 各種ガイドライン
　ア　サイバーセキュリティ経営ガイドライン[41]

◆経営者が認識する必要がある3原則
(1) セキュリティ投資に対するリターンの算出はほぼ不可能であり、セキュリティ投資をしようという話は積極的に上がりにくい。このため、サイバー攻撃のリスクをどの程度受容するのか、セキュリティ投資をどこまでやるのか、経営者がリーダーシップをとって対策を推進しなければ、企業に影響を与えるリスクが見過ごされてしまう。
(2) 子会社で発生した問題はもちろんのこと、自社から生産の委託先などの外部に提供した情報がサイバー攻撃により流出してしまうことも大きなリスク要因となる。このため、自社のみならず、系列企業やサプライチェーンのビジネスパートナー等を含めたセキュリティ対策が必要である。
(3) ステークホルダー（顧客や株主等）の信頼感を高めるとともに、サイバー攻撃を受けた場合の不信感を抑えるため、平時からのセキュリティ対策に関する情報開示など、関係者との適切なコミュニケーションが必要である。

◆経営者は、CISO等に対して、以下の10項目を指示し、着実に実施させることが必要である。
1.リーダーシップの表明と体制の構築
(1) サイバーセキュリティリスクの認識、組織全体での対応の策定
(2) サイバーセキュリティリスク管理体制の構築
2.サイバーセキュリティリスク管理の枠組み決定
(3) サイバーセキュリティリスクの把握と実現するセキュリティレベルを踏まえた目標と計画の策定
(4) サイバーセキュリティ対策フレームワーク構築（PDCA）と対策の開示
(5) 系列企業や、サプライチェーンのビジネスパートナーを含めたサイバーセキュリティ対策の実施及び状況把握
3.リスクを踏まえた攻撃を防ぐための事前対策
(6) サイバーセキュリティ対策のための資源（予算、人材等）確保
(7) ITシステム管理の外部委託範囲の特定と当該委託先のサイバーセキュリティ確保
(8) 情報共有活動への参加を通じた攻撃情報の入手とその有効活用のための環境整備
4.サイバー攻撃を受けた場合に備えた準備
(9) 緊急時の対応体制（緊急連絡先や初動対応マニュアル、CSIRT）の整備、定期的

[41] 経済産業省ほか「サイバーセキュリティ経営ガイドライン」(Ver.1.0)

Ⅱ 企業における情報管理、SNSに関する規制等

かつ実践的な演習の実施
⑽ 被害発覚後の通知先や開示が必要な情報の把握、経営者による説明のための準備

イ 経済産業省　個人情報ガイドライン[42]

◆組織的安全管理措置
① 個人データの安全管理措置を講じるための組織体制の整備
② 個人データの安全管理措置を定める規程等の整備と規程等に従った運用
③ 個人データの取扱状況を一覧できる手段の整備
④ 個人データの安全管理措置の評価、見直し及び改善
⑤ 事故又は違反への対処
◆人的安全管理措置
① 雇用契約時における従業者との非開示契約の締結、及び委託契約等（派遣契約を含む。）における委託元と委託先間での非開示契約の締結
② 従業者に対する内部規程等の周知・教育・訓練の実施
◆物理的安全管理措置
① 入退館（室）管理の実施
② 盗難等の防止
③ 機器・装置等の物理的な保護
◆技術的安全管理措置
① 個人データへのアクセスにおける識別と認証
② 個人データへのアクセス制御
③ 個人データへのアクセス権限の管理
④ 個人データのアクセスの記録
⑤ 個人データを取り扱う情報システムについての不正ソフトウェア対策
⑥ 個人データの移送・送信時の対策
⑦ 個人データを取り扱う情報システムの動作確認時の対策
⑧ 個人データを取り扱う情報システムの監視

---

[42] 経済産業省「個人情報の保護に関する法律についての経済産業分野を対象とするガイドライン」（平成26年12月）26～39頁　2-2-3-2.安全管理措置（法第20条関連）

ウ　マイナンバー取扱いガイドライン[43]

1　安全管理措置の検討手順
　A　個人番号を取り扱う事務の範囲の明確化
　B　特定個人情報等の範囲の明確化
　C　事務取扱担当者の明確化
　D　基本方針の策定
　E　取扱規程等の策定
2　講ずべき安全管理措置の内容
　A　基本方針の策定
　B　取扱規程等の策定
　C　組織的安全管理措置
　　a　組織体制の整備
　　b　取扱規程等に基づく運用
　　c　取扱状況を確認する手段の整備
　　d　情報漏えい等事案に対応する体制の整備
　　e　取扱状況の把握及び安全管理措置の見直し
　D　人的安全管理措置
　　a　事務取扱担当者の監督
　　b　事務取扱担当者の教育
　E　物理的安全管理措置
　　a　特定個人情報等を取り扱う区域の管理
　　b　機器及び電子媒体等の盗難等の防
　　c　電子媒体等を持ち出す場合の漏えい等の防止
　　d　個人番号の削除、機器及び電子媒体等の廃棄
　F　技術的安全管理措置
　　a　アクセス制御
　　b　アクセス者の識別と認証
　　c　外部からの不正アクセス等の防止
　　d　情報漏えい等の防止

エ　秘密情報の保護ハンドブック[44]
・情報漏えい対策の流れ

---

[43] 個人情報保護委員会「特定個人情報の適正な取扱いに関するガイドライン（事業者編）」（平成26年12月11日（平成28年1月1日一部改正））
[44] 経済産業省「秘密情報の保護ハンドブック」（平成28年2月）

Ⅱ 企業における情報管理、SNSに関する規制等

<u>ステップ１</u>　保有する情報の把握・評価及び秘密情報の決定
（情報の把握）
　自社において「どういった情報を保有しているのか」を全体的に把握（情報の存在形把握方法：
　①ヒアリング、②情報部門が統一的基準を示して各部門から報告させ集約する
　競合他社との製品・サービス等の差異を分析することが有効
（評価時の考慮要素）
　情報の経済的価値
　漏えいによる損失の程度（自社・他社）
　競合他社にとっての有用性
　漏えいによる社会的信用低下の程度
　漏えい時の契約違反・法令違反に基づく制裁の程度
（管理する秘密情報の決定）
　自社にとって保護に値する情報かどうかを判断し、管理対象となる情報を決定する

<u>ステップ２</u>　秘密情報の分類
　秘密情報を同様の管理水準であると考えられるものごとに分類し、その分類ごとに必要な対策をメリハリをつけて選択する。
　情報の活用と管理のバランスを考慮する。
　法令や契約により特別の管理を要する情報もある。

<u>ステップ３</u>　秘密情報の分類に応じた対策の選択
　情報漏えいに対し、それぞれの対策がどのような効果を発揮するのかといった目的を意識し、効果的・効率的な対策を選択する。
5つの「対策の目的」
　①　接近の制御
　②　持出し困難化
　③　視認性の確保
　④　秘密情報に対する認識向上（不正行為者の言い逃れの排除）
　⑤　信頼関係の維持・向上等
　状況によって効果的な対策は異なる（誰に対して対策を行うのか、どのような形で機密情報が存在しているのか、漏えいの手口やその動機がいかなるものか）
　各社の事情に応じた対策を選択することが有効

<u>ステップ４</u>　ルール化
　社内規程の策定、周知

〈従業員等に向けた情報漏えい対策〉
① 「接近の制御」
   a. ルールに基づく適切なアクセス権の付与・管理
   b. 情報システムにおけるアクセス権者のID登録
   c. 分離保管による秘密情報へのアクセス制限
   d. ペーパーレス化
   e. 秘密情報の復元が困難な廃棄・消去方法の選択
② 「持出し困難化」
【書類、記録媒体、物自体等の持出しを困難にする措置】
   a. 秘密情報が記された会議資料等の適切な回収
   b. 秘密情報の社外持出しを物理的に阻止する措置
   c. 電子データの暗号化による閲覧制限等
   d. 遠隔操作によるデータ消去機能を有するPC・電子データの利用
【電子データの外部送信による持出しを困難にする措置】
   e. 社外へのメール送信・Webアクセスの制限
   f. 電子データの暗号化による閲覧制限等（再掲）
   g. 遠隔操作によるデータ消去機能を有するPC・電子データの利用（再掲）
【秘密情報の複製を困難にする措置】
   h. コピー防止用紙やコピーガード付の記録媒体・電子データ等により秘密情報を保管
   i. コピー機の使用制限
   j. 私物のUSBメモリや情報機器、カメラ等の記録媒体・撮影機器の業務利用・持込みの制限
【アクセス権変更に伴いアクセス権を有しなくなった者に対する措置】
   k. 秘密情報の消去・返還
③ 「視認性の確保」
【管理の行き届いた職場環境を整える対策】
   a. 職場の整理整頓（不要な書類等の廃棄、書棚の整理等）
   b. 秘密情報の管理に関する責任の分担
   c.「写真撮影禁止」、「関係者以外立ち入り禁止」の表示
【目につきやすい状況を作り出す対策】
   d. 職場の座席配置・レイアウトの設定、業務体制の構築
   e. 従業員等の名札着用の徹底
   f. 防犯カメラの設置等
   g. 秘密情報が記録された廃棄予定の書類等の保管

Ⅱ　企業における情報管理、SNSに関する規制等

　　h. 外部へ送信するメールのチェック
　　i. 内部通報窓口の設置
【事後的に検知されやすい状況を作り出す対策】
　　j. 秘密情報が記録された媒体の管理等
　　k. コピー機やプリンター等における利用者記録・枚数管理機能の導入
　　l. 印刷者の氏名等の「透かし」が印字される設定の導入
　　m. 秘密情報の保管区域等への入退室の記録・保存とその周知
　　n. 不自然なデータアクセス状況の通知
　　o. PCやネットワーク等の情報システムにおけるログの記録・保存とその周知
　　p. 秘密情報の管理の実施状況や情報漏えい行為の有無等に関する定期・不定期での監査
④「秘密情報に対する認識向上（不正行為者の言い逃れの排除）」
　　a. 秘密情報の取扱い方法等に関するルールの周知
　　b. 秘密保持契約等（誓約書を含む）の締結
　　c. 秘密情報であることの表示
⑤「信頼関係の維持・向上等」
【秘密情報の管理に関する従業員等の意識向上】
　　a. 秘密情報の管理の実践例の周知
　　b. 情報漏えいの事例の周知
　　c. 情報漏えい事案に対する社内処分の周知
【企業への帰属意識の醸成・従業員等の仕事へのモチベーション向上】
　　d. 働きやすい職場環境の整備
　　e. 透明性が高く公平な人事評価制度の構築・周知

　　オ　組織における内部不正防止ガイドライン[45]
　　　・犯罪学の理論[46]に基づく内部不正防止の基本原則：
　　　　①　犯行を難しくする（やりにくくする）
　　　　②　捕まるリスクを高める（やると見つかる）
　　　　③　犯行の見返りを減らす（割に合わない）
　　　　④　犯行の誘因を減らす（その気にさせない）
　　　　⑤　犯罪の弁明をさせない（言い訳させない）

[45] 独立行政法人情報処理推進機構「組織における内部不正防止ガイドライン（第3版）」（平成27年3月）
[46] 特定非営利活動法人日本ネットワークセキュリティ協会（JNSA）組織で働く人間が引き起こす不正・事故対応ワーキンググループ編「内部不正対策14の論点」に掲載されている論考が参考になる。

・「職場環境の整備」[47]に着目している点に特徴
公平な人事評価の整備
人事評価・業績評価の公平性や客観性が感じられない→不平・不満を要因とした職場環境の低下　→　内部不正を誘発
特定の業務を長期間にわたって担当　→　不正利用、緊張感の薄れからのミスの可能性が高まる
適正な労働環境及びコミュニケーションの推進
特定の役職員の業務量が過大になる　→　負荷軽減・作業時間短縮を目的とする内部不正の可能性
業務遂行が困難　→　不満が高まり内部不正への誘因となる
相談しやすい環境等の良好なコミュニケーションが十分でない　→　業務への悩み・ストレス下の作業が続き内部不正が発生するおそれ

4　インシデント対応

(1)　情報漏えい・事故発生時の対応

　ア　一般的な対応フロー
・兆候の把握
・インシデントの分類、規模の把握
・インシデント対応システムへの初期登録、関係者への一報配信（メール等）
・インシデント関連情報のアップデート、関係者への周知（メール等）
・顧客からの問い合わせ対応
・マスコミ対応
・デマへの対応

　イ　インシデント関連情報の管理項目例
・事故の概要
　発生年月日・時刻、復旧年月日・時刻、発生場所、事故の原因となった設備・サービス等、対象ユーザ数、対象地域、事故対応の時系列
・事故の原因
　システム設計、ソフトウェア実装・工事、維持・運用、などの観点
・再発防止策
・外部対応状況
　問い合わせ内容、件数、デマへの対応状況、等
・原因究明、責任追及
・刑事、民事の法的措置

---

[47]　同55〜57頁

Ⅱ　企業における情報管理、SNSに関する規制等

・事故内容の届出
ex）通信の秘密の漏えい・重大事故の報告（電気通信事業法28条）[48]、電気通信事故検証会議[49]
(2)　情報セキュリティに関連する刑事法
ア　不正アクセス禁止法[50]
・不正アクセス
＝①他人の識別符号を悪用する行為＋②コンピュータプログラムの不備を衝く行為
・他人の識別符号を悪用する行為（2条4項1号）
他人の識別符号を悪用することにより、本来アクセスする権限のないコンピュータを利用する行為、すなわち、正規の利用権者等である他人の識別符号を無断で入力することによって利用制限を解除し、特定利用ができる状態にする行為。
・コンピュータプログラムの不備を衝く行為（2条4項2号、3号）
いわゆるセキュリティホール（アクセス制御機能のプログラムの瑕疵、アクセス管理者の設定上のミス等のコンピュータシステムにおける安全対策上の不備）を攻撃する行為。

(警察庁「不正アクセスの禁止等に関する法律の解説」より引用)

図8　不正アクセス行為（第2条第4項）の類型

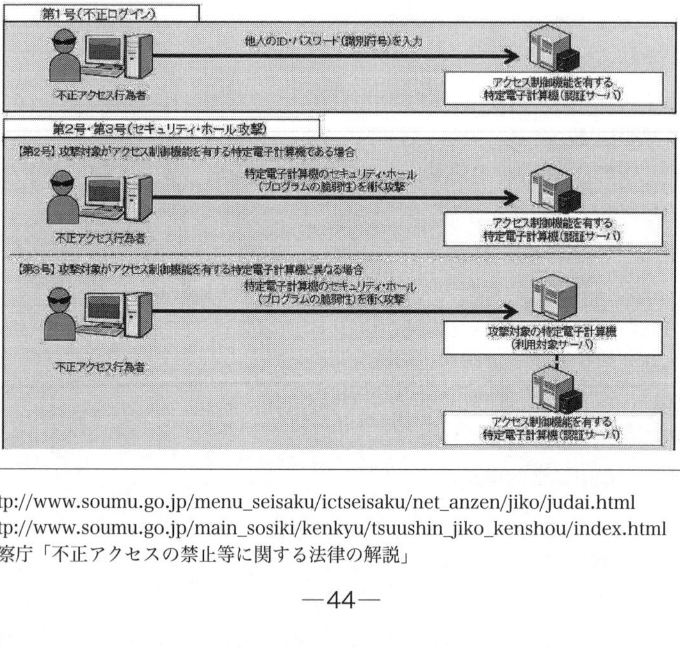

---

[48] http://www.soumu.go.jp/menu_seisaku/ictseisaku/net_anzen/jiko/judai.html
[49] http://www.soumu.go.jp/main_sosiki/kenkyu/tsuushin_jiko_kenshou/index.html
[50] 警察庁「不正アクセスの禁止等に関する法律の解説」

レジュメ

- 他人のパスワード等（識別符号）を不正に取得する行為の禁止（4条）
- フィッシング（Phishing）行為の禁止（7条）
  ① 正規のサイトと誤認させるようなフィッシングサイトを公開する行為
  ② 正規の電子メールと誤認させるフィッシングメールによってID・パスワードを詐取する行為

図9　禁止・処罰するフィッシング行為の類型

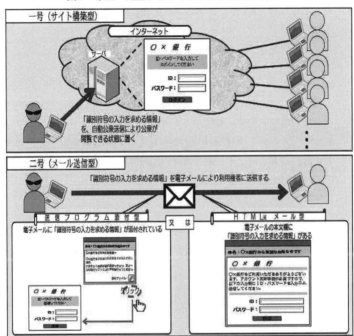

（警察庁「不正アクセスの禁止等に関する法律の解説」より引用）

イ　ウイルス作成罪

- コンピュータウイルス作成・提供罪（刑法168条の2第1項）

「人が電子計算機を使用するに際してその意図に沿うべき動作をさせず、又はその意図に反する動作をさせるべき不正な指令を与える電磁的記録」
（1号）　→　ウイルスのほか、ワーム、トロイの木馬、スパイウェア等も含む。

「ウイルス」等の用語のイメージ：
ウイルス……PC内のプログラム（宿主）に感染するマルウェア（悪意のあるプログラム）。何らかの破壊活動が伴う。

—45—

Ⅱ　企業における情報管理、SNSに関する規制等

　　　ワーム……単独で活動し自己複製をするマルウェアであり、ネットワークを通じて感染する。ユーザの手を介さないで広がる。
　　　トロイの木馬……PCにバックドアを仕掛け遠隔操作を可能にしてしまうプログラム。
　　　スパイウェア……PC内のデータを盗み出して外部へ送信するプログラム。
　　「前号に掲げるもののほか、同号の不正な指令を記述した電磁的記録その他の記録」（2号）　→　ソースコード等、PCで実行できる形式になる前の状態のもの。
　・コンピュータウイルス供用罪（刑法168条の2第2項）
　・コンピュータウイルス取得・保管罪（刑法168条の3）
　・具体例
　　　少年(17)らは、26年5月、スマートフォンから自動的に110番発信させる不正指令電磁的記録へ接続する短縮URLを、スマートフォンアプリにより拡散し、スマートフォン使用者が意図しない110番発信を全国で多数発生させた。27年2月、不正指令電磁的記録供用で検挙した。（兵庫・沖縄）[51]
　ウ　電子計算機損壊等業務妨害罪
　・具体例
　　◇ネクソン社のFPSゲーム「サドンアタック」において、対戦相手のキャラクターの頭部が巨大化する「ビッグヘッド」や、相手の上空から攻撃できる「空中浮遊」、障害物の裏側を見ることができる「ウォールハック」など、30数種類の内容がセットになったチートツールを販売するなどしていた徳島県、福島県、奈良県の少年3名が神奈川県警に立件された。著作権法や不正指令電磁的記録に関する罪（いわゆるウイルス罪）、不正競争防止法といった候補もあったとのことである[52]。
　　◇高校生の男(16)は、26年3月、海外サイトを利用して、オンラインゲーム運営会社が使用するサーバコンピュータに対し、大量の情報を送信し高負荷を与える攻撃（DDoS攻撃）を仕掛けて同社の業務を妨害した。同年9月、電子計算機損壊等業務妨害罪で検挙した。（警視庁）[53]
　エ　電子計算機使用詐欺罪
　・具体例
　　◇銀行の女子行員がオンラインシステムの端末を操作して、同システムの電子計算機に対し自己の預金口座等に振替入金があったとする虚偽の情

---

[51]　警察庁「平成27年上半期のサイバー空間をめぐる脅威の情勢について」（平成27年9月17日）
[52]　http://www.4gamer.net/games/025/G002511/20140718097/
[53]　警察庁「平成26年中のサイバー空間をめぐる脅威の情勢について」（平成27年3月12日）

報を与え、同計算機に接続されている記憶装置の磁気ディスクに記録された同口座の預金残高を書き換えた事案において、電気計算機使用詐欺罪の成立が認められた（大阪地判昭和63年10月7日判時1295号151頁）。
◇接客業の男（29）は、26年9月から12月にかけて、勤務先の店舗内でスマートフォンを使用して来店客のクレジットカード情報を撮影し、その情報を使用して電子マネーを不正購入した。27年5月、電子計算機使用詐欺で検挙した。（警視庁）[54]

オ　電磁的記録不正作出・供用罪
・具体例
◇被疑者（無職・男・51歳）らは、インターネット・オークションサイトに他人の住所、氏名等を使用して会員登録をした上で、インターネット上の掲示板で他人名義の識別符号や銀行口座を販売すると書き込んで誘引した。犯罪収益移転防止法違反でも検挙。（5月・京都府・愛知県）[55]

カ　その他の刑法上の犯罪
建造物侵入罪（刑法130条）、支払用カード電磁的記録不正作出等罪（刑法163条の2）、不正電磁的記録カード所持罪（刑法163条の3）、支払用カード電磁的記録不正作出準備罪（刑法163条の4）、偽計業務妨害罪（刑法233条）、威力業務妨害罪（刑法234条）、窃盗罪（刑法235条）、背任罪（刑法247条）、私文書毀棄罪（刑法259条）、器物損壊罪（刑法261条）

第2　企業情報開示の実務
1　会社法等に基づく企業情報の開示
・会社法
決算公告（440条）、株主の閲覧請求（31、125、318、371、433、442条）、株主総会を通じた株主への直接開示（437条）、など
・金融商品取引法
有価証券報告書（24条）、内部統制報告書（24条の4の4）、など
・適時開示
適時開示制度（有価証券上場規程401条〜405条）……法定開示（会社法、金商法）より迅速
TDNetへのファイリング、適時開示情報閲覧サービス[56]

---

[54] 警察庁「平成27年上半期のサイバー空間をめぐる脅威の情勢について」（平成27年9月17日）
[55] 警察庁「平成21年中のサイバー犯罪の検挙状況について」（平成22年3月4日）
[56] https://www.release.tdnet.info/inbs/I_main_00.html

Ⅱ 企業における情報管理、SNSに関する規制等

2 個人情報保護法に基づく開示請求
ア 概 要
- 個人情報取扱事業者は、本人から、当該本人が識別される保有個人データの開示……（中略）……を求められたときは、本人に対し、政令で定める方法により、遅滞なく、当該保有個人データを開示しなければならない（個人情報保護法25条1項本文）。
- 「保有個人データの開示請求権を付与した規定であると解することは困難」（東京地判平成19年6月27日判時1978号27頁）

イ 平成27年改正
- 裁判上の請求権として明文化（改正後28条1項）
- 開示請求前置主義（改正後34条1項）

3 プロバイダ責任制限法に基づく発信者情報の開示請求
（省略）

4 捜査機関からの開示請求
(1) 強制捜査
ア 差押え（刑事訴訟法99条1項）
- 強制捜査なので、通信の秘密、個人情報など、情報の類型を問わず開示義務が課せられる。
- 電子計算機（サーバ）を差し押さえられてしまうとサービスが提供できない→記録命令付差押え制度の新設（平成23年改正法）

イ 記録命令付差押え（同法99条の2、218条1項）
- 定義……電磁的記録を保管する者その他電磁的記録を利用する権限を有する者に命じて必要な電磁的記録を記録媒体に記録させ、又は印刷させた上、当該記録媒体を差し押さえること。
- 差押えの相手方にアクセス権があればよく、外国にあるサーバのデータであっても、国際捜査共助の枠組みによる必要はないとされている[57]。
- 令状の提示、記録媒体の提供、押収品目録交付書の受領、所有権放棄書の提出

ウ 電気通信回線で接続している記録媒体からの複写（刑事訴訟法99条2項、218条2項）[58]
- 差し押さえるべきものが電子計算機である場合、当該電子計算機にネットワークで繋がっている記録媒体から、一定の電磁的記録を当該電子計算機又は他の記録媒体にコピーした上で、当該電子計算機又は他の記録媒体を

---

[57] 池田公博「電磁的記録を含む証拠の収集・保全に向けた手続の整備」ジュリスト1431号（平成23年）82頁

[58] 田島正広ほか「インターネット新時代の法律実務Q＆A（第2版）」366～367頁

差し押さえる手続。
- コピー元の記録媒体が外国に所在する場合は、国際捜査共助の枠組みで行う必要がある[59]。

エ 電磁的記録に係る記録媒体の差押えの執行方法(刑事訴訟法110条の2、222条1項)[60]
- 差し押さえるべきものが記録媒体である場合、差押状の執行をする者は、その差押えに代えて、記録媒体上の電磁的記録を他の記録媒体にコピーした上で、その記録媒体を差し押さえることができる。
- 差押状の執行者がコピーする場合と、被処分者にコピーさせる場合がある。
- 記録命令付差押えのような被処分者の協力が期待できないときに利用される手続[61]。
- 本条の電磁的記録のコピーは、記録命令付差押えでは実施できない。

オ 保全要請(刑事訴訟法197条3項)[62]
- 捜査機関は、プロバイダ等の電気通信事業者等に対し、その業務上記録している通信履歴の電磁的記録を一時的に消去しないように求めることができる。
- 保全要請の時点でいまだ記録されていないものは、保全要請の対象とはならない[63]。
- 保全要請は30日を超えない期間を定めて行う。特に必要があるときは30日を超えない範囲内で延長することができるが、通じて60日を超えることができない(197条4項)。

カ 通信傍受法
- 捜査機関は通信事業者等に対し傍受のための機器の接続その他の必要な協力を求めることができ、通信事業者等は正当な理由なく拒否してはならない(通信傍受法11条)。もっとも罰則規定は無い。
- 改正の動き:対象犯罪の拡大、立会いの不要化

---

[59] 池田公博「電磁的記録を含む証拠の収集・保全に向けた手続の整備」ジュリスト1431号(平成23年)82頁
[60] 田島正広ほか「インターネット新時代の法律実務Q&A(第2版)」370〜371頁
[61] 解清隆「『情報処理の高度化等に対処するための刑法等の一部を改正する法律』の概要」刑事法ジャーナル30号、10頁
[62] 田島正広ほか「インターネット新時代の法律実務Q&A(第2版)」372〜373頁
[63] 解清隆「『情報処理の高度化等に対処するための刑法等の一部を改正する法律』の概要」刑事法ジャーナル30号、10頁

Ⅱ 企業における情報管理、SNSに関する規制等

(2) 任意捜査
ア 捜査関係事項照会書(刑事訴訟法197条2項、少年法6条の4)
・捜査関係事項照会書に応じて個人情報を開示することは適法(個人情報保護法23条1項1号)。
・企業に開示義務が課されるか？→政府は報告義務があるという立場をとる[64]。
・通信の秘密を開示することは原則としてできない[65]。
イ 裁判所による照会(刑事訴訟法279条)、裁判の執行に関する照会(刑事訴訟法507条)
・照会に応じて個人情報を開示することは適法(個人情報保護法23条1項1号)。原則として通信の秘密を開示することはできない。

(3) 緊急案件に関する情報開示
・緊急避難(刑法37条)が成立する場合、情報を開示できる。
・実務上、自殺予告案件に関する発信者情報の開示につき、緊急避難の成立を判断するには、以下のように各要件を検討すべきである。
○現在の危難の存在[66]
①発信された日時、②発信された情報の内容(自殺を行う日時・場所、意思の表示、動機・手段、具体性・実現可能性)、③書き込まれた掲示板の性質、④他の書き込みの内容等のウェブ上の情報、⑤警察が入手した当該発信者に関する情報、を総合考慮して判断する。
○補充性
警察が保有する情報などから発信者を特定できないか、他の企業が情報提供するほうが合理的ではないか、などを特に確認する。
○法益の権衡
自殺予告案件では、要保護者の生命・身体等と発信者の通信の秘密との比較衡量であるから、法益の権衡を満たしている。
・外国の法益を救うための緊急避難は成立するか？[67]

---

[64] 内閣衆質160第20号平成16年8月10日回答
[65] 総務省「電気通信事業における個人情報保護に関するガイドライン(平成16年総務省告示第695号。最終改正平成27年総務省告示第216号)の解説」25頁
[66] (社)電気通信事業者協会ほか「インターネット上の自殺予告事案への対応に関するガイドライン」(2005年10月)11頁
[67] 韓国の革命立法により、遡及的な重刑による処罰を免れるために日本国に密入国した事案において、法益権衡の原則を満たしているとした判例(福岡地判昭和37年1月31日下刑集4巻1＝2号104頁)がある。大塚仁ほか「大コンメンタール刑法(第2版)第2巻」467頁

(4) 外国政府からの開示請求
　ア　国際捜査共助法における共助の枠組みと要件[68]

共助の枠組み	要　　件	共助経路
外交ルート	以下の①～③の事由がいずれもないこと ①　当該外国の刑事事件が「政治犯罪」であること、または「政治犯罪」について捜査する目的があること（国際捜査共助法2条1号） ②　将来、日本国が行う同種の要請にその外国が応ずる保証（相互主義の保証）がないこと（同法4条2号） ③　外国の刑事事件が日本法において犯罪の構成要件に該当しないこと（抽象的双罰性の欠如、同法2条2号）	外国政府→在外日本大使館または在日外国大使館→外務省→法務省→国家公安委員会（警察庁）→都道府県警察
条約の枠組み	各条約に定められる要件に従う	条約で定める中央当局の間で直接行われる。
ICPOルート	上記「外交ルート」の①③の事由がいずれもないこと（同法18条）	国家中央事務局（日本では警察庁）の間で直接行われる。

　　・手続の速さは、一般的に、外交ルート＜条約＜ICPO
　　・原則として、通信の秘密はICPOルートで開示することはできない。
　イ　在日米軍からの開示請求
　　・刑事特別法[69]

> **第19条**　検察官又は司法警察員は、合衆国軍事裁判所又は合衆国軍隊から、日本国の法令による罪に係る事件以外の刑事事件につき、協力の要請を受けたときは、参考人を取り調べ、実況見分をし、又は書類その他の物の所有者、所持者、若しくは保管者にその物の提出を求めることができる。
> 2　検察官又は司法警察員は、検察事務官又は司法警察職員に前項の処分をさせることができる。
> 3　前二項の処分に際しては、検察官、検察事務官又は司法警察職員は、その処分を受ける者に対して合衆国軍事裁判所又は合衆国軍隊の要請による旨を明らかにしなければならない。
> 4　正当な理由がないのに、第1項又は第2項の規定による検察官、検察事務官又は司法警察職員の処分を拒み、妨げ、又は忌避した者は、1万円以下の過料に処する。

---

[68]　幕田英雄「実例中心 捜査法解説（第3版）」572頁～
[69]　日本国とアメリカ合衆国との間の相互協力及び安全保障条約第六条に基づく施設及び区域並びに日本国における合衆国軍隊の地位に関する協定の実施に伴う刑事特別法（昭和27年5月7日法律第138号）

Ⅱ　企業における情報管理、SNSに関する規制等

・刑事特別法19条は企業に個人情報の開示義務を課しているか？　通信の秘密は？　出頭命令（同法15条）・勾引（同法16条）の規定もある。

(5) 透明性報告書
・透明性報告書（transparancy report）[70] ＝ ISP等のネット関連企業が特定の期間内に警察や裁判所から受領した情報開示請求等の件数を定期的に開示する報告書
・開示する目的
政府への意見表明、ユーザの問題意識の喚起、事業者の説明責任、ユーザとの信頼関係の構築、等
・米国におけるベストプラクティス[71]

5　民事裁判手続上の開示請求

・調査嘱託（民事訴訟法186条）、文書送付嘱託（同法226条）、訴訟開始前の調査嘱託・文書送付嘱託（同法132条の4、234条）
　強制処分ではない。罰則なし。
　個人情報については個人情報保護法23条1項1号の「法令に基づく場合」として提供可能。ただし、個人情報を提供しない場合に不法行為責任が発生する可能性はある。
　通信の秘密は提供不可。
・文書提出命令（同法223条）
　原則として提出義務あり。（例外：同法220条4号イ〜ホ）
　従わない場合、20万円以下の過料（同法225条1項）
　通信の秘密は技術上・職業上の秘密として提出を拒否することも可能（同法200条4号ハ）

6　弁護士会照会

・弁護士会照会（弁護士法23条の2）に応じて個人情報を提供することは適法（個人情報保護法23条1項1号）。
・通信の秘密に属する事項について提供することは原則として適当ではない[72]。
・15％ほど回答を拒否するケースがある[73]。拒否した場合の実効的な制裁がない。DV加害者に被害者の個人情報が知られる可能性？

---

[70] 世界各国で開示されている透明性報告書　https://www.accessnow.org/transparency-reporting-index/
[71] Liz Wooleryほか「The Transparency Reporting Toolkit」　https://cyber.law.harvard.edu/publications/2016/transparency_memos
[72] 総務省「電気通信事業における個人情報保護に関するガイドライン（平成16年総務省告示第695号。最終改正平成27年総務省告示第216号）の解説」25頁
[73] http://www.nichibenren.or.jp/activity/improvement/shokai/qa_b.html

・照会拒否されたのは弁護士会であって依頼者の権利ないし法的保護に値する利益が侵害されたということはできない、との判決あり[74]

7 その他
・メール送信者に関する情報提供請求（特定電子メール法29条）
・特定商取引法に基づく表示（特商法11条）
・資金決済法に基づく表示（資金決済法13条1項）
・リコール制度
　　消費生活用製品安全法82条、電気用品安全法43条の5、食品衛生法54条、薬事法69条の2、道路運送車両法63条の2、等

---

[74] 名古屋高判平成27年2月26日（平成25年（ネ）957号）

Ⅱ　企業における情報管理、SNSに関する規制等

別紙1

サイバー犯罪関連条文

ア　不正アクセス禁止法

【不正アクセス行為の禁止に関する法律】
（定義）
第2条
4　この法律において「不正アクセス行為」とは、次の各号のいずれかに該当する行為をいう。
　一　アクセス制御機能を有する特定電子計算機に電気通信回線を通じて当該アクセス制御機能に係る他人の識別符号を入力して当該特定電子計算機を作動させ、当該アクセス制御機能により制限されている特定利用をし得る状態にさせる行為（当該アクセス制御機能を付加したアクセス管理者がするもの及び当該アクセス管理者又は当該識別符号に係る利用権者の承諾を得てするものを除く。）
　二　アクセス制御機能を有する特定電子計算機に電気通信回線を通じて当該アクセス制御機能による特定利用の制限を免れることができる情報（識別符号であるものを除く。）又は指令を入力して当該特定電子計算機を作動させ、その制限されている特定利用をし得る状態にさせる行為（当該アクセス制御機能を付加したアクセス管理者がするもの及び当該アクセス管理者の承諾を得てするものを除く。次号において同じ。）
　三　電気通信回線を介して接続された他の特定電子計算機が有するアクセス制御機能によりその特定利用を制限されている特定電子計算機に電気通信回線を通じてその制限を免れることができる情報又は指令を入力して当該特定電子計算機を作動させ、その制限されている特定利用をし得る状態にさせる行為

（他人の識別符号を不正に取得する行為の禁止）
第4条　何人も、不正アクセス行為（第2条第4項第1号に該当するものに限る。第6条及び第12条第2号において同じ。）の用に供する目的で、アクセス制御機能に係る他人の識別符号を取得してはならない。

（識別符号の入力を不正に要求する行為の禁止）
第7条　何人も、アクセス制御機能を特定電子計算機に付加したアクセス管理者になりすまし、その他当該アクセス管理者であると誤認させて、次に掲げる行為をしてはならない。ただし、当該アクセス管理者の承諾を得てする場合は、この限りでない。
　一　当該アクセス管理者が当該アクセス制御機能に係る識別符号を付された利用権

者に対し当該識別符号を特定電子計算機に入力することを求める旨の情報を、電気通信回線に接続して行う自動公衆送信（公衆によって直接受信されることを目的として公衆からの求めに応じ自動的に送信を行うことをいい、放送又は有線放送に該当するものを除く。）を利用して公衆が閲覧することができる状態に置く行為
二　当該アクセス管理者が当該アクセス制御機能に係る識別符号を付された利用権者に対し当該識別符号を特定電子計算機に入力することを求める旨の情報を、電子メール（特定電子メールの送信の適正化等に関する法律（平成14年法律第26号）第2条第1号に規定する電子メールをいう。）により当該利用権者に送信する行為

イ　ウイルス作成罪

【刑法】
第19章の2　不正指令電磁的記録に関する罪

（不正指令電磁的記録作成等）
第168条の2　正当な理由がないのに、人の電子計算機における実行の用に供する目的で、次に掲げる電磁的記録その他の記録を作成し、又は提供した者は、3年以下の懲役又は50万円以下の罰金に処する。
　一　人が電子計算機を使用するに際してその意図に沿うべき動作をさせず、又はその意図に反する動作をさせるべき不正な指令を与える電磁的記録
　二　前号に掲げるもののほか、同号の不正な指令を記述した電磁的記録その他の記録
2　正当な理由がないのに、前項第一号に掲げる電磁的記録を人の電子計算機における実行の用に供した者も、同項と同様とする。
3　前項の罪の未遂は、罰する。

（不正指令電磁的記録取得等）
第168条の3　正当な理由がないのに、前条第1項の目的で、同項各号に掲げる電磁的記録その他の記録を取得し、又は保管した者は、2年以下の懲役又は30万円以下の罰金に処する。

Ⅱ　企業における情報管理、SNSに関する規制等

ウ　電子計算機損壊等業務妨害罪

> 【刑法】
> （電子計算機損壊等業務妨害）
> 第234条の2　人の業務に使用する電子計算機若しくはその用に供する電磁的記録を損壊し、若しくは人の業務に使用する電子計算機に虚偽の情報若しくは不正な指令を与え、又はその他の方法により、電子計算機に使用目的に沿うべき動作をさせず、又は使用目的に反する動作をさせて、人の業務を妨害した者は、5年以下の懲役又は100万円以下の罰金に処する。
> 2　前項の罪の未遂は、罰する。

エ　電子計算機使用詐欺罪

> 【刑法】
> （電子計算機使用詐欺）
> 第246条の2　前条に規定するもののほか、人の事務処理に使用する電子計算機に虚偽の情報若しくは不正な指令を与えて財産権の得喪若しくは変更に係る不実の電磁的記録を作り、又は財産権の得喪若しくは変更に係る虚偽の電磁的記録を人の事務処理の用に供して、財産上不法の利益を得、又は他人にこれを得させた者は、10年以下の懲役に処する。

オ　電磁的記録不正作出・供用罪

> 【刑法】
> （電磁的記録不正作出及び供用）
> 第161条の2　人の事務処理を誤らせる目的で、その事務処理の用に供する権利、義務又は事実証明に関する電磁的記録を不正に作った者は、5年以下の懲役又は50万円以下の罰金に処する。
> 2　前項の罪が公務所又は公務員により作られるべき電磁的記録に係るときは、10年以下の懲役又は100万円以下の罰金に処する。
> 3　不正に作られた権利、義務又は事実証明に関する電磁的記録を、第1項の目的で、人の事務処理の用に供した者は、その電磁的記録を不正に作った者と同一の刑に処する。
> 4　前項の罪の未遂は、罰する。

カ　クレジットカード等に関する罪

【刑法】
第18章の2　支払用カード電磁的記録に関する罪

(支払用カード電磁的記録不正作出等)
第163条の2　人の財産上の事務処理を誤らせる目的で、その事務処理の用に供する電磁的記録であって、クレジットカードその他の代金又は料金の支払用のカードを構成するものを不正に作った者は、10年以下の懲役又は100万円以下の罰金に処する。預貯金の引出用のカードを構成する電磁的記録を不正に作った者も、同様とする。
2　不正に作られた前項の電磁的記録を、同項の目的で、人の財産上の事務処理の用に供した者も、同項と同様とする。
3　不正に作られた第1項の電磁的記録をその構成部分とするカードを、同項の目的で、譲り渡し、貸し渡し、又は輸入した者も、同項と同様とする。

(不正電磁的記録カード所持)
第163条の3　前条第1項の目的で、同条第3項のカードを所持した者は、5年以下の懲役又は50万円以下の罰金に処する。

(支払用カード電磁的記録不正作出準備)
第163条の4　第163条の2第1項の犯罪行為の用に供する目的で、同項の電磁的記録の情報を取得した者は、3年以下の懲役又は50万円以下の罰金に処する。情を知って、その情報を提供した者も、同様とする。
2　不正に取得された第163条の2第1項の電磁的記録の情報を、前項の目的で保管した者も、同項と同様とする。
3　第1項の目的で、器械又は原料を準備した者も、同項と同様とする。

(未遂罪)
第163条の5　第163条の2及び前条第1項の罪の未遂は、罰する。

Ⅲ 個人情報保護 （法改正、マイナンバー）

弁護士 上沼 紫野

※本章の情報は、研修講座当日（平成28年6月24日）現在のものです。

Ⅲ 個人情報保護（法改正、マイナンバー）

こんばんは。ただいまご紹介にあずかりました、上沼と申します。本日は、個人情報保護制度についてお話をさせていただければと思います。まず、個人情報保護法のお話をした上で、成立して施行待ちの個人情報保護法の改正のお話、そして番号利用法、マイナンバーのお話と、最近話題になっているEUデータ保護規則のお話を少しさせていただくような感じで進めようかと思っています。

1 個人情報保護法

(1) 個人情報保護法の体系

　レジュメ1頁の図は、皆さまがよくご覧になるものだと思うのですが、個人情報保護法の体系を示したものです。個人情報保護法は非常に複雑で分かりにくくなっており、結局、誰が個人情報を扱うかによって法律が違っているという形になっています。民間が扱う場合を対象とするものが個人情報保護法であり、国の行政機関、独立行政法人等を対象とするのが行政機関個人情報保護法、そして各地方自治体は個人情報保護条例で規律することとなっているので、地方自治体ごとに個人情報保護法に関する条例が違うという状況になっています。

　しかも個人情報保護法のもとでの具体的な個人情報の取扱い方については、事業分野ごとのガイドライン制になっており、各主務大臣のガイドラインを参照するということになります。その結果どういうことが起こるかというと、私が実際に経験したところでは、例えば個人情報の取扱いに関する委託の質問を監督官庁に対して行った場合、同じ省庁内でも対象業務によって解釈が異なる可能性も出てきます。条例のほうに関していえば、電気通信回線を介した個人情報のやりとり等について、個人情報保護法にないような細かい規制を書いてある地方自治体が多く、現在クラウドなどを利用したいという場合、それがネックになるという問題も生じています。

　2000個問題という言葉を耳にされた方もいるかもしれません。本当は2000個じゃ足りないと言われているのですが、地方自治体の条例が2000個あり、それだけ規制がばらばらであることに関する問題です。

　後でEUのお話をしますが、EUは基本的に全体をプライバシーコミッショ

ナーが監督するという制度なので、この2000個問題や独立法人の法律が別であるような事情からEUとの個人情報のやり取りができないというような構造になってしまうというのが、問題になります。個人情報保護法の改正で、主務大臣制の一番上の部分に個人情報保護委員会という機関ができ、これによりプライバシーコミッショナーの制度が一応できているわけですが、日本の個人情報保護委員会は行政機関や地方自治体を監督対象としておりませんので、その点がEUとの関係で問題となります。

　個人情報保護法は、普通考えるとプライバシー保護法なのではないかと思われるかもしれませんが、条文をご覧になれば分かるとおり、個人情報保護法の目的がプライバシーの保護とは書かれていません。個人情報の利用と保護を両立するための法律だと書いてあります。そのため、基本理念としての軸足をどこに置くべきかがいまいちよく分からないというようなことになってしまいがちになります。

　個人情報保護法とプライバシーの保護は、似ているのですが必ずしも重なっていません。例えば、個人情報保護法は公知の情報であっても、第三者提供する場合には本人の同意が要ることになっています。例えば、会社の登記簿謄本は誰でも取れますが、そこに代表者の住所と氏名が載っています。これを伝えた場合に第三者提供として本人の同意を取らなければいけないのでしょうかという質問を実際に受けたことがあります。公知の情報については、それが集積することによる問題はまた別としても、プライバシーとの関係では保護の程度は低くなりますが、個人情報保護法には、そのような保護の程度という概念は存在しません。個人情報とプライバシーは必ずしも重なっておらず、しかも個人情報ではないがプライバシーを侵害し得るものがあるというものもあり得るわけです。後でSuicaのお話をしますが、Suicaは個人情報保護法の問題とともにプライバシーとして問題になっています。

　この二つがあまりにずれると、事業者としては事業がやりにくいので、なるべくこの二つが重なりあう部分を大きくしたいという要望があります。改正にもそのようなニーズがありました。ただ、個人情報保護法は行政法であり、行政監督機関が民間に対して一定の公益的な義務を課し、その違反に対して何らかの指導・監督・制裁を行います。このような前提だと、文言の明

III 個人情報保護（法改正、マイナンバー）

確性が必要になり、個人情報保護法の個人情報も明確な定義がなくてはならないということになります。

プライバシーについては、皆さまもご存じのとおり、対立利益との関係で侵害になったりならなかったりするものですから、事前の一律規制になじまないので、明確性を要求される個人情報と対象をきれいに重ねようというのが、もともと難しいのです。

(2) 法の定める義務の内容

個人情報保護法で、事業者にどんな義務が具体的に課せられているのかということを図にしたものがレジュメ2頁下段です。個人情報保護法自体はOECDの8原則を具体化したものではあります。

まず重要なのは、対象となる情報です。個人情報とは、生存する個人を特定できる情報、あるいは容易に参照することで特定できる情報というのが定義にあるとおりです。それをデータベースにした場合、そのデータベースの中の一つ一つを個人データといいます。さらに、個人データについて開示や内容等の訂正をできる権限を有する個人データを、保有個人データといいます。

個人データと保有個人データの違いは、例えば業務委託の場合などに具体化します。個人情報の取扱いの委託をする場合に、業務の受託先は個人データを持っていますが、委託先から預かった情報を勝手に削除・訂正することはできません。そういうものは保有個人データとはいわないのです。

情報によって義務の範囲が違うことを示したのがこの図です。一番広い個人情報の場合、利用目的を具体的に特定する必要があります。また、利用目的による制限があります。個人情報保護法は、取得の段階では基本的には制限をかけていません。取得のときに同意が要るという構造にはなっていないわけですが、あらかじめ目的を公表しておいてそれに基づいて取得した個人情報は、その利用目的の範囲内でしか使えないというのが利用目的による制限です。さらに適正な取得の義務があり、嘘をついたり、騙したりして取得することが禁止されています。それから、利用目的の通知義務があります。この利用目的を公表しているものを通常プライバシーポリシーといっています。ホームページにプライバシーポリシーが掲示されていることがよくあり

ますが、プライバシーポリシーで利用目的が明示されている形になります。

　個人データに関しては、データ内容の正確性の確保、安全管理措置があります。事業者の監督や委託先の監督はある意味安全管理措置の中身になりますが、一番問題になるのは第三者提供の制限です。第三者提供の制限というのは、実は個人データにだけかかります。ですから、個人情報を取得して、それをデータベースにし、そこから抜き出して渡すというようなときに、初めて第三者提供の制限がかかります。Googleストリートビューが個人情報保護法の違反もあるのではないかというのが問題になって、あれを公開していることが第三者提供なのではないかというような議論がありましたが、あれは、よく考えたら、個人データじゃないですよね。Googleストリートビューでいろいろな人が公開されている点が問題になったのですが、写っている人をデータベースにしているわけではないので、Googleストリートビューはプライバシー上の問題はともかく、個人情報保護法上の第三者提供の問題はなかったと思います。

　保有個人データについては、どんなデータを持っているのかを公表し、開示し、要求があった場合には訂正するなどの義務があります。ちなみに、開示請求が権利なのか個人情報保護法としての反射的利益にすぎないのかが、真面目に争われていて、実際に裁判例もあります。ただこの点は改正法ではきちんと権利とされています。

(3)　問題となる場面（スイカ問題を例に）

　具体的にどんな問題となるのかを、スイカ問題を例にお話をします。スイカ問題というのは、JR東日本がSuicaのデータ（Suicaはもともと無記名だったりするので、必ずしも個人情報とは言えないのではないかという議論もありますが、記名式Suicaもありますね）について、氏名に当たる情報を削除し、何月何日にどの改札を通ったといった累積情報を生データのまま、第三者に提供した、というものです。提供の際には、番号変換をしており、元データと照合ができないようにしていましたが、本人の同意を取らなかったことが問題になりました。レジュメ3頁上段は、問題になった後のJR東日本のニュースリリースに掲載されていた図です。JR東日本では、氏名の情報とSuica IDとの対照表を持っており、Suicaの情報は、個人情報になります。一方、

III 個人情報保護（法改正、マイナンバー）

日立製作所に提供する際には、Suica IDを不可逆的に変換してしまいますので、日立製作所に渡したデータでは、氏名は特定できないことになります。

ア　論　点

　ここでの論点は二つあります。個人情報保護法でいう「個人情報」というのは何かというのが一つ目の論点です。個人情報保護法では、条文に明記されていませんが、個人情報とされるために基本的に氏名到達性が必要だと一般的に言われています。氏名到達性というのは、問題の情報から氏名に到達できるかということです。これは、個人情報保護法が国会で議論された際、衆議院特別委員会の質疑応答で、カーナビに記録されている情報が個人情報かどうかという質問に対する回答が根拠と言われています。質問に対して、「先日来のご議論では当然、電話帳番号だからということで、氏名と電話番号、住所、そういったものが全て入っているというふうに勘違いしてお聞きしていました」と答えています。つまり、最初はカーナビの情報が個人情報だという回答をしており、その理由は、電話帳の情報がカーナビの中に全部入っていると思っていたのだが、実際は、カーナビの情報というのは氏名までは入っていない場合が多いのではないか、そうだとすると、そもそも個人識別性がないのではないか、すなわちカーナビを個人情報データベースと見ることは困難であるという回答がされておりました。

　上記の点から、氏名に到達できなければ個人情報保護法でいう個人情報とはいわないのではないかと、一般的に解釈されてきました。これを前提とすると、無記名SuicaのIDでは氏名到達性があるとは言えませんし、記名式でも、IDを不可逆的に変換した場合、氏名に到達できない、という疑問が出てきます。

　ただ、Suicaのデータは、駅の改札情報の集積です。例えば先ほど5時35分に霞が関のA番出口を降り、その後この講義が終わって8時に霞が関のA番出口を入るというのを毎日繰り返していくと、そのデータに該当する人は一人しかいなくなります。このような場合は、一人に特定できるのではないか、それは個人情報といってよいのではないか、という形でも「個人情報とは何か」が問題となりました。

　もう1点は、第三者提供の場合の基準です。というのは、日立製作所に渡

されたデータは、IDを不可逆的に変換されていますから、氏名の入ったデータと照合することはできないのですから、日立製作所では、個人情報が新たに問題になることはないのではないか、提供先で有している情報が個人と容易に照合できないのであれば、問題がないのではないか、という考え方もあり得ます。つまり、個人情報の該当性を、提供元を基準として判断するか、提供先を基準として判断するかが問題となってきます。ところが、個人情報保護法は行政法規なので、適用に際して明確性が必要です。つまり、第三者提供の判断にも明確性が必要です。本人の同意なき第三者提供で問題とされるのは提供元ですから、提供先の主観状況によって、第三者提供になるかどうかが決まるという提供先を基準とする考え方は、取締法規としての明確性に欠けることになります。このような観点から、第三者提供の際の個人情報該当性は、提供元を基準に判断する、というのが、特に監督官庁側の一般的な見解です。日立製作所に提供したデータではIDの不可逆的な変換が行われていたとしても、提供元であるJR東日本が氏名との対照表を持っていれば、提供元基準であれば、同意のない第三者提供ではないか、という点も問題になります。

　企業の方に話を聞くと、第三者提供の場合、誰を基準に個人情報を判断しなくてはいけないかという点に関し、提供元の側で個人情報を判断しなくてはいけないとは必ずしも考えておらず、氏名部分を削除して、適当なIDに変換すれば、他者に提供できる、と考えている方が多いようでした。ところが、少なくとも今の通説的な見解では、提供元において、容易に照合可能であり、個人が特定できるのであれば、個人情報を第三者提供している、ということになりますから、照合表を捨てるか、捨てないまでも企業内部でチャイニーズウォールをきちんと整備するようにしないと、法令違反と判断されることになります。

　イ　検　討

　個人情報については、氏名到達性だと少し狭すぎるのではないかという点から、個人情報にこだわらず、もう少し広い観点から検討する必要がある、ということで、パーソナルデータの検討が進んでいました。例えば総務省でのパーソナルデータの利用流通に関する研究会や経産省でのパーソナルデー

III　個人情報保護（法改正、マイナンバー）

タのワーキンググループなど、個人情報保護法とは別にパーソナルデータの適切な利活用について検討するという動きが結構進んでいました。この背景には、氏名到達性がないとしても、プライバシー上の観点から問題とされる場合もあるのではないか、という問題意識があります。特にスマートフォンなどは、常に携帯していますから、GPSの利用などを考えると、膨大なプライバシー情報がスマートフォン上に蓄積されていくわけです。そのようなデータの適切な利用法を検討する必要性が生じました。

　このような検討の中で、個人の特定可能性を減ずる手段として、統計処理の際、特定のカテゴリに属するデータが「1」にならないようにする、という「K匿名化」という考え方が出てきています。「K匿名化」というのは、データを抽出していったときに、特定のカテゴリに属するデータが「1」とならずに少なくともKという整数になるような形に処理する、ということを意味します。例えば東京23区で70歳の男性といえばそれなりの人数がいますが、八丈島で80歳以上の男性となると少なくなります。これを特定の町の居住者などという形で絞っていけば、当該カテゴリに属するデータが「1」となる可能性があります。そうすると特定が可能なので「1」とするような分類はやめましょうということです。K匿名化をすれば、個人が特定される可能性は相当減ることになります。

　では、第三者にデータを提供するためにはどうすればよいか、という点ですが、照合表を提供者の側で捨ててしまうか、復元不能な形でK匿名化にする、などの方法があります。そのような方法をとらないと、本人の同意なく第三者にデータを提供はできないことになります。

　その一方でK匿名化では、あまり意味のない情報もあり、例えば、医療情報などは、まさに特定個人の情報でなければ意味がないので、そのような情報の取扱をどうすればよいかという点を、また、別途検討する必要があるという状況になっています。

　なお、個人情報の第三者への提供には例外があるわけで、共同利用や業務委託がこれに当たります。Suicaの場合、解析だけを実施してもらう、ということで、第三者提供ではなく、業務委託という方法もあったのではないか、などという疑問もされていました。

(4) 安全管理措置

個人情報保護法では、安全管理措置も重要です。具体的には次の四つをいいます。組織的安全管理措置、人的安全管理措置、物理的安全管理措置、技術的安全管理措置です。

安全管理措置というと、技術的安全管理措置のシステムのことをイメージしますが、安全管理措置というのはもっと広い概念です。例えば、組織で個人情報を使う場合には、どういうふうに使うのか、その場合の手順等をきちんと作っておくなどということも含まれています。企業が個人情報に関する職務分掌規程を定めるなど、組織体制の整備等に関するものが組織的安全管理措置です。また、従業員の教育、秘密保持契約の締結などが人的安全管理措置です。物理的安全管理措置は、個人情報は、物理的に鍵がかかる場所で保管する、というようなものです。

ア 委託の場合

委託の場合、安全管理措置の一環として、委託先の監督というのが個人情報保護法上の義務として課せられています。ユーザー自身(ここで「ユーザー」というのは、個人情報の取扱事業者のことを指していますが)に要求される義務として、まず委託先を適切に選定することが考えられます。そのためには、例えば事前に委託先の状況を確認しなくてはいけません。適当に委託先を選定した場合、安全管理措置義務違反になるわけです。ですから、委託先として、例えば、Pマーク取得者やISMSの認証を受けているところを選定する、というのは、安全管理措置の実戦の一手段とも言えます。

また、適切な契約を締結することも、安全管理措置として必要です。安全管理措置として、実際の取扱状況の確認を可能にする必要がありますから、委託先との契約において、監査権限や、場合によっては事業所への立入権限などを入れておく、ということも必要となります。

イ 契約に盛り込むべき内容

経産省のガイドラインの中に委託契約に盛り込むべき内容というのが書いてありますが、これには委託元及び委託先、その責任者の明確化が要求されています。また、個人データの安全管理に関する事項として、個人データの漏えい・盗用の禁止、委託契約範囲外の加工・利用、複写・複製の禁止、契

III　個人情報保護（法改正、マイナンバー）

約期間、返還・消去・廃棄に関する事項などがあります。秘密保持も同じで、終わったら適切に消去・返還を求めます。

ちなみに、秘密保持契約と個人情報の取扱いの覚書がセットになっていることが多いのですが、個人情報の覚書の場合、本当に対象とすべきは、委託対象となる個人情報なはずであるにもかかわらず、委託ではない個人情報の部分まで広がっていることが多いです。委託対象の個人情報と限定されていないと、事業者が自分のために取得する個人情報にまで制限がかかることになり、それと秘密保持がセットになれば、自分で取得した個人情報まで使えないということになってしまいますので、個人情報の取扱に関する契約には注意が必要だと思います。

経産省のガイドラインには、監査や損害賠償、事故発生時の報告・連絡なども、覚書に入れるべきとなっております。

ウ　安全管理措置の程度

個人情報保護法には何も書いていないのですが、普通に考えれば、対象の情報の内容によって安全管理措置の義務の程度は変わるはずだと思います。対象たる情報が機微情報、センシティブ情報であればあるほど、漏えいしたときに権利侵害の程度が高くなりますから、その場合には、安全管理措置のレベルをもっと高くするというのは当然かなというところです。

経産省のガイドラインでは、本人が被る権利利益の侵害の程度を考慮すべきとなっています。つまり、「使っている情報が機微であれば安全管理措置をそれなりに構築しなさい」ということです。また、事業の性質や個人データの取扱状況に瀕するリスクに応じた必要かつ適切な措置ということで、事業によって取り扱うデータの内容が異なりますから、リスクに応じた対応をとるべきということになります。

ですから、最終的には総合的に考慮して、安全管理措置は、オン・オフではないグラデーションで濃淡が決まっていくはずです。

なお、国外に委託される場合ですが、日本の今の個人情報保護法には国外への移転について何一つ書いていません。ですから、国外に自由に移転できるのかという話が問題になります。個人情報保護法は公法ですから、そもそも域外適用があるのかというのを別に考えなくてはいけませんが、個人情報

保護法が日本の国民の個人情報を保護する法律なのだとすれば、日本に事業所を置かずにインターネットで個人情報を取得する場合や日本の事業者が国外の事業者に個人情報を委託する場合などは、別途検討が必要なのではないかということになります。例えば、安全管理措置の一例として、国外の事業者に委託したとき、どこに個人情報が保管されているかぐらいは把握していないと、もしかして安全管理措置をきちんと講じているとは言えないのではないかという議論が実際にされているわけです。

例えば、個人情報が米国に移転した場合には、パトリオットアクトでアメリカ政府が勝手に見ることができるのでは、と疑問が呈されており、つまり、アメリカの事業者に渡してよいのかということです（政府への開示の可能性は、日本の刑事訴訟法でのデータの差押えでも同様だ、という話がありましたが、スノーデン事件で、政府への開示がEUで問題になって、EUと米国間のセーフハーバーは認められない、という判断がされています）。ただ、国外への移転の問題は米国ではなく他の国でも同様で、日本より個人情報の保護が薄い国はあるわけですから、それを考えれば、国外に委託する場合についてきちんと検討しておく必要があるはずです。改正法ではある程度の手当てがされています。

エ　違反の場合

個人情報保護法の違反の場合、個人情報保護法における違反の効果とは別に、プライバシー侵害で損害賠償を請求される場合があり得ます。個人情報保護法は公法ですから道交法と同じであり、道交法の違反が直ちに業務上過失とみなされるかというと必ずしもそうではないわけですが、他の事業者が個人情報保護法で要求されるレベルの安全管理措置をしているときに、自分だけそのレベルに達しないレベルの管理しかしていなかったとしたら、それは損害賠償の根拠になり得るのではないか、ということになります。

過去に個人情報の漏えいで損害賠償となった事例をいくつか拾ってきました。講演会名簿提出事件というのは、早稲田大学での江沢民の講演会に出た人の名簿を提出したことが問題となった事案で、1人5000円の損害賠償が認められています。こちらは、思想・信条の自由が関係しているので、保護は厚いはずだと思いますが、ISPサービスの加入者の個人情報流出事件も、損害賠償額が1人5000円です。住基カードのデータが流出したときは1万

円及び弁護士費用5000円が認められています。損害賠償1万円に対しての5000円の弁護士費用というのは破格ですよね。一番高いのは、エステティックサロンのデータで3万円です。エステに行っているという情報自体の機微性が高いということでしょう。

このとおり、機微性の高さによって損害の額は違います。1人3万円とは、意外と少なく感じますが、普通は関係する人が多数いるため、この金額掛ける関係者の人数ということになります。日本はまだクラスアクションがありませんから、そういう意味でいうとアメリカほどの問題にはなりませんけれど、3万円というのは実際にはかなり大きい額だと思います。

2 改正個人情報保護法

改正個人情報保護法は、成立したのが平成27年8月、公布が9月です。2年を超えない範囲内において政令で定める日から施行ということで、レジュメ6頁上段のようなスケジュールが一般的に公開されているのですが、このガイドラインがまだ策定されてないのです[1]。平成28年の上半期がほぼ終わってしまった時点でまだできてないので、おそらくスケジュールはもう少し後ろ倒しになるのではないかと言われています。実際の運用は、個人情報保護委員会の規則やガイドラインに委ねられる部分が多いので、企業や事業者のほうではガイドラインが出ないと具体的な方策が立てられないと思います。

「特定個人情報保護委員会」といっていた部分は、「特定」が取れて「個人情報保護委員会」になり、三条委員会として、個人情報保護法を所管することになっています。

主な改正点は、以下のとおりです。

① 個人情報の定義の明確化

レジュメ6頁下段の図ですが、「個人情報の定義の明確化」というのがあります。まさにSuicaやパーソナルデータなどで問題になっていた部分でもあるわけですが、ただ、いわゆる普通のIDというのが個人情報になるかどうかはまだ分からないという状態にはなっています。なお、新たに個人情報

---

1 研修講座当日（平成28年6月24日）現在。

となることが明確化されたものとして、特定の個人の身体的特徴を変換したものがあり、静脈認証や網膜認証、顔認識データなどが個人情報であることが明確化されました。

また、現在の個人情報保護法では機微性の程度を配慮した規定にはなっていなかったのですが、多少グラデーションをつけ、「要配慮個人情報」というセンシティブデータに関する情報についての規制を入れています。この「要配慮個人情報」とは、人種、信条、病歴などです。要配慮情報は、本人の同意を得ずに取得することは原則禁止です。現行法では、第三者提供についても、今だと例えば名簿屋というのがあり、動態地図などで最初から「第三者提供」が利用目的であることを予め言ってあれば、本人の同意がなくても第三者提供が可能であったのですが、要配慮情報では、それも禁止です。

② 適切な規律の下で個人情報等の有用性を確保

もともと法律の目的として「個人情報の利活用」と書いてありますから、保護だけではなく利活用も一緒に考えなくてはいけないわけですね。利活用のために、匿名加工情報、まさにSuicaのような問題を解決するための方法として、匿名加工情報の規定を入れたはずなのですが、実際には、非常に使い勝手が悪く、今、かなり問題になっているようです。匿名加工情報については後ほどもう少し説明します。

③ 個人情報の保護を強化

日本特有と言われているのですが、ちょうど改正個人情報保護法の議論のときに、ベネッセの名簿の持ち込み問題が発生したため、名簿屋対策を盛り込むことになりました。具体的には、トレーサビリティの確保、つまり、追跡可能な仕組みを入れています。今の個人情報保護法では、取得自体には規制がなく、個人情報の利用目的を明らかにしておけば、人からもらっても問題ないし、どこからもらったかを言う必要もありません。実は意外と"ザル"なので、そこを追跡できるようにというのが、この「トレーサビリティの確保」です。

また、まさにベネッセのような事件を規制できるよう、「データベース提供罪」が新設されました。ベネッセ事件では、従業員が名簿を持ち出したという話でしたが、そのような不正な持出しを提供罪として処罰しましょうと

いうものです。

④ 個人情報保護委員会の新設及びその権限

個人情報保護は、現在、業務分野によって監督官庁が異なっているのですが、今回、監督権限を委員会に一元化することにしています。個人情報保護委員会の下に細かい事業分野を見る主務官庁制は残るのですが、最終的に何かあったときに一元的に判断できるようなところを置きましょうということです。内閣府直下の独立した委員会ということで公正取引委員会と同じような立場です。今まで委員長などは定年があり60歳を過ぎたらなれなかったのですが、堀部政男先生はこの間喜寿のお祝いをしたくらいですから、慣例を破っていまして、三条委員会を作ったことも含め、すごい、と言われているところです。

⑤ 個人情報の取扱いのグローバル化

先ほども述べたとおり、外国に移転する場合は現行法では特段の手当てがないのですが、これは、きちんと考える必要があるのではないかという点が問題になります。また、今のインターネット時代に自国のことだけ考えていても意味がないのです。ネットを通じて、簡単に外国から情報が取得できますし。したがって、外国当局と一緒に執行協力しないと意味がないではないかということで、それも明文化しています。ただ、法律で明文化しても、相手がいることなので、さらに条約なり何なりでないとその先にはなかなか進まないのですが、少なくとも外国の連携が明確に規定された、ということにはなります。

⑥ その他改正事項

オプトアウト規定による第三者提供をしようとする場合は、データの項目等を個人情報保護委員会に届け出なさい、とされています。

「利用目的の制限の緩和」は、実質的には個人情報の利用に配慮したということになりましょうか。利用目的については、今まで予め明示された利用目的以外に使うためには、いちいち同意が要るという制度でしたが、それを徹底すると、今後の利用方法の変更の可能性を考えて、利用目的をなるべく抽象的に書きたくなります。具体的に書けば書くほど、異なる利用の可能性も出てきて、新たな同意が要ることになってしまうわけですから。そうする

と最初から「当社のサービスを適切に提供するため」というように抽象的にふわっと書いておけばよいという話になってしまい、具体的に記載せよ、という要求は厳格に守らないほうがよくなってしまいます。真面目な人が損をする世界ではいけませんから、関連する目的の範囲であればいちいち同意を取らなくても利用目的の変更ができるとしたのが、この利用目的の制限の緩和です。

実は結構大変なのが「小規模取扱事業者への対応」というもので、今は取り扱う個人情報が5,000人以下であれば個人情報の取扱事業者としての、個人情報保護法の適用がないわけです。ところが、それがなくなりましたから、小規模でも適用可能性があります。

(1) 個人情報の定義

具体的な内容をもう少しお話ししていきます。個人情報の定義としては、先ほど少し述べたとおり、「特定の個人を識別することができるもの」という規定が増えました。内閣府では増えたのではなく明確化しただけと言っていますが、実質的にはやはり拡大なのだと思います。例えば今まで、パスポート番号だけ、免許証番号だけの情報しか持っていなかったときに氏名到達性があったかというと疑問でしたが、このようなものは、少なくとも政令で決める個人情報には入ると言われています。

逆におそらく入らないだろうと言われているのが、携帯の端末IDです。携帯端末IDは、途中で変えられるという点から見ても、あり得る話かなと思います。今どうなるか分からないと言われているのが、クレジットカードの番号やメールアドレスです。メールアドレスについては、従来、経済産業省のガイドラインによると、名前プラス所属組織のセットのようなメールアドレスであれば個人情報であると言われていました。なぜかというと、所属組織がドメインの中に入っており名前が付いてれば氏名到達性がある、すなわちどこの誰かまで分かってしまうではないかという考え方でした。それ以外のメールアドレスがどうなるかは現時点では分からないという状態です。

普通のオンラインID、すなわちeコマースのショップに行って会員番号が付与されたその会員番号が個人情報になるかどうかも問題です。eコマースのサイト自体はIDと氏名と住所をセットで持っていますが、本当

III　個人情報保護（法改正、マイナンバー）

に、IDだけのものを個人情報と言えるのかは、今のところよく分かりません。TSUTAYAカードにしても、ドトールで出し、ファミリーマートで出し、Yahoo!でショッピングするときも、カード番号を入れ、ということで、TSUTAYAの番号上に膨大な情報が蓄積されていくわけで、これについて何ら規制がなくてもよいのか、という問題提起もされていたのですが、今回の個人情報保護法の改正でもきれいには整理されていないところです。

　個人情報に関して、指紋データや顔認識データ、旅券番号、免許証番号などが該当するというのはどのような基準で選ばれているかというと、一人には一つの番号しか付かないという一意性、そして途中で変えられない不変性、及び本人到達性が考慮されています。ですから、個人情報になりそうかどうか分からず危ないと思ったら、不変性をなくす、というのは一案かもしれません。本人の意思で番号が変えられるようにしておけば、不変性の要件はなくなりますね。

　指紋データや顔認識データなどは不変性が明らかです。私は、銀行のキャッシュカードを静脈認証にしようかなと思ったのですが、後で、データが漏えいしたときに静脈は変えられないので、何かあったときに大変だなと思ってやめました。生体認証が怖いのは、漏えいしたときに本人のほうで変えようがない点ではないかと思っています。

　ゲノムはおそらく政令で個人情報に入るだろうと言われています。ゲノムも難しいところで、遺伝子の情報だけ、配列だけ見ても、氏名に到達できるとは言えません。しかし、これ以上に不変で、他の人と同じではないものはないはずなので、そこを重視するのではないかということだと思います。

　そのほか、要らないのであれば、なるべくさっさと消しましょうという努力義務が入ります。

⑵　匿名加工情報

　匿名加工の方法はあまりなくて、削除するか、変換するか、使わないかしかないのですね。ところが、匿名加工情報の定義は、「削除、置き換えにより特定の個人を識別することができないように、個人情報を加工して得られる個人に関する情報であって、当該個人情報を復元することができないようにしたもの」ということなので、復元禁止をすることが匿名加工情報の定義

に取り込まれています。そうすると、定義からして匿名加工情報とは個人情報であるわけがないのです。

　この点が実は問題で、本当は個人情報とパーソナルデータが重なる部分を匿名加工することによって、個人情報であっても本人の同意なく提供できるようになり得るということを、もともとみんな考えていたのだと思うのです。ところが、匿名加工情報の定義からして、個人情報ではないことになってしまいましたから、個人情報と匿名加工情報は、全く重ならず、別のものとされてしまいました。個人情報ではないのだから、今でも、個人情報保護法の規制はかかっていなかったということになり、むしろ、今まで規制のなかった部分に、匿名加工情報に関する義務だけ残ってしまったということになってしまっています。

　匿名加工情報に関する義務には、加工方法に関するものがあります。個人情報保護委員会の規則に従って復元できないように加工しなければなりませんし、加工方法についても安全管理をしなくてはいけません。しかも、特定の個人を識別することができる記述を削除するものとし、削除した記述等や加工方法の漏えい防止という安全管理措置がかかります。さらに、これらを個人情報保護委員会に届け出て、個人情報保護委員会で定める基準に従って匿名加工をする必要があります。受け取った側にも義務があります。受領者側に対し、本人を識別する行為を禁止することは、ある意味当然だとは思いますが、第三者提供をする旨を公表する、匿名加工情報として提供する旨を明示するという義務がいろいろかかってしまいます。これらを考えると、第三者提供を別にすれば、事業者としては、個人情報を匿名加工せず生データのまま持っていたほうが負担が少ないということになってしまっています。本来、事業者としては、個人情報のまま持っていると漏えいしたときなどのリスクが高いので、匿名加工をしたいわけですが、匿名加工をすると重い義務がかかってしまうという矛盾したことになってしまっています。匿名加工方法の部分を個人情報保護委員会が定めるとなっているので、今、匿名加工の基準を待っているという状態です。

　ところが、パーソナルデータ研究会でも匿名加工の技術的検討ワーキンググループでもいろいろと議論した結果なのですが、そう簡単に技術基準とい

Ⅲ　個人情報保護（法改正、マイナンバー）

うのはできないのです。というのは、技術の進歩やデータの内容によって加工基準というのは当然変わりますから、一律の基準なんてできないのですね。おそらく認定個人情報保護団体の自主ルールで任せるという、保護委員会の規則が出るだろうと言われています。いずれにしても今の段階で個人情報保護委員会のガイドラインが出てないので、その先も分からないというところです。

(3)　個人情報保護強化
①　トレーサビリティの確保

　トレーサビリティの確保も意外と大変な話で、第三者提供の確認というのもよいのですが、いちいち誰に渡したか記録しなくてはいけません。記録を義務づけている国というのはほかにはありません。しかも日本の事業者は真面目ですから、きちんとやるところは非常にきちんとやる一方、悪徳名簿屋、闇名簿屋というのはもともと法律を守る気のない人達なので、義務を強化しても、もともと問題を起こさないような真面目な事業者に負担がかかり、本当の問題点は解決されない、という少し悲しいことになってしまいます。このような点を考慮してか、記録作成について、第三者からもらったのではなく本人からもらったものとみなすというような、「みなす規定」が乱立したガイドラインが個人情報保護委員会から出ています。

　例えば、SNSから情報を取ってくるというときに、それをSNS事業者からもらったとすると第三者提供になってしまいますから、確認が必要になります。ところが、SNS上のデータは投稿者本人が自分で書いて公開しているのだから、本人からもらったとみなしてもよいではないか、本人からもらったということであれば第三者提供ではないので、したがって記録は要らないというようなことが個人情報保護委員会のガイドラインに書いてあります。

②　オプトアウト規制の見直し

　オプトアウトによる第三者提供の場合は、委員会の規則でまず下記事項を公表して委員会に届け出なさいというようなことになっています。「第三者提供を利用目的とすること」、その他、提供される個人データの項目、第三者提供の方法、オプトアウトができること及びその方法です。オプトアウトの方法をきちんと書いておいてくれないと、結局オプトアウトというのは意

味がないわけですね。オプトアウトができるということとその方法をきちんと明示しておいてくれないと、実質的に骨抜きになるのでここが重要なわけです。それを個人情報保護委員会に届け出るということで確保されるということになります。

(4) グローバル化対応

　グローバル化対応のときには次の点に注意が必要です。第三者提供の場合、23条の第三者提供の例外で、個人情報の取扱いの委託や共同利用、あるいは事業譲渡や合併に伴う移転については同意が要らないとなっています。ところが、個人情報の海外への移転は、委託、合併や共同利用の場合が例外になっていません。個人情報の取扱いの委託で、第三者提供としての本人の同意がない場合に、海外への委託のために別途本人からの同意が要るという構造になっている点に注意が必要です。

　原則的な考え方としては、理由が何であっても個人情報を海外に移転するときには国外の第三者に提供する旨の本人の同意が必要ということです。ただし、例外があり、一つ目が、日本と個人情報の保護レベルが同等だと個人情報保護委員会が認定した国への移転の場合です。ただ、まだ認定が出ておらず、おそらく認定はなかなか難しいのではないかと言われています。というのは、アメリカ合衆国とヨーロッパの個人情報の保護レベルが違っていますし、アメリカをOKにするとEUから文句を言われるのではないかなど、各国のバランス等の問題があるからです。いずれにしても、個人情報保護委員会がこの認定を出せば、当該国に移転する場合は本人の同意は要らないことになります。

　二つ目が、第三者提供の場合で提供先事業者が一定の要件を満たす保護体制を整備している場合です。個人情報保護委員会が保護体制について判断するのですが、整備していると判断されればその事業者には移転できるということです。国の法律ではなく、個々の事業者の認定になりますから、委託の場合には、具体的な委託先ごとの検討になります。

　最後に、本人の同意がある場合です。第三者提供の同意と海外の第三者への提供の同意は別ですから、ここに提供方法で「第三者提供の同意」というのがわざわざ書いてあるのは、第三者提供で同意を得て海外事業者に移転す

る場合でも、別途場合によっては国外の第三者に提供する旨の同意をもらわないといけないことを意味しています。

3 マイナンバー

(1) マイナンバー法

マイナンバー法や番号法などといっていますが、「行政手続における特定の個人を識別するための番号の利用等に関する法律」ということで、「利用法」とも呼ばれています。

(2) 構 成

ただ、マイナンバー法は、個人情報保護法の特則として作られているので、個人情報保護法が適用された上で、個人番号を含む情報を「特定個人情報」としてさらなる保護を与えるというのがこのマイナンバー法の作りになっています。ですので、特定個人情報に対する規制は、「個人情報保護法＋マイナンバー法の規制」となります。そうすると、構造が同じなので、利用目的や適正な取得、安全管理措置などの規制がかかる、ということが分かりやすいと思います。

(3) 弁護士業務とマイナンバー

弁護士の通常業務にも、マイナンバーは関係してきます。まず、業務に関する金銭の授受で支払を受ける者として、マイナンバーをクライアントに提出しなくてはいけません。皆さまのところにもマイナンバーを提出してくださいというお手紙がそろそろ来ていると思うのですが、お客さんが源泉徴収の支払調書を税務署に提出するときに、マイナンバーが必要です。少し前に弁護士会から、源泉徴収されているものは、弁護士会に伝えなくてはいけないのでマイナンバーの通知を捨てないようにというようなお知らせが入っていましたね。去年の状況では、それぐらいマイナンバーについてみんな知らなかったというわけです。

また、弁護士が外注先に支払う場合にもマイナンバーが必要です。例えば、個人の司法書士や税理士に払うときには、源泉徴収義務者であれば源泉徴収が必要です。そうするとやはりマイナンバーをもらわなくてはいけないという話になります。もらったマイナンバーには、安全管理措置が要ります。

それから、事務員などの従業員さんの給与を払うときに、源泉義務が普通はありますから、そこのところでマイナンバーが要ります。

ただ、弁護士には源泉義務を負っていない人もいるので、そういう人は源泉徴収の義務がなくマイナンバーの取得の必要がありません。

ところで破産管財の場合、管財人報酬を自分で受け取るときに、法人破産だと源泉徴収が本当は必要ですよね。昔それをしないで大騒ぎになって訴訟になったりしたこともあるので、本当はしなくてはいけません。管財人としての私から弁護士個人としての私に報酬が支払われるので源泉徴収をします。そのときに、自分は、マイナンバーを取得して、管財人として出さなくてはいけないかと思い、それを税理士に確認したところ、「最後の支払調書を12月に出すときには破産会社は存在していないので出さなくてもいいです」と言われました。なかなか、簡単には理解できないです……。

ちなみに、支払調書といっていますが、年末にお客さんが私たちに送ってくれる支払調書にマイナンバーを書いてはいけません。ここでいう支払調書というのは、税務署に出すものなのです。個人に送ってくれるのは法律上必要なものではなく、事業者が厚意、あるいは情報提供のために送ってくれるだけなのです。マイナンバーが必要と法律に書いてあるもの以外には、書いてはいけないのです。当然、こちらから、司法書士や税理士などに出す支払調書にもマイナンバーを書いてはいけないということになります。

(4) 一般の事業者

今のところマイナンバーを使うのは税務と社会保険関係なので、現在、税理士と社会保険労務士が一番マイナンバーには詳しいという状況です。必要な限度でのみマイナンバーを扱い、本人の同意があっても目的外利用は厳しく禁止されています。そこが個人情報保護法と違います。個人情報保護法の考え方は本人の同意があれば原則よいのです。マイナンバーは、本人の同意があっても駄目なのです。例えば、会社が従業員からマイナンバーを預かったとすると、それは税務や源泉徴収のため、社会保険のためです。その従業員が何かほかのために必要だがマイナンバーを忘れてしまったので、会社に行って「すいません、私のマイナンバーを教えてください」と言ったとしても教えてはいけないというのが、マイナンバー法です。

Ⅲ　個人情報保護（法改正、マイナンバー）

　ちなみに、企業には法人番号があり、法人番号は公表され、誰でも使って構いません。よく、本当は個人事業主については事業者としての法人番号というようなものを別に付けてくれればよかったと言われています。というのは、個人事業主の場合、必ずしも業務の住所と自宅の住所は同じではないのですが、現在の制度だと、個人か業務かは関係なく、収入が全部一緒になり、住所などもみんな出てしまうので、特に弁護士としては気になります。

(5)　マイナンバーが関係する場面

　個人番号、法人番号の収集場面と情報管理ですね。

ア　収集場面の義務

　従業員、従業員の扶養家族、取引先のうち法定調書の発行が義務づけられる人（支払調書や一定の不動産の場合）について、マイナンバーが必要になります。

　収集に際しては、目的が限定されていますから、それ以外のために個人番号を収集してはいけません。住民票は、今取ってみるとほぼ原則マイナンバーがないもので出てきますが、頼めばマイナンバーが入ってきます。本人の同意があっても取得はダメですから、本人が住民票を持ってきたときに、万が一マイナンバーが載っていたら、マイナンバーが載っていないもので取り直してもらうか、マスキングをしてもらうかしないといけません。破産申立や家事事件などでも住民票を付けますが、そのときにマイナンバーが入っていないことを確認しないといけません。

　婚姻費用の算定の資料として、源泉徴収票を出す場合についてもマイナンバーが入っていたらマスキングをしてもらう必要があります。

　また、外注先には、利用目的の通知をきちんとしなければいけません。一般に出回っている書式を見ると個々の提出先まで含め、非常に細かく書いてあるのですが、あそこまで細かくしなくて大丈夫ではないかと個人的には思っています。

　面倒なのは本人確認で、これは取得の都度要求されます。①番号の確認は番号通知カードのコピーを出せばよいのですが、さらに②身元確認が必要とされ、そのときに身分証明書が要ります。まだなかなか発行されない個人番号カードを発行してもらうと、番号通知カードは取られてしまうので手元になくなりますが、個人番号カードは本人確認の書類を兼ねていますので、個

人番号カードをもらえばそれだけで①②を両方満たすことになります。番号通知カードの場合は②が足りないので、運転免許証などを出さなくてはいけないのですが、私は、個人の住所を出さないために、一度、通知カードの住所をマスキングした上で、パスポートを出してみようかと思っています。

　なお、税務署によると、普段から毎日会っており従業員本人と分かっているのであれば本人確認は、省略可であるとなっています。

　また、代理人による提出の場合は、代理権や代理人の身元も確認しなくてはいけません。

イ　利用情報管理の場面

　利用情報管理の場面では、本人の同意があっても第三者提供は禁止です。出向・転籍の際に、出向・転籍先の会社に提供することも認められません。

　安全管理措置に関し、個人情報保護委員会が出している「適正な取扱いに対するガイドライン（事業者編）」というものがあるのですが（レジュメ12頁上段の図）、「基本方針の策定」の囲みが点線になっているのは、小規模事業者の例外があるからです。小規模事業者については、基本方針の策定は義務ではなく任意となっています。ただし、さらに小規模事業者の例外に該当しない場合があり、個人情報保護法により取り扱う個人情報が5000人を超えている場合と、業務の委託を受けて個人情報の取扱いをする場合がこれに当たります。

　個人情報保護法の情報管理体制から変更が必要な点として、法定保管期間が経過すれば削除・廃棄が必要な点があります。個人情報保護法では、保管期間には触れられていませんが、改正個人情報保護法では、保管期間について必要がなくなったらなるべく廃棄しなさいという努力義務が入っていますので、この部分は、マイナンバーの考え方と平仄が合うことになります。

　ただ、マイナンバーの場合は削除・廃棄についてきちんと記録しておく必要があります。システムの場合はシステムログや利用実績の記録が必要になりますから、実は中小企業であればデータよりも紙ベースで保管しておいたほうが楽だと思います。システム上で、誰がログインして、誰が持っていった、いつ廃棄したといったログを取っておくのは結構大変なので、紙ベースにして物理的に鍵をかけて普段は入れなくしておく形のほうが中小企業としては楽だと思います。ちなみに、マイナンバーを取り扱うシステムに関する契約

III　個人情報保護（法改正、マイナンバー）

については、事業者側のものには、たまに、疑問に思うような規定が入っているので、注意が必要です。私が見たものでは、「マイナンバーを取り扱います」と書いてある一方で「うちは一切マイナンバーの逸失について責任を負いません」と書いてあるものがありました。「お客様がマイナンバーを預けているだけで、うちでは取扱いをしないので、預けているお客様の責任です」という理屈のようなのですが、「法令で認められる場合は、個人情報を開示します」とも書いてあるのです。個人情報を開示するということは、マイナンバーを取り扱うということだと思うのですが……。

　取扱台帳にいつどこで取り扱ったかというようなことを書きなさいという話ですが、これもシステムログは大変なので、ノートにしておいたほうが楽だと思います。

　中小企業の軽減措置については、従業員が100人以下、及び個人番号利用事務実施者等に該当しないことが要件です。ちなみに、先ほどの個人情報保護法の改正で取扱情報5,000人という制限は撤廃されてしまったのですが、この新設により、ほぼ同じような感じで個人情報保護法の取扱事業者の安全管理義務も一部軽減される形になります。先ほど述べたとおり取扱規程の策定が義務ではなかったり、確認手段や物理的安全管理措置の多くが軽減されたりというところが小規模事業者の例外として認められています。

　ちなみに行政文書の読み方なのですが、行政文書ガイドラインに「求められる」と書いてあれば、それの違反は法的責任を負わされる、すなわち行政違反、安全管理措置義務違反とされる可能性があると読みます。「望ましい」と書いてある場合には、違反はしても責任は取らされないという趣旨です。ですから、「求められる」のか「望ましい」のか、という点に注意して読むことが必要です。

　その他、細かな軽減措置はレジュメ13頁〜14頁をご覧ください。

　なお、個人情報保護法と違って、委託についても同意が要ります。委託をする場合には、マイナンバーの持ち主（マイナンバーを預けた人）から基本的に同意を取らなくてはいけないということになっています。さらに再委託する、再々委託する場合には、いちいち同意を取らなくてはいけません。

　また、委託先における安全管理措置があり、必要かつ適切な監督で、委託

先の適切な選定、安全管理措置を遵守させるための必要な契約の締結、委託先における特定個人情報の取扱状況の把握などが必要とされます。

　個人情報保護委員会のQ&Aに、相当細かい質問がありますが、クラウドサービスを利用する場合についての質問も掲載されています。例えば、情報システムにクラウドサービスを利用していたら、クラウド事業者に対する委託になってしまうのかという疑問が掲載されています。それに対する回答は、電子データを取り扱うかどうかが基準であり、取り扱わない場合は委託ではなく、単にデータを預けているだけだとなっています。ただ、取り扱わない場合というのは、契約で電子データを取り扱わない旨が定められており、適切にアクセス制御が行われている場合となっています。なお、委託に該当しない場合には監督義務は課せられませんが、自らの安全管理措置は残ります。

4　EUデータ保護規則

(1)　概　要

　最近、EUデータ保護規則が、話題になっています。今までもEUのデータ保護指令というものがあったのですが、それが強化されます。話題になっているのは、違反した場合に制裁金の条項が導入され、それも高いこと、そして越境データの条項が増加しているといったことなどが理由です。適用が2018年からとわりとすぐなのです。EUのデータ保護指令では、一旦EUの中に入った個人情報は、EU以外に勝手に出せないという部分が重視されており、今、データセンターがどんどんEUに移っているという状況が生じています。さらに、高額な制裁金導入の条項が入ったら、かなり大変なことだと思います。

(2)　適用範囲

　EUのデータ保護規則では、例えば、センシティブデータや仮名データについても規定がありますし、オンラインIDなども個人情報として保護され、対象になります。したがって、日本の個人情報保護法より個人情報の範囲が広いです。さらに、「忘れられる権利」というものが規定されています。検索エンジンでいつまでもその人の名前が出てくるということは認められておらず、ある程度したら消されるようになっていなくてはなりません。

　また、プロファイリングに対する規制もあります。プロファイリングとい

Ⅲ　個人情報保護（法改正、マイナンバー）

うのは、過去に集めたデータをもとに、そのデータの主体がどんな人かを推測することです。その推測は、実際の本人とは違う可能性もあるなどの問題意識ですね。それから、ポータビリティといって、持っていかれたデータを本人のところに取り戻すための権利が入っています。ちなみにプロファイリングでいうと、Googleの検索エンジンでログインしたまま検索していると、Googleにその人がどんな人と認識されているかというのが見ることができるので、以前調べたことがあります。私はあえてGoogleで検索するときには英語しか使わないようにしていたら、50代男性、アメリカ住まい、と表示されて、ちょっと「やーい」と思いましたが、プロファイリングを勝手にされるのが嫌だというのは気持ちとして分かるところです。

(3)　制　裁

制裁金については、2000万ユーロ以下又は（単独企業ではなく）企業グループの前事業年度の全世界年間売上の4％ということで、ものすごい金額になってしまいます。

(4)　移　転

EU域外への個人データの移転は原則として違法です。例外として移転できる場合の一つが、①移転先の国・地域に十分性が認められた場合です。先ほど個人情報保護委員会が認定した場合というのがありましたが、このEUの制度と平仄を合わせた形になっています。ちなみに、現在、この十分性が認められた国は11しかなく、当然日本は入っていません。

日本は、改正後でも、おそらく十分性認定が取れないと言われています。その理由は個人情報保護委員会が全ての機関の個人情報を監督していないからだと言われています。特に条例については、本当にばらばらなのが問題です。ちなみに、韓国は十分性認定の申請をしたという情報を耳にしましたが、韓国が十分性認定を取ると、日本のデータセンターが空っぽになり、みんな韓国に行ってしまうというような事態になるのではという危機感を持っている事業者も多いようです。

例外の二つ目は、②セーフハーバーです。アメリカとEUはプライバシーの考え方が違うので、実は保護基準が全然違うにもかかわらず、個人情報のやり取りができていました。なぜかというと、このセーフハーバーという取

決めがあり、セーフハーバーの傘の下だとやり取りをしてもよいという話になっていたのです。それが平成27年10月、セーフハーバーはEUのデータ保護指令に違反するという判決が出てしまい、このままだと、個人情報のやり取りができなくなるため、大急ぎで新たに、プライバシー・シールドという新たな取決めをアメリカ政府とEUとの間で行っています。このプライバシー・シールドが違反ではないのか、というのはまだ分からないという話もありますが、アメリカもEUも個人データのやり取りができないと大変なことになるというのは分かっているので、セーフハーバーがダメになるとすぐに、このプライバシー・シールドというのを結んだわけです。

　ちなみにセーフハーバーがダメと判断された理由というのは、以下のようなものです。アイルランドの個人が、Facebook（Facebookというのは実はプライバシーポリシーをよく読むとアイルランドに置いてあると書いてあります）を訴えました。その理由は、Facebookに自分の情報を渡していると、セーフハーバーでアメリカに自分の情報が渡るが、スノーデン事件により、アメリカ政府が勝手に使えることが分かったではないか、それは個人情報をきちんと保護していると言えるのかというものでしたが、EUの裁判所が、その言い分を認めたということなのです。これに鑑みると、日本では個人情報に関して、事業者の話しかしていませんが、EUでは国との関係も考慮しているということが分かります。

　③SCC（スタンダード・コントラクチャル・クローズ）というものも、域外移転の場合に適用可能です。この契約をしている事業者との間ではデータのやり取りをしてもよいというもので、日本の事業者は、ほとんどこれで対応しているのではないかと言われています。SCCはEUのデータ保護委員会のホームページに載っているので、検索してもらえれば出てきます。

　④拘束的企業準則（BCR）でも域外移転は可能であり、グローバルな会社はこれによりグループに適用される全世界的な一つのルールを決めて、グループ間のデータのやりとりを可能にしていると言われています。ただ、これは費用がすごく高いらしく、それほど多くの企業グループがこれを利用しているわけではありません。日本ではようやく1社申請したぐらいという状況のようです。

あとは、⑤同意はよいとして、⑥認証と⑦行動規範というのがデータの保護規則で認められています。認証というのは要するにPマークというようなものを検討しましょうということですが、PマークはまだEUと相互認証できていないので、Pマークを取っているからここでOKとは言えません。今、日本でCBPR（クロス・ボーダー・プライバシー・ルール）という規格ができて認証をしているのですが、Pマークも認証している一般財団法人日本情報経済社会推進協会（JIPDEC）が行っています。ただ、CBPRも今入っているのが日本とTRUSTeの二つしかないらしく、なかなか広がらない状況のようです。

ちなみに、実際にどんなことで課徴金をかけられているかというと、最近では2016年にフランスでGoogleが「忘れられる権利」を侵害したということで、10万ユーロの課徴金がかけられています。また、やはり2016年にドイツでFacebookの「いいね！」ボタンを押したときにそのデータを勝手に取っていたというので、25万ユーロの課徴金かけられているという事例もあります。イギリスはEUを出てしまうので、今後どうするのか、というのも注目されています。

5 まとめ

最後に少しまとめますが、個人情報の改正についてはまだ流動的ですから、個人情報保護委員会のホームページなどをなるべくこまめにチェックしておいたほうがよいかもしれません。

また、国際的動向として、まさかレジュメを作ったときは本当にイギリスがEUを出てしまうとは思いませんでしたが、このような話もあるので、国際的動向、CBPRの辺りなどに注意していただく必要がありそうです。

最後に、個人情報保護法を守っていてもプライバシー侵害は起こり得ます。個人情報保護法には違反してないと思っていたとしても、一旦問題が炎上するとなかなか止まりませんので、問題になりそうだと思ったら何らかの措置をしておいたほうがよいです。オプトアウトの機会を設けるだけでもだいぶ違うので、その辺りのことをあらかじめ検討するというところが大事かなと思います。

レジュメ

Ⅲ 個人情報保護（法改正、マイナンバー）

弁護士　上沼　紫野

目　次

1. 個人情報保護法
2. 個人情報保護法の改正
3. マイナンバー
4. EUデータ保護規則

1．個人情報法

(1) 個人情報保護法の体系

個人情報保護法は公法

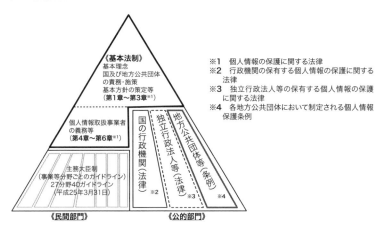

※1　個人情報の保護に関する法律
※2　行政機関の保有する個人情報の保護に関する法律
※3　独立行政法人等の保有する個人情報の保護に関する法律
※4　各地方公共団体において制定される個人情報保護条例

（出典）内閣府資料

Ⅲ　個人情報保護（法改正、マイナンバー）

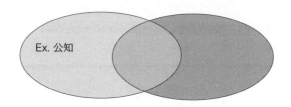

(2)　法の定める義務の内容

情報データの種別			要求される業務の内容	該当条文
個人情報（個人情報取扱業者は個人データでなくても負っている義務）	個人データ（個人情報データベース等を更正する個人情報）	保有個人データ（開示、内容の訂正等のできる権限を有する個人データ）	利用目的の特定	15条
			利用目的による制限	16条
			適正な取得	17条
			利用目的の通知等	18条
			データ内容の正確性の確保	19条
			安全管理措置	20条
			従業者の監督	21条
			委託先の監督	22条
			第三者提供の制限	23条
			保有個人データ事項の公表	24条
			上記開示	25条
			上記訂正等	26条
			上記利用停止等	27条

(3) 問題となる場面（スイカ問題を例に）

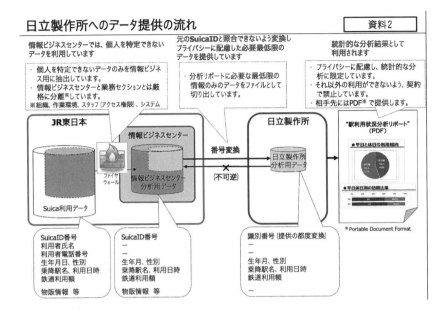

（出典）JR東日本のニュースリリース

(3.1) 論点
① 個人情報とは？
氏名到達性と一般的に言われているが？
(156回衆議院個人情報の保護に関する特別委員会平成15年4月17日カーナビの例)
② 個人情報の第三者提供は
誰を基準に「個人情報」と判断するのか
Q Aにとって識別性を具備する情報を、これを具備しないBに提供する場合に第三者提供の制限にあたるか？

Ⅲ　個人情報保護（法改正、マイナンバー）

　　(3.2)　検　討
　　　①　個人情報とは？
　　「パーソナルデータ」vs「個人情報」
　　　　個人情報に限らず、位置情報や購買履歴など広く個人に関する個人識別性のない情報を含む
　　　　　　→　プライバシーへの配慮
　　「個人識別性がないように加工するとは？」
　　　　　一般的には統計化（削除・変換）
　　　　　データの特性上、「1」になる場合は？
　　　　　K匿名化とは？
　　　②　第三者提供を行うためには？

(4)　安全管理措置（20条）
　　・個人データの安全管理のために必要かつ適切な措置
　　　　具体的には　　組織的安全管理措置（規程・手順書の整備）
　　　　　　　　　　　人的安全管理措置（従業員の教育、秘密保持）
　　　　　　　　　　　cf.　21条従業者の監督　22条委託先の監督
　　　　　　　　　　　物理的安全管理措置（入退室の管理等）
　　　　　　　　　　　技術的安全管理措置（システムへのアクセス制御等）

　　(4.1)　委託の場合
　　　安全管理措置の具体化
　　　22条　委託先の監督（ユーザー自身に要求される義務）
　　　　①　委託先を適切に選定すること（事前に安全管理措置を確認）
　　　　②　委託先に安全管理措置を遵守させるために必要な契約を締結すること
　　　　③　委託先における委託された個人データの取扱状況を把握すること

　　(4.2)　契約に盛り込むべき内容（経産省ガイドライン）
　　　・委託元及び委託先の明確化（委託先責任者等）
　　　・個人データの安全管理に関する事項
　　　　➢個人データの漏えい、盗用禁止
　　　　➢委託契約範囲外の加工・利用、複写・複製の禁止
　　　　➢委託契約期間
　　　　➢契約終了後の個人データの返還・消去・廃棄に関する事項

・再委託に関する事項（事前報告又は承認、再委託先の監査）
・個人データの取扱状況に関する報告（内容・頻度）
・契約内容遵守の確認（監査など）
・契約内容不遵守の場合の措置（損害賠償等）
・事故発生時の報告・連絡

(4.3) 安全管理措置の程度
　　対象たる情報が機微情報
　　　→　要求される安全管理措置のレベルは高くなる
cf.　経産省ガイドライン
・漏えい等の場合に本人が被る権利利益の侵害の程度を考慮
・事業の性質及び個人データの取扱状況等に起因するリスクに応じた
　　→　必要かつ適切な措置
　　　　総合的に考慮（ワン・ゼロの世界ではない）
Q　国外へ委託する場合は？

(4.4) 違反の場合
　　個人情報保護法違反が直ちに損害賠償とはならないが…
　　プライバシーの侵害として問題になり得る
　　情報漏えいの場合の損害賠償例
　　　　機微性の高さによって異なる
・講演会名簿提出事件（東京高判平16・3・23）：5000円
・ISPサービス加入者の個人情報流出（大阪地判平18・5・19）：5000円
・住民基本台帳データ流出（大阪高判平13・12・15）：
　　　　　　　　　10000円（＋5000円弁護士費用）
・エステティックサロンデータ（東京地裁判平19・2・8）：
　　　　　　　　　30000円（＋5000円弁護士費用）

Ⅲ　個人情報保護（法改正、マイナンバー）

2．改正個人情報保護法

平成27年8月28日成立　公布）平成27年9月9日

	2015年上半期	2015年(H27年)下半期	2016年(H28年)上半期	2016年下半期	2017年(H29年)上半期
国会関係	改正個人情報保護法成立	同意人事	個人情報保護委員会設置		改正個人情報保護法全面施行（権限一元化）※
施行準備		内閣官房：政令案の検討等／周知広報		委員会規則・ガイドライン等の策定／周知広報	
法執行		消費者庁：現行法の所管／主務大臣		改正法の所管／現行法に基づく監督	改正法に基づく監督

※「公布の日から起算して二年を超えない範囲内において政令で定める日」から施行。

1．個人情報の定義の明確化		
	個人情報の定義の明確化 第2条第1項、第2項	特定の個人の身体的特徴を変換したもの（例：顔認識データ）等は特定の個人を識別する情報であるため、これを個人情報として明確化する。
	要配慮個人情報 第2条第3項	本人に対する不当な差別又は偏見が生じないように人種、信条、病歴等が含まれる個人情報については、本人同意を得て取得することを原則義務化し、本人同意を得ない第三者提供の特例（オプトアウト）を禁止。
2．適切な規律の下で個人情報等の有用性を確保		
	匿名加工情報 第2条 第9項、 第10項、第36条〜第39条	特定の個人を識別することができないように個人情報を加工したものを匿名加工情報と定義し、その加工方法を定めるとともに、事業者による公表などその取扱いについての規律を設ける。
	個人情報保護指針 第53条	個人情報保護指針を作成する際には、消費者の意見等を聴くとともに個人情報保護委員会に届出。個人情報保護委員会は、その内容を公表。
3．個人情報の保護を強化（名簿屋対策）		
	トレーサビリティの確保 第25条、第26条	受領者は提供者の氏名やデータ取得経緯等を確認し、一定期間その内容を保存。また、提供者も、受領者の氏名等を一定期間保存。
	データベース提供罪 第83条	個人情報データベース等を取り扱う事務に従事する者又は従事していた者が、不正な利益を図る目的で提供し、又は盗用する行為を処罰。

4. 個人情報保護委員会の新設及びその権限	
個人情報保護委員会 （H28.1.1施行時点） 第50条〜第65条 （全面施行時点） 第40条〜第44条、第59条〜第74条	内閣府の外局として個人情報保護委員会を新設（番号法の特定個人情報保護委員会を改組）し、現行の主務大臣の有する権限を集約するとともに、立入検査の権限等を追加。（なお、報告徴収及び立入検査の権限は事業所管大臣等に委任可。）
5. 個人情報の取扱いのグローバル化	
国境を越えた適用と外国執行当局への情報提供 第75条、第78条	日本国内の個人情報を取得した外国の個人情報取扱事業者についても個人情報保護法を原則適用。また、執行に際して外国執行当局への情報提供を可能とする。
外国事業者への第三者提供 第24条	個人情報保護委員会の規則に則った方法、または個人情報保護委員会が認めた国、または本人同意により外国への第三者提供が可能。
6. その他改正事項	
オプトアウト規定の厳格化 第23条第2項〜第4項	オプトアウト規定による第三者提供をしようとする場合、データの項目等を個人情報保護委員会へ届出。個人情報保護委員会は、その内容を公表。
利用目的の制限の緩和 第15条第2項	個人情報を取得した時の利用目的から新たな利用目的へ変更することを制限する規定の緩和。
小規模取扱事業者への対応 第2条第5項	取り扱う個人情報が5,000人以下であっても個人の権利利益の侵害はありえるため、5,000人以下の取扱事業者へも本法を適用。

（出典）内閣官房法案資料

(1) 個人情報の定義（内閣官房　法律案骨子資料）

Ⅲ 個人情報保護（法改正、マイナンバー）

(2) 匿名加工情報（内閣官房　法律案骨子資料）

(3) 個人情報保護強化

① トレーサビリティの確保（名簿屋対策）
・第三者提供の確認・記録作成の義務づけ（提供・受領共に）
・不正な利益を図る目的による個人情報データベース等提供罪

② オプトアウト規制の見直し
・オプトアウトによる第三者提供の場合、委員会規則により
下記事項を公表し、委員会に届出
a. 第三者提供を利用目的とすること
b. 提供される個人データの項目
c. 第三者提供の方法
d. オプトアプトができること及びその方法

(4) グローバル化対応（内閣官房　法律案骨子資料）

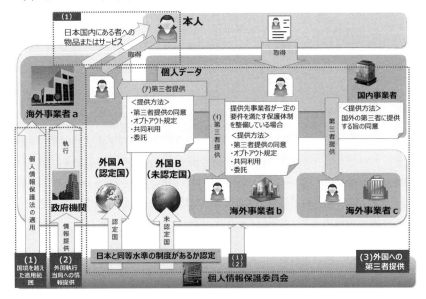

3. マイナンバー

(1) マイナンバー法
行政手続における特定の個人を識別するための番号の利用等に関する法律

(2) 構成
マイナンバーの取扱いは、個人情報保護法の特則
個人番号（マイナンバー）を含む情報　→　特定個人情報

特定個人情報　→「個人情報保護法」＋「マイナンバー法の規制」

(3) 弁護士業務とマイナンバー
(A) 業務に関する金銭の授受に関し
① 支払を受ける者として
→　マイナンバーのクライアントへの提出（支払調書に記載される）
cf. 弁護士会からの通知に、「マイナンバー通知」を捨てるな

Ⅲ　個人情報保護（法改正、マイナンバー）

　　② 外注先への支払
　→　マイナンバーの収集・管理・利用（支払調書に記載する）
　　　源泉義務を負っていない弁護士は、不要
　　(B) 使用者として
　　　従業員への支払等

(4) **一般の事業者**
　個人番号を取り扱う民間事業者（個人番号関係事務実施者）

　　　　　　　　　　個人番号利用事務実施者（行政機関等）
　具体的には
　　・税務署・市区町村に提出する源泉徴収票・支払調書・提出書・報告書
　　・社会保険関係で行政機関に提出する書面
　　　（雇用保険、健康保険、厚生年金など）
　　　ただし、当該事務のために必要な限度でのみ、マイナンバーを使う
　　　目的外利用の禁止
　　　企業自体は、「法人番号」を持つ

(5) **マイナンバーが関係する場面**
　　① 個人番号・法人番号の収集の場面
　　　　提出書類に記載が求められる
　　② 利用・情報管理上の義務
　　　　漏えい等に対する罰則（両罰規定あり）
　　③ 帳票等への出力と行政機関等への提出

　(5.1) 収集場面の義務①
　　・従業員
　　・従業員の扶養家族
　　・取引先のうち一定の者
　　　法定調書の発行が義務づけられる者
　　・支払調書
　　・不動産の使用料、譲受けの対価、売買又は貸付斡旋料等の支払調書
　　　注）本人に交付する支払調書へのマイナンバー記載はNG

(5.1) 収集場面の義務②
(1) 収集・提供の制限
 （個人番号取扱事務以外のために個人番号を収集してはらなない）
　 ex　住民票の提出を求める場合（個人番号欄はマスキングを要す）
　　　　所得証明書類としての源泉徴収票の提供（マスキングを要す）
　　　　裁判所提出書類にも注意（破産、離婚等で使う可能性）

(2) 利用目的の通知……<u>外注先に提出する必要があり</u>
　 マイナンバー取得の際に、利用目的を特定して明示
　 ex　源泉徴収票作成事務、健康保険・厚生年金保険届出事務
　　　　支払調書
　　　　まとめて目的を明示するのは可能
　　　　個々の提出先の明示は不要

(5.1) 収集場面の義務③
　 本人確認（取得の都度要求される）
(1) 番号の確認（正しい番号であることを確認）
(2) 身元確認（手続を行っている者が番号の正しい持主であること）
　　　→　従業員等本人であることが分かっていれば省略可

　 例）　個人番号カード：(1)及び(2)を兼ねる
　 (1) 通知カード、住民票（番号付き）
　 (2) 運転免許証、パスポート

代理人による提出の場合も、代理権、代理人の身元（実存）を確認

(5.2) 利用情報管理の場面①
① 第三者提供の禁止
　 （個人情報保護法23条は適用にならず。同意があってもNG
　 　出向・転籍の際に出向・転籍先の会社に提供することもNG）
② 安全管理措置（特定個人情報の適正な取扱いに関するガイドライン（事業者編））

Ⅲ　個人情報保護（法改正、マイナンバー）

（出典）内閣官房マイナンバー資料

(5.2) 利用情報管理の場面②
・個人情報保護法の情報管理体制からの変更必要点
　① 書類・データの削除・廃棄
　　　個人番号関係事務を実施する必要がなくなり、法定保管期間が経過すれば
　　　　個人番号の削除・廃棄が必要
　　　　削除・廃棄についての記録が必要
　② システムログ又は利用実績の記録
　　　取扱規程等に基づく運用状況を確認するため
　③ 特定個人情報ファイルの取扱状況を確認するための手段
　　　ex　取扱台帳
　④ 取扱区域における物理的安全管理措置

(5.2) 利用情報管理の場面③
・中小企業の軽減措置
　従業員が100人以下及び以下に該当しない
　・個人番号利用事務実施者
　・委託に基づいて個人番号関係事務・利用事務を業務として行う事業者
　・金融分野の事業者及び個人情報取扱事業者
・軽減内容
　✓取扱規程等の策定が義務ではない
　　　特定個人情報等の取扱いを明確化し、取扱事務担当者が変更になった場合確実な引継ぎ及び責任者が確認
　✓組織的安全管理措置の中で求められるシステムログ・利用実績の記録・取扱状況の確認手段が軽減
　✓物理的安全管理措置の多くが軽減

・中小企業の軽減措置
組織的安全管理措置比較

項目	内容	中小規模事業者
組織体制の整備	安全管理措置を講じるための組織体制を整備	事務取扱担当者が複数いる場合、責任者と事務取扱担当者を区分することが望ましい
取扱規程等に基づく運用の確認	システムログ又は利用実績を記録	特定個人情報等の取扱状況の分かる記録の保存
取扱状況確認手段の整備	特定個人情報ファイルの取扱状況を確認するための手段の整備	
情報漏えい等事案に対応する体制の整備	・適切かつ迅速に対応するための体制の整備。 ・二次被害の防止、理事事案の発生防止等の観点から、事実関係及び再発防止策等を早急に公表（事案に応じる）	責任者への連絡体制等の確認が望ましい
取扱状況の把握及び安全管理措置の見直し	PDCAサイクル	責任者が定期的に点検

物理的安全管理措置比較（中小企業軽減措置）

項目	内容	中小規模事業者
特定個人情報等を取り扱う区域の管理	以下を明確にし、物理的な安全管理措置を講じる。 ・「管理区域」＝特定個人情報ファイルを取り扱う情報システムを管理する区域 ・「取扱区域」＝特定個人情報等を取り扱う事務を実施する区域	
機器及び電子媒体等の盗難等の防止	管理区域及び取扱区域における特定個人情報等を取り扱う機器、電子媒体及び書類等の盗難又は紛失等を防止するために、物理的な安全管理措置を講じる。	
電子売買等を持ち出す場合の漏えい等の防止	持出に際し、容易に個人番号が判明しない措置の実施、追跡可能な移送手段の利用等安全な方策を講じる。（事業所内でも、管理・取扱区域外とへの移動が該当）	特定個人情報等が記録された媒体を持ち出す場合、パスワードの設定、封筒に封入し、鞄に入れて搬送するなど、紛失盗難等を防ぐための安全な方策を講じる。
個人番号の削除、機器及び媒体の廃棄	・事務の必要がなくなり、保存期間が満了したら、ASAPで個人番号を復元できない方法で削除・廃棄。 ・削除した場合、その記録を保存。作業を委託する場合、証明書により確認。	責任者による確認

Ⅲ 個人情報保護（法改正、マイナンバー）

技術的安全管理措置比較（中小企業軽減措置）

項目	内容	中小規模事業者
アクセス制御	事務取扱担当者及び取り扱う特定個人情報ファイルの範囲を限定するための適切なアクセス制御	・取り扱う機器を特定し、その機器を取り扱う事務担当者を限定することが望ましい。 ・ユーザーアカウント制御等による事務取扱担当者の限定が望ましい。特定個人情報等の取扱状況の分かる記録の保存
アクセス者の識別と認証	特定個人情報等を取り扱う情報システムは、事務取扱担当者が正当なアクセス権を有する者であることを、識別した結果に基づき認証。	
外部からの不正アクセス等の防止	不正アクセス又は不正ソフトウェアから保護する仕組みを導入し、適切に運用	
情報漏えい等の防止	特定個人情報等をインターネット等により外部に送信する場合、通信経路における情報漏えい等を防止するための措置を講じる。	

(5.2) 利用情報管理の場面④
委託の場合(1)

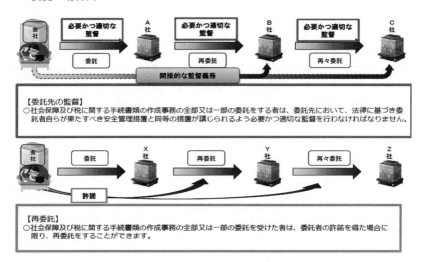

(出典) 内閣府マイナンバー

委託の場合(2)
    委託先における安全管理措置
    (個人情報保護委員会ガイドライン)
    → 必要かつ適切な監督
        ① 委託先の適切な選定
            (自ら果たすべき安全管理措置と同等の措置が講じられていることの確認)
        ② 委託先に安全管理措置を遵守させるために必要な契約の締結
        ③ 委託先における特定個人情報の取扱状況の把握
            (再委託の場合、再委託先に対しても間接的に監督義務を負う)

委託の場合(3)
    契約における注意事項
    ① 委託先の安全管理措置を義務づける
    ② 再委託に関しては、委託元の同意を要する旨を記載
    ③ 委託先の書類・データの削除・廃棄に際し、証明書等の発行を義務づける
    ④ その他盛り込むべき内容(ガイドライン)

盛り込むことが義務	①秘密保持 ②事業所内からの特定個人情報の持出の禁止 ③特定個人情報の目的外利用の禁止 ④再委託における条件（同意の要求を含む） ⑤漏えい事案等が発生した場合の委託先の責任 ⑥委託契約終了後の特定個人情報の返却・廃棄 ⑦従業者に対する監督・教育 ⑧契約内容の遵守について報告を求める規定
盛り込むことが望まれる	⑨特定個人情報を取り扱う従業者の明確化 ⑩委託者が委託先に対して実施の調査を行うことができる規定

委託の場合(4)
    個人情報保護法上の監督に追加して求められる事項
    (個人情報保護委員会Q&A3-2)
        ・個人番号を取り扱う事務の範囲の明確化
        ・特定個人情報等の範囲の明確化
        ・事務取扱担当者の明確化
        ・個人番号の削除、機器及び電子媒体等の廃棄

        → 上記は、国外の事業者へ委託する場合も同じ (Q&A3-3)

Ⅲ　個人情報保護（法改正、マイナンバー）

委託の場合(5)
　　クラウドサービスを利用する場合
　　　個人情報保護委員会　ガイドラインQ&A

　Q3-12　特定個人情報を取り扱う情報システムにクラウドサービスを利用
　　　　していたら、委託に該当するか？
　A　個人番号をその内容に含む電子データを取り扱うかどうかが基準（取り
　　扱わない場合は、事務の委託ではない）

取り扱わない場合とは？
・契約条項によって当該事業者が個人番号をその内容に含む電子データを取
　り扱わない旨が定められている
・適切にアクセス制御が行われている

クラウドに関係するガイドライン(2)
　Q3-13　クラウドサービスが番号法上の委託に該当しない場合、クラウド
　　　　サービスのユーザーがクラウドサービス事業者に対し、監督を行
　　　　う義務は課せられないか？
　A　クラウドサービスが番号法上の委託に該当しない場合、委託先の監督義
　　務は課せられないが、クラウドサービスの利用者は、自ら果たすべき安
　　全管理措置の一環として、クラウドサービス事業者内にあるデータにつ
　　いて、適切な安全管理措置を講ずる必要がある。

4．EUデータ保護規則

(1)　概　要
　EUデータ保護指令を強化
　・制裁金導入
　・越境データ条項増加
　・2018年5月25日より適用

(2) 適用範囲
　EU内の管理者又は処理者の拠点と関係する活動に関し、若しくは、管理者がEU内に拠点を置かない場合、EU内に居住するデータ主体の個人データ処理（商品・サービスの提供、プロファイリングに関する場合）に適用

(3) 制　裁
　2000万ユーロ以下又は企業グループの前事業年度の全世界年間売上高の4％以下のいずれか高いほう

(4) 移　転
　域外への個人データの移転は原則として違法
　例外）
　　① 移転先の国・地域に十分性が認められた場合
　　② セーフハーバー/プライバシー・シールドがある場合
　　③ SCC（認められた標準契約条項を採用
　　④ 拘束的企業準則（BCR）を採用
　　⑤ 同意（ただし、極めて制限的）
　　⑥ 認証
　　⑦ 適切な保護措置としての行動規範の採用

まとめ

　1　極めて流動的
　　　→　個人情報保護委員会に注目
　2　国際的動向にも注意
　3　レピュテーションリスクにも注意

Ⅳ　電子商取引に関する諸問題

弁護士　上沼　紫野

※本章の情報は、研修講座当日（平成28年7月4日）現在のものです。

Ⅳ 電子商取引に関する諸問題

　こんばんは。本日は電子商取引に関する諸問題ということで、雑多なお話をさせていただこうかなと思います。

　今日お話しさせていただく大体の項目としては、電子商取引プロパーの契約に関する問題、支払手段に関する問題、それから、(電子商取引に限らないのかもしれませんが、)広告に関する問題、電子商取引などでウェブ上に掲示板などを設置している場合の情報媒介者としての責任などです。

1　契約上の問題

(1)　利用規約

　大概、電子商取引の場合には相手方が不特定多数という関係から、契約書についてはいわゆる約款といわれる一定のものを作成してウェブ上に置いておくということがほとんどだと思われます。その利用規約を作成するときのポイントをいくつかお話ししたいと思います。

ア　利用規約におけるポイント

　①の利用契約の成立・変更については、取引相手が不特定多数であることを前提に考えないといけないということになります。そうすると、規約の変更の場合、相手の同意を個別に取るのは煩雑になりますので、普通は規約の変更条項を予め入れておくというようなことになろうかと思います。ただ、後で少しご説明しますが、債権法改正の中に定型約款の規定があるので、どうせなら今から検討をしておいたほうがよいのではないかと思います。

　また、オンラインの取引ですから対面では取引をしないため、普通はIDとパスワードで契約相手を特定するという形になりますから、②のIDとパスワードの管理についての条項が必要になります。特に、勝手に第三者がIDとパスワードを使ってしまった場合という場合の、「みなし条項」を入れておくのが、一般的に行われている慣習だと思います。

　とはいえ、セキュリティ対策を全くしておらず、そもそもIDとパスワードが漏れたのが自分のサイトからだということになれば、このみなし条項での免責が有効かというのは別途問題になります。したがって、適切なセキュリティ対策も当然しておくことが前提になってきます。

　また、普通は継続してお取引をいただくということを前提にしているので、

③の会員の禁止条項・ペナルティ、登録の取消しなどの条項を入れていくということが通常行われています。特に、掲示板等を設置している場合には、ウェブサイトの管理者としての責任が出てきますので、ユーザーの行為に関する免責なども、通常入れています。

イ　民法改正

　民法の改正で定型約款がどうなっているかという点について説明します。まず約款の要件というのが、「不特定多数の者を相手方とする取引で」「画一的な内容であることが双方にとり合理的」で、この約款が「契約の内容とすることを目的として準備された条項」となっています。

　オンラインの取引の利用規約には、この定型約款の要件がほぼ当てはまるということになりますから、オンライン取引の利用規約はこの約款の条項の条文の適用を受けるということになります。

　この定型約款について、民法改正では、以下のような条項については、「合意がなかったとみなされる」となっています。一点目は、「相手方の権利を制限又は義務を加重し」「信義則に反し相手方の利益を一方的に害する」条項です。この条項は消費者契約法10条とほぼ同じ書きぶりになっていますが、消費者契約法では無効とされているところ、定型約款は無効ではなくて合意がない、となっているところがちょっと違っています。ただ、効果として取引の相手に対してこの条項を強制できないという意味ではほぼ同じ形になります。

　したがって、現在でも消費者契約法の条項を意識していれば、改正が適用になったとしても、それほど心配しなくてもよいところになります。

　むしろ、改正で注意すべきは、変更の部分です。変更については、「変更が相手方の一般の利益に適合」し、「変更が契約の目的に反せず、変更が合理的」であるという場合に変更が可能であるとされています。

　「変更が合理的」であるというときの合理性の判断要素として、変更の必要性、相当性、変更することがある旨の定めの有無及びその内容、その他の変更に係る事情というものが考慮されると書いてあります。

　ということは、「変更をすることがある」と書いてあるからといって、変更が常に有効だとは限りませんが、「変更することがある」と書いておいた

Ⅳ　電子商取引に関する諸問題

ほうが、合理性が認められやすいことにはなりますので、もし、そのような規定がないのであれば、入れておいたほうがよいということになります。

変更に際して今でも一般的に行われている運用とは、変更が直ちに有効だとはなかなか言い難いので、変更した後に一定期間登録を取り消さない、変更をした後に改めて取引をしているといった別の事情を考慮し、これらの事実があった場合、変更が有効である旨を規定している場合が多いのではないかと思います。

上記のような規定であれば、先ほど説明した変更の合理性が認められやすいと思われます。

また、約款、利用規約の関係で、少し気を付けていかなければいけないこととして、消費者裁判手続特例法が、平成28年10月1日から施行になります。消費者裁判手続特例法は、直ちに利用規約と関連するわけではないのですが、オンライン取引が不特定多数の者を相手方とする取引であるということを考えれば、消費者裁判手続特例法と親和性が高いものになりますので、そういう意味でも利用規約の内容があまりに不合であれば、その消費者裁判手続特例法による訴訟の対象になる可能性があるということも念頭に置いておく必要があると思います。

先ほどこの利用規約のポイントのところで説明をし忘れたのですが、オンラインの取引で意外と問題になっているのが未成年に関してです。未成年は契約の取消しが可能ですので、未成年を相手にしない、あるいは未成年でないことを確認するためにどうするのかということを、オンライン取引の事業者は考える必要があります。

未成年といっても18歳ぐらいからいわゆるお小遣いの範囲、使えるお金の範囲が広くなるので、例えばオークションサイトなどでは18歳を超えていればよいというような書き方をしています。仮に18歳でも成年でもよいのですが、その未成年の確認方法をどうしているかというと、今のところ、「未成年ではありませんね？」「はい」というようなクリックをさせ、クリックをした場合には詐術という主張が可能という構成をするのが一般的ですが、この方法も問題がないわけではありません。

というのは、最近スマートフォンをお子さんもかなり使います。それこそ

1　契約上の問題

4歳、6歳ぐらいのお子さんが、ゲームをしたいから、「はい」「はい」とどんどんクリックしていくわけですね。そのときに、意味が分からずに「はい」とクリックする行為自体が本当に詐術に当たるのかということが現在問題になっているわけです。その辺りは経済産業省の電子商取引及び情報財取引等に関する準則というところで未成年の取引に当たって細かい検討がされており、パブリックコメントにおいて事業者から相当意見が出たりしている部分ではあります。

例えば、クレジットカードの入力などを要求すれば未成年は一般的には持っていないと言えますので、そのような構成をとるなど、何らかの工夫はしておいたほうがよいのではないかというところです。

(2)　取引成立時の問題

電子商取引プロパーの問題として、取引成立時がいつになるかというところで、電子消費者契約法（電子消費者契約及び電子承諾通知に関する民法の特例に関する法律）という法律があり、錯誤と承諾通知の特例を定めています。

民法の場合、承諾は「発信した時」と書いてあるわけですが、電子消費者契約法では「到達した時」に変更されているといいます。

この「到達した時」というのはいつなのかというと、準則では、「相手のメールサーバーに到達した時」ということにはなっているのですが、この立証をどうするかと考えると、かなり難しいと思われます。あまり、議論されていないようですが。

もう1点が錯誤に関する問題です。電子商取引の場合、1個買うつもりで手がすべって「11個」と打ってしまうなどのミスで、そのまま「はい」「はい」と押していって、いざ請求がきたら10倍以上のものが来てびっくりしたというようなことがあり得ます。錯誤ではあるのですが、1個というべきところを間違って11個と書いてしまうのは重過失とされる可能性がありますが、電子消費者契約法では、95条但書は原則適用しない、すなわち消費者に対しては、重過失は原則主張できないとしているわけです。

主張できる場合の例外も合わせて規定されており、一つ目が、「事業者が意思確認措置を講じた場合」です。「11」と打ってしまった後に、もう一回、「11個でいいですね」という確認画面が出ていれば、この例外に当たり、そ

225

れを見過ごして、「はい」「はい」とクリックしてしまったのであれば、それは消費者が悪いでしょうという話ですね。

　もう一つは、「いや、確認措置なんて要らないんです」と消費者本人が言っている場合です。予め、本人が確認措置がなくても早く取引を終えたい、と主張しているような場合にまで本人を保護する必要がないとは言えるでしょうが。

　電子消費者契約法は実体法の規定ですが、これを行政法から支えているのが特定商取引法です。特定商取引法では「顧客の意に反して申込みをさせようとする行為」が禁止されています。「顧客の意に反して申込みをさせようとする行為」とは、「契約の申込みであることが容易に認識できない」、よくあるワンクリック詐欺みたいなものですね、取りあえず登録してみたら契約が成立したとして料金が課される場合などは典型例だと思います。それから、「確認・訂正の機会がない」のも、この禁止行為に当たります。この「確認・訂正の機会がない」というのが、電子消費者契約法の意思確認措置を行政法的に支えている部分ということになります。

　「インターネット通販における「意に反して契約の申込みをさせようとする行為」に係るガイドライン」というものが出ており、こういう場合は駄目、こういうふうにウェブサイトを作ってほしいといったことが、細かく書かれています。

　レジュメ3頁の図は電子消費者契約法ができたときの法律案の解説書なのでだいぶ古いものですが、事業者で講じるべき措置の内容について説明しています。「買い物かごに入れる」のところに数字を入れ、そのまま取引終了まで行ってしまうと、確認画面がないということで消費者から錯誤無効の主張がされてしまいますが、一旦「これでいいですね」という確認画面が出て、クリックすれば申込みだということが明確になっていれば、事業者としては錯誤無効の主張に対し、重過失を主張できるということになります。

(3) 未成年に関して

　未成年に関する注意ですが、「対面ではないので、年齢確認が難しい」というのは先ほど説明したとおりですが、事業者としては、「利用可能年齢の制限」があるものの提供についても注意が必要です。特に、酒・タバコ、そ

して映像送信型性風俗営業（ビデオがストリーミングで見られるものですね）、出会い系サイト規制法などで、年齢確認が必要とされます。出会い系サイト禁止法では、児童と書かれているので18歳未満ですが、18歳未満が出会い系サイト上で異性交際を求める書き込みをすることは禁止されていますし、対価を示して異性交際を求める旨だと処罰の対象となっており、出会い系サイトの事業者には年齢確認義務が課せられています。

また、通常「インターネット利用環境整備法」と略称していますが、「青少年が安全に安心してインターネットを利用できる環境の整備等に関する法律」という長い名称の法律があり、21条に「特定サーバ管理者の努力義務」というものがあります。インターネットで情報発信をするサーバの管理者は、そのサーバを利用して青少年が青少年有害情報にアクセスしないように努力する義務が規定されています。また、青少年有害情報に関するフィルタリングについて、16条、17条、18条に規定があります。スマートフォンになってだいぶフィルタリングの仕組みがゆるくなり、従来に比べるとフィルタリングかかりにくいのですが、今の日本では、コミュニケーションがネット上でできるサービスは青少年有害情報に分類されることが多いので、掲示板などはフィルタリング対象として青少年は閲覧できないということもあり得ます。

2　支払手段に関する規制

オンライン取引では、現金と物の授受が同時履行ということはあまりありませんので、支払手段が問題になります。

(1)　割賦販売法

オンライン取引の支払手段はクレジットカードが一般的です。現在、クレジットカード取引自体にはストレートな規制があるわけではありませんが、平成20年に割賦販売法である程度クレジットに関する規制が強くなっています。ただ、レジュメ4頁の表の「規制範囲の拡大」の欄を見ていただければ分かるとおり、「翌月1回払い」いわゆる「マンスリークリア」といわれる場合には不適用です。普通のオンライン取引ではほとんどの場合、翌月1回払いなので、この場合不適用ということになります。

IV　電子商取引に関する諸問題

　ところが、一括ではなく3回払いなどの支払手段を提供しているとなると、割賦販売法の適用を受けてしまうことになり、行政による監督規定、指定信用情報機関の支払能力調査義務の規定が適用されます。
　今現在、クレジットカードの情報のセキュリティについては強化の方向ですので、セキュリティに関しては、今後問題になってくる可能性は高いと思います。
　クレジットカード取引は、実際に物が到達しなかったり、偽物が到達したりした場合などについては、チャージバックといわれる制度により、クレジットカード会社から支払の返還を求めることができる場合があり、これは消費者にとって便利な制度です。
　海外の事業者が日本語でサイトを作って、日本向けにサービスをするというのが非常に多いのです。日本の消費者の特色として、極めてナイーブというか、あまりオンライン取引でトラブルを経験していない消費者が多いのです。日本の事業者は非常に真面目なので、めったにトラブルが起きないというのも理由なのですが。そうすると海外の悪意ある事業者にとっては、日本の市場はある意味草刈り場になりやすくなります。というのは、日本の消費者は、事業者を疑いませんから、多少日本語が変であったとしても、あまり疑わずに取引をしてしまうのです。ただ、本当に詐欺的な場合であれば、決済手段としてクレジットカードを使うとチャージバックで返金を受けられるのですが、このような悪意ある海外事業者のサイトでは、決済が銀行振込になっており、しかも、振込先が個人の口座になっているというのが多かったのですね。そこで、消費者庁が個人の振込口座に対する取引は危ないですよ、気を付けましょうというようなアナウンスを出したのですが、そのせいか、銀行振込が減ってきて、今は少しずつクレジットカードにシフトしているようです。

(2)　資金決済法

　オンライン取引のときに結構問題になるのはポイントです。楽天でもYahoo！でもTSUTAYAでも、買い物でポイントがたまれば、そのサイトで買い物をするインセンティブができます。
　値引きの対象としてのみ付与されるポイントであれば、資金決済法の対象にはならないのですが、資金決済の適用可能性が簡単に判断できない場合も

あります。この間LINEのポイントというか電子マネーが資金決済法の適用対象になると判断されたというニュースがありましたが、適用対象になるかならないかは、相当大きな問題です。

　例えば予めクレジットでポイントを買い、そのポイントで決済するというような仕組みをとっていると、原則、資金決済法の適用対象になります。買い物に対する特典として付くポイントは資金決済法の適用対象ではないのですが、おまけで付いてくる場合と買えるものが同じ場合、全体的に資金決済法の適用対象になりますから、そこは注意が必要です。

　資金決済法の規制は、商品券や図書券などと同じです。新聞に、「どこどこ発行の商品券を持っている人はいついつまでに申し出てください」という広告がたまに載ることがありますが、これが資金決済法の適用の効果なのです。お金を先に払っており、それに対して本来使えるはずのその商品券を持っているにもかかわらず、その商品券の発行者が倒産してしまうと、消費者としては払ったお金が無意味になってしまいますので、そのような場合でも一定の範囲で返金ができるように、お金を供託しておく必要がある、ということです。

　資金決済法の適用対象になると、自家型といって自分のサイトでしか使えない場合には届出が、自分のサイト以外でも使えるような場合（第三者型）には登録が必要になります。自家型であっても供託はしなくてはならず、発行残高が1000万円を超えたら半年ごとに届出をして半額を供託しないといけません。

　サイトには一定の表示要求があり、①称号・名称、②そのポイントで払える支払可能額、③使用期間／期限、④苦情受付窓口、⑤使用可能施設・場所、⑥注意事項、⑦残高を知る方法、⑧利用に関する約款、説明がある場合はその旨も書かなくてはいけないということになっています。

　供託が必要とされると、ビジネスとしてはキャッシュフロー上、つらいですね。適用を受けない場合として、ポイントの使用期限を6か月にするという方法があります。ただし、ログインすれば延長できる、あるいは買い物をすれば延長になりますというパターンですと、資金決済法の適用対象になりますから、使用期限を6か月にすればよい、というわけではない点に注意が

Ⅳ　電子商取引に関する諸問題

必要です。

「前払式支払手段」の発行の届出なり登録をしているサイトなり事業者というのは、財務局のホームページに行くと見られるので、きちんと登録している業者は確認できます。前払式支払手段を発行していて、使用期限が6か月を超えているのに登録や届出がない事業者の場合、注意が必要です。

ちなみに、この資金決済法は外国事業者が日本の利用者に向けて支払手段を発行することを禁止していますので、外国企業が日本向けに支払手段を発行しようとすると、使用期限を6か月以下にするか、日本に代表者の登録をするか、子会社を作る必要があります。

3　広告における問題

(1)　広告に関する法規制

オンライン取引に特有というわけではありませんが、取引ですから広告に関する規制が重要になってきますので、広告に関する法規制についてのお話をさせていただこうかと思います。

ア　景品表示法

広告といえば、景品表示法が重要です。景品表示法は、皆さんもご案内のとおり、「実際よりも著しく優良・有利である旨の表示等、消費者に誤認を与える不当な表示を禁止」するというものであり、表示というのは、「顧客を誘引するための手段として、事業者が自己の供給する商品又は役務の内容又は取引条件その他これらの取引に関する事項について行う広告その他の表示であって、内閣総理大臣が指定するもの」となっているところ、内閣総理大臣が指定するものの中に「情報処理の用に供する機器による広告その他の表示（インターネット、パソコン通信等によるものを含む。）」となっています。したがって、オンラインの広告も景品表示法の対象になるということが明らかです。「インターネット、パソコン通信等によるものを含む」というのは少し古い感じもしますけれども（パソコン通信という言葉を知っている人も今や少ないのではないでしょうか）……。

関係ガイドラインとして「消費者向け電子商取引における表示についての景品表示法上の問題点と留意事項」というものがあり、後で細かくご説明しま

3　広告における問題

すが、このガイドラインでは、オンライン取引で問題となり得るような広告に関していろいろな検討されています。

　景品表示法で最近問題になったのはオンラインのガチャですね。2年くらい前に、ソーシャルゲームで、コンプガチャが問題になりました。そのときに、景品表示法で「カード合わせ」を制限する旨の告示があり、カード合わせで一定の組み合わせがそろったら商品が当たる、というものは禁止であるとの規定がありました。

　このカード合わせに関する告示は、実質的な考慮が入っておらず、「してはならない」となっていますので、もうストレートに駄目というような話になっているのですね。

　ソーシャルゲーム業界は、このときにいろいろな対策をとっていたのですが、また、似たような問題が起こってしまいました。電子商取引の事業者の特性としては、非常に流行り廃りが激しいということが挙げられ、どうしても次から次へと新しい事業者が出てくるために、同じ問題が繰り返されるのかもしれません。

　特に、景品表示法には課徴金制度が入りますから、「優良誤認表示」「有利誤認表示」の場合に、「一定期間内に裏付けとなる合理的な根拠を占める資料の提出がない場合不当表示と推定」されるということになり、この場合、対象商品・役務の売上額の3％が課徴金としてかかります。しかも、その対象期間は3年間というところなので、この課徴金をかけられると結構な金額になります。

　「自主申告の場合、1/2を減額」するというのは、独占禁止法などのリニエンシーと同じ発想であり、先に言った場合には減額するということで、自主的申出を促すという形になっています。

　また、「自主返金を行った場合、課徴金を命じない又は減額する」というのは、損害賠償と課徴金がダブルでかかってくると事業者としては非常に痛いです。この点、自主返金を行っていれば消費者の損害は回復されているわけですから、そうであれば課徴金を減じてもよいのではないかということで、自主返金を促すことを期待しています。

　施行日が平成28年4月1日ですから、注意が必要です。

Ⅳ　電子商取引に関する諸問題

イ　特定商取引法
a　表示が義務づけられている事項

　特定商取引法には、通信販売だけではなく、訪問販売や連鎖取引などへの規制がありますが、通信販売に関していえば、例えば「表示が義務づけられている事項」が問題となります。

　オンライン取引のウェブ上に、「特定商取引法に基づく表示」を掲載しているサイトが多いですが、これは、必要な表示事項をパターン化して掲載しているということです。

　表示が義務づけられている事項としては、①として販売価格・送料があります。消費者が意図する取引に際し、実際に払わなくてはいけない金額をきちんと明示しなさいということで、送料・手数料がかかる場合、それを最初から書いておかないと駄目だということです。

　②代金の支払時期・支払方法とは、例えば、前払いが必要だということは消費者にとって重要ですから、それはきちんと書いてくださいということです。

　②と③は裏腹な問題でもありますが、商品の引渡しはいつかということです。オンライン取引は必ずしも商品とは限らずダウンロード販売の場合もありますので、そういうものの場合には、「権利の移転時期」あるいは「役務の提供時期」となります。「役務の提供時期」と書いてあるのは、例えば旅行サイトなどです。旅行サイトが行っているのは申込みサービスというか取次ぎサービスですから、「役務の提供時期」という形になってきます。

　旅行サイトで航空券を予約し、その後航空券のキャンセルをしたがお金が返ってこないというトラブルがあるのですが、旅行サイトで行っているのは、予約サービスだけなので、予約を完了させればサイトとしての役務の提供は終わっており、その後キャンセルしたときにお金が返ってくるかこないかというのは、航空会社との関係になります。移転時期とは直接関係はありませんが、そのような意味で、取引を行うサイトで提供されているのは何か、ということは意識しておく必要があります。

　④購入条件については、例えば、申込みの上限が決まっている場合には、それを明示する必要がある、というものです。また、アプリケーションなど

のダウンロード販売などの場合、例えばOSが特定されているのであれば、特定のOSではないと駄目ということをきちんと書いておかないといけません。

⑤返金・返品は重要な問題です。通信販売にクーリングオフが適用になると思っている消費者も多いかもしれませんが、実は、通信販売の場合にはクーリングオフは原則適用ではありません。ただし、通信販売の場合、例えば洋服や靴など実際に届いてみないと体に合うか合わないか分からないというようなことがよくあるので、事実上返品を認めている場合があるわけですね。それはその事業者のサービスとして行っているわけです。うかつに間違えて買ったら返せないと、合わない場合が怖くて買えなくなるので、事実上のサービスとして返品を受け付けているのです。

ただ、注意が必要な点は、返品を受け付けない場合には、その旨を表示する必要があります。以前は、返品に関する規定がなかったので、記載していなかったとしても、「通信販売には返品の規定はありません」で終わりだったのですが、現行法では、返品ができない場合にはその旨を書いておかないと、15条の2（すなわちクーリングオフ）が適用になると書いてあるわけです。ですから、返品を受けたくないと思う事業者は、サイトにその旨を書いておかないと、返品を受け付けなければいけないという状況になります。

　　b　誇大広告の禁止

ここは景品表示法などと重なってくる部分ではありますが、特定商取引法でも規制があります。

　　c　未承諾者に対する電子メール広告の提供の禁止

特定商取引法と通信販売との関係で気を付けておくとよいのは、電子メールの広告です。特定商取引法に、通信販売の広告について「未承諾者に対する電子メール広告の提供の禁止」という条項があります。

皆さん覚えていらっしゃるかどうか分かりませんが、改正になる前は、広告メールを送る場合には「未承諾広告」という表示をしておかないと送ってはいけないとなっており、不要な場合は、オプトアウトを行う形になっていました。オプトアウトされるまでは、「未承諾広告」との記載があれば、送信はできたので、携帯電話などに「未承諾」と書いてある広告が山のように

IV　電子商取引に関する諸問題

来てしまい、インターネットからの携帯電話へのメールを受信拒否にしたという経験を持たれている方が結構多いと思います。「未承諾」との表示があれば、見たくなければメールフィルターなどでソートできるからよいのではないか、という発想だったのです。ところが、メール数はどんどん増加し、かつ、携帯電話の場合は受信者のほうにも通信料がかかってしまうので、そのままでは不合理だ、ということで広告メールはオプトイン規制に変わりました。

　現在は、相手がよいと言わない限りは広告メールを送ってはいけないというのが、原則になっています。よくあるのは、ウェブショップなどお買い物をした際、広告メールの受信というところにあらかじめチェックが入っていて、うっかりそのままクリックするとオプトインがあったということで広告メールが来るようになります。私のプライベートアドレスなんかは、ウェブショップからのお知らせばっかりで最近普通のメールが読めなくなって困っているのですが、きちんとチェックを外さないと、そういうことになってしまうわけですね。

　なお、オプトインだけならよいのですが、オプトインにする以上はきちんと承諾を取ったことを記録、保存しておかなければなりません。これがかなり面倒です。

　また、オプトインについては、それがきちんと分かるようになっていることが必要とされていますが、「電子メール広告をすることの承諾・請求の取得等に係る『容易に認識できるよう表示していないこと』に係るガイドライン」では、必要な表示の仕方などが規定されています。

　さらに面倒なのは、特定商取引法に、「未承諾者に対する電子メール広告の提供の禁止」という規定があるのですが、実は総務省管轄で「特定電子メール法」といわれている法律が別にあります。こちらも広告メールに関する法律に関する規制で、内容はほぼ重なるのですが、一部重ならない部分があり、それがこの保存期間なのです。

　特定電子メール法では、保存期間が原則最後のメールを送信したときから1か月でよいのですが、特定商取引法は3年なのです。ですから、承諾等の記録は、3年保存しておいたほうが安全です。

3　広告における問題

　保存手段は、誰がいつ承諾したかをエクセルのリストで管理するような形でもよい、ということになっており、そのときに例えばウェブ上で承諾をもらったのであれば、そのウェブの画面を保存しておくということになっています。そのウェブの画面が途中で変わったのであれば、その途中で変わったものもとっておかなくてはいけない、あるいはメールで承諾をもらったのであればそのメールのテンプレートをとっておくというような形になっています。

　「特定電子メールの送信等に関するガイドライン」では、保存の仕方や、オプトインの例外の場合などが記載されていますし、逐条解説などもあるので、ご覧になるとよいと思います。

⑵　各種広告手法に関する問題

　インターネットの仕組み、プロパーに関する広告の話をこれから若干させていただこうかなと思います。

ア　ウェブ広告全般

a　形　態

　ウェブ広告全般、よくあるバナー広告を頭に置いてもらえれば結構です。今、広告の仕組みをちょっと説明します。インターネット上にバナー広告のスペースがあり、アドネットワークという広告を配信する元締めみたいな人がいます。「ここに広告スペースが空きましたよ」という連絡をすると、このアドネットワークにいろいろな広告主が広告を登録しているのですが、その中の適切と思われるものを配信するというような仕組みになっているわけです。

　この仕組みがだんだん複雑になってきており、レジュメ7頁の図の広告スペースから先に「RTB」と書いてあるのは何かというと、「Real-Time Bidding」というものです。「広告スペースが空きましたよ」というと、すかさずオークションになり、最も高いお金を出した広告主がここの広告スペースに広告を出すというような仕組みになっています。「DSP」と書いてあるのがデマンドスライドプラットホーム、「SSP」がサプライスライドプラットホーム、要するに、広告スペースを提供する側のプラットホームと広告スペースを要求する側のプラットホームのことです。

Ⅳ　電子商取引に関する諸問題

現在では、広告をどこに出すか、自分のサイトにどんな広告が出るか、今はすごくコントロールしづらい状況になっているということが分かると思います。

　　b　関係事業者

次の図（レジュメ7頁）は、今、デジタル広告でどれだけの事業者が関係しているのかということを簡単に表しているものがウェブにありましたので、それを引用してきました。

左が売主で、右が消費者です。非常に様々な事業者が関わってきているということが、よく分かります。

　　c　注意点

とにかく関係者が非常に多い上に、国外企業の関与も多いという点が注意点です。コントロールがしづらいということは、自分の広告が不適切なサイトに出稿されてしまう可能性や、逆に不適切な広告が自分のサイトに出稿されてしまう可能性がそれぞれあるのです。

少し古いですが、児童ポルノ画像が投稿されたサイトにアフィリエイト広告を仲介したということがサイト運営を幇助しているということで、アフィリエイト広告代理店が児童買春・児童ポルノ法の違反幇助で書類送検されたというケースがありました。そこまで行かなくても、不適切なサイトへの出稿はレピュテーションリスクが結構大きいと思います。

不適切なサイトに出稿がされないようにするために、例えば、きちんとした広告代理店と、具体的な契約をするなどのことが必要となっていると思います。

　　d　対　策

対策としては、出稿の際に信用できる事業者を選択するしかないという話になります。広告業界団体は自主的取組として違法・有害情報の削除依頼を実施後も改善されなかった情報を広告業界団体に提供しています。不適切なサイトといっても、そのユーザーが投稿するのがたまたま不適切なものという可能性もあるため、不適切なコンテンツがあったというだけでは直ちにアウトではなく、削除依頼があったときに速やかに対応するかどうかが重要視されており、速やかに対応してくれるサイトかどうかという情報を広告業界

3 広告における問題

団体に提供しているのです。広告業界団体としては、そういうサイトに出稿するのは控えたほうがよいというブラックリストを作っているわけなので、信用できる事業者であればそのブラックリストに掲載されているサイトには出稿しないということになると思います。

あとは、契約において出稿先のサイトのジャンルを指定するような形である程度出向先をコントロールするなどの方法が考えられます。

イ　ウェブ広告（行動ターゲティング広告）

a　形　態

では、具体的な広告方法で、問題となり得る点を検討します。皆さまがネットで見ている広告は、殆どがこの行動ターゲティング広告といわれるもので、例えば私がネットで見ている広告とうちの同僚が見ている広告は、多分違うものになります。

というのは、行動ターゲティングとは、ユーザーがネット上で行っている行動を記録し、その記録のデータを広告サーバに送り、これに基づいて掲載する広告を決めるという形になっていますから、最近自動車ばかり見ていたという情報が送られれば自動車の広告が出るということになりますし、最近マンションばかり見ていたという情報が送られればマンションの広告が出るというようなことになるわけです。

この行動ターゲティングと先ほどのReal-Time Biddingなどが複雑に絡み合って、自分の前の広告が掲載される形になっています。

b　注意点

行動ターゲティングの問題点は、プライバシーの問題でしょう。自分の情報が知らない間に使われているのは、何となく気持ち悪いというのは割と素直な感覚だと思います。

前回、個人情報とプライバシーの話をさせてもらいましたが、その行動履歴が個人情報であれば、当然個人情報保護法の適用を受けます。ただ、ここでいう行動履歴というのはパソコンのブラウザで特定される履歴なので、それが個人情報なのかどうなのかという、個人情報該当性の問題がここでも出てきます。

個人情報でなくても、パーソナルデータであることは間違いなく、特にス

Ⅳ　電子商取引に関する諸問題

マートフォンなどのパーソナル性の高い機器は、これを常に持ち歩いていますから、ほぼいろいろな情報がそのスマートフォンに全部履歴として蓄積されていることになります。

　本当はそれをうまく使って、霞が関から乗って銀座で降りるという履歴がずっとスマートフォンの中に出ていた場合に、その人に対して、例えば今日の午後8時から銀座でバーゲンがあるというような、利用者のニーズに細かく適した広告が出せれば極めて効果的なわけですね。

　広告事業者としてはこのような利用の仕方をしたいのですが、それを使ってよいのかどうかということがプライバシーの観点で問題になってきます。

c　関係ガイドライン等

　行動ターゲティング広告については、少し古いのですが、「利用者視点を踏まえたICTサービスに係る諸問題に関する研究会」という総務省の研究会で、ライフログ活用サービスに関する検討というものがなされています。ここでは、「配慮原則」を置き、この「配慮原則」を踏まえて各業界に即したガイドラインを作ることが推奨される、とされています。

　こののときに、「何となく気持ち悪い」という、その「何となく」で事業活動が制限されるのも困る、ということで、そのようなことを払拭することも必要である、という観点も含まれています。

　配慮原則のうち、①広報、普及・啓発活動の推進というのは、ユーザー側にきちんとしましょうということで、それと同時に重要視されているのが②透明性の確保です。自分の情報がどう使われているのかをきちんとユーザーに対して明示しなさいということです。この透明性の確保というのは実は自己責任の前提です。世の中には、自分の情報が使われることでサービスが安く提供されるのであれば、自分の情報なんていくら使われても困らないという人たちだっているわけですが、ただ、それでよいかどうかを判断する前提として、どんなふうに使われているかというのが言われていないと選択できません。そこで、利用内容をきちんと開示することが必要になります。

　③利用者関与の機会の確保というのは、先ほどの特定電子メールなどと同じで、オプトアウトできるようにしましょう、「嫌だ」と言ったら使われないようにしましょうという話です。

3　広告における問題

　④適正な手段による取得の確保とは、個人情報保護法の適正な手段の確保と同じであり、嘘をついて取得するなという話です。それから、⑤適切な安全管理の確保は、持っているデータがだだ漏れになるというようなことはやめてほしい、きちんと安全に管理せよ、ということであり、⑥苦情・質問への対応体制の確保は、ユーザーへの対応の体制を整える必要がある、ということです。

　この配慮原則に基づき、一般社団法人日本インタラクティブ広告協会が、「行動ターゲティング広告ガイドライン」というものを作っており、このガイドラインの中で配慮原則をもう少し具体化しています。個人情報保護法の改正や業界の変化などで、適切と考えられる方法も変わっていくでしょうから、業界に即した柔軟なガイドラインが必要とされることになるのですね。

　ウ　キーワード広告（リスティング広告）
　　a　具体例
　最近では、法律事務所でも「東京　債務整理」などでキーワードを買って、サイトの上に掲載される、という広告を利用しているようです。キーワードを買うと、その語が検索された場合、広告が掲載されるという広告方法です。

　レジュメ9頁の図はYahoo!の画面ですが、下のほうの線が実は重要で、この線より上が有料広告、また、この線の右側が有料広告です。この線より下がいわゆる普通の検索エンジンで出てくる検索結果になっています。

　このキーワード広告で、日本ではあまり問題になっていませんが、アメリカで言われていることとして、キーワードでお金を出した結果表示されるものと、通常の検索結果で表示されるものがきちんと区別される必要がある、というものがあり、FTC（Federal Trade Committee連邦取引委員会）からガイドラインが出ています。

　ある意味当たり前の話で、ユーザーとしてはそれが分からなければ、検索結果として、自分の探したい内容だと思うわけですからいわゆるステマと同じことになりますね。

　　b　形　態
　このキーワード広告は、検索エンジンと連動しますので、日本で販売しているのはYahoo!とGoogleくらいでしょうか。MSNなどもありますね。広

Ⅳ　電子商取引に関する諸問題

告主は、あらかじめキーワードを買いますが、このキーワードがオークションになったりしています。みんなが欲しがるようなキーワードであれば、値段がどんどん高くなるのです。

　　c　注意点

キーワードの選定には注意が必要です。というのは、ライバル事業者の商標と同じキーワードを買うことができないわけではないのです。

　　d　裁判例

例えば、欧州司法裁判所で実際にそれが問題になっています。「Googleが、ルイヴィトンという商標を販売しており、これを検索すると、ルイヴィトンの公式サイトではないところが広告に出てくるようになっていました。それだけでも、ルイヴィトンとしては不服でしょうが、一緒に「imitation」というキーワードも売っていたことです。

それはルイヴィトンも怒りますよね。「LV」「imitation」というキーワードで、偽物を扱うサイトの広告が出てくるというのは、普通は「そりゃないよ」とやはり思うわけですよ。そこで、Googleを訴えたというものです。

ところが、欧州司法裁判所は、「検索エンジンはルイヴィトンという商標を『使用』していない」と言いました。というのは、検索エンジンは、問題の語を自らの指定商品、指定サービスを表す商標としては使っていないわけです。ですから、商標を『使用』しているわけではない、として、ルイヴィトンが負けてしまっています。

ところが、アメリカでは逆で、やはりGoogleがキーワードを売っていたのですが、「検索語に基づく推奨は、ランハム法の『使用』にあたる」とされました。

日本における類似の裁判例は、私が調べた限りでは、「石けん百貨」の商標権者が、楽天とYahoo!がその石鹸のキーワード広告を売っていたことが違反だといって訴えたという件がありましたが、判決がまだ出てないみたいなのです。訴えた事業者のホームページに行ったら、「Yahoo！とは和解しました」と書いてあったのですが、楽天については、記載がありませんでした。平成26年9月訴訟提起ですと、そろそろ判決が出ていてもおかしくはないとは思います。

そ の 下 に 書 い て あ る、「メ タ タ グ の 使 用 は 商 標 権 侵 害 と さ れ た」と い う の は、ま た 別 の 話 で す。タ グ と い う の は、ホ ー ム ペ ー ジ を 書 く と き の 言 葉 で す が、簡 単 に い う と、検 索 ワ ー ド を 引 っ か け る た め の タ グ を メ タ タ グ と い い ま す。こ の メ タ タ グ の 問 題 は ホ ー ム ペ ー ジ 上 で は 必 ず し も 見 え て こ な い と い う 点 で す。

メ タ タ グ の 使 用 が 商 標 権 侵 害 か ど う か と い う の が 争 い に な っ た ケ ー ス が あ り、商 標 権 侵 害 と さ れ た の が、東 京 地 判 平 成27年1月29日 で す。た だ、こ れ は 結 構 微 妙 な 裁 判 例 で あ り、原 告 はIKEAで し た。IKEAの 家 具 店 に 行 っ た こ と の あ る 人 な ら 分 か る と 思 い ま す が、倉 庫 の 中 の 何 番 と い う 棚 か ら 探 し て き て ど う だ の こ う だ の と い う 感 じ で、慣 れ な い と 買 い 物 を す る の が 大 変 で し か も 配 送 が な い の で す。こ れ に 着 目 し、IKEAの 買 い 物 代 行 サ ー ビ ス と い う も の を 運 営 し て い た サ イ ト が あ り ま し た。「IKEA　通 販」と 検 索 す る と、そ こ が 表 示 さ れ る と い う の が 問 題 に な っ た の で す。

買 い 物 代 行 で 買 う の は、あ く ま でIKEAの 商 品 で は あ る の で、本 当 は 商 品、サ ー ビ ス の 同 一 性 の 誤 認 が な い の で は な い か と 思 い ま す が、IKEAは 通 販 を し て い な い の で、そ れ が 問 題 に な り ま し た。被 告 が 本 人 訴 訟 だ っ た の で、争 い 方 な ど が、何 と な く「こ う 来 る か な あ」と い う よ う な と こ ろ が 若 干 な く は な い の で す が、純 粋 な 検 索 用 キ ー ワ ー ド と し て の メ タ タ グ が 商 標 権 侵 害 と さ れ て い ま す。

そ の 前 に も、メ タ タ グ に 関 し て、デ ス ク リ プ シ ョ ン（ス ニ ペ ッ ト と い う 言 い 方 も し ま す が、検 索 エ ン ジ ン で 表 示 さ れ た サ イ ト の 説 明 と し て 記 載 さ れ る 短 い 文 章 で す が、サ イ ト 作 成 者 が 設 定 で き ま す）の 部 分 が 商 標 権 侵 害 に な る と 判 断 さ れ た も の は あ り ま す が、こ れ は、検 索 エ ン ジ ン の 結 果 画 面 と は い え、表 示 が さ れ て い ま す の で、純 粋 な 検 索 用 キ ー ワ ー ド で は な か っ た 事 案 で す。

　　e　対　策

キ ー ワ ー ド を 買 う と き に 気 を 付 け る と い う の は も ち ろ ん な の で す が、商 標 権 者 と し て は、買 わ れ た と き に ど う す れ ば よ い の か が 気 に な る と 思 い ま す。た だ、今 の 商 標 法 だ と、こ れ を 規 制 す る の は な か な か 難 し い で す。Google、Yahoo! な ど は、商 標 名 を 広 告 文 中 で 使 用 し て い る 場 合、そ れ を 制 限 す る た め の 仕 組 み を 持 っ て い る の で、こ れ で 文 句 を 言 う し か な い か と 思 い ま す。

IV　電子商取引に関する諸問題

　ただ、上記のとおり、対象としているのは、広告文中で使用している場合ですから、キーワードで買われた場合にはこれでいけるのかどうか、まだよく分かりませんし、今後も分からないところではあります。

エ　ソーシャルメディア

　　a　アフィリエイト

　アフィリエイトについて説明します。広告主とアフィリエイトサービスプロバイダが、自分の商品の広告をアフィリエイトで掲載してくださいという契約をします。アフィリエイトサービスプロバイダが、実際に広告を出すサイトを探し、このアフィリエイトサイトに、広告主用の広告が出ることになり、ここから物が買われると、アフィリエイトサイトにお金が入るという仕組みです。

　ブログなんかで、たまに商品の説明があるもので、その写真にマウスを置いてやると、リンク先のURLに「AF○○」と出てきますが、その「AF○○」というのが、アフィリエイトサイトからリンクされたものなのです。どのサイトから買い物がされたということを特定する必要があるため、アフィリエイトサイトに埋め込まれている広告には特定のURLがリンクされています。私はブログなどで怪しいなと思うと、リンク先を確認してみて、アフィリエイトかどうかを見るようにしています。

　アフィリエイトが問題になるのは、形態としては「ブログその他のウェブサイト運営者が、自己のサイト内に、広告主のサイトなどへのリンクを設置し、当該サイトの閲覧者が、かかるリンクのクリック、商品・サービスの購入等の行為を行った場合に、アフィリエイターに一定の成功報酬が支払われる方式」なのですが、本当の広告なのかブログの人の自分の感想なのかが非常に分かりにくいからであり、景品表示法の適用もどの部分にすべきかが不明確です。

　「アフィリエイターの記載は、表示規制の対象か？」という点に関し、消費者庁のガイドラインでは、アフィリエイターの記載そのものは直接には表示規制の対象ではないとされ、アフィリエイトにリンクする広告部分は、普通のバナー広告と同じ扱いになるので、そこは景品表示法の対象とされています。

3　広告における問題

　ただ、ガイドラインには記載されていませんが、インターネット消費者取引連合会の議事録では、「広告主がアフィリエイターが行う広告表示の決定に関与したか否かによる」、つまり、場合によってはアフィリエイターの書いている内容についても広告主が責任を負わなくてはいけない場合があることが記載されています。

　ところが、本当にそれでよいのかは疑問です。というのは、アフィリエイトの報酬金額を非常に高く設定すると、広告主が広告内容を決定していなくても、アフィリエイターとしては、少しでも自分のところで買ってもらいたいということからどんどんオーバーなことを書く可能性が構造的に生じます。広告主が広告内容を決定したかどうかをメルクマールにすると、このような構造的な問題には対応できないのです。

　対策としては、アフィリエイト先の選定に注意するしかありません。ただ、アフィリエイト先の選定に注意するにしても、広告主は、アフィリエイターと直接契約しているわけではないので、アフィリエイトサービスプロバイダと契約するときに、アフィリエイターの監督義務を負わせる旨の条項を入れるしかないでしょう。

　以前は、アフィリエイトサービスプロバイダのMACという団体が、自ら自主規制を作り、そのような自主規制を守っている団体かどうかということを審査していたのですが、今は動いてないみたいです。

　　b　口コミサイト

　これも似たような話です。口コミサイトでは、「食べログ」みたいなアフィリエイトプロパーではないものもあるのですが、話としては似ています。

　口コミというのはWOM（Word of Mouthの略）ともいいますが、この口コミも先ほどの消費者庁のガイドラインに出ています。

　消費者庁のガイドラインでは、「消費者による口コミ情報は景品表示法の適用対象ではない」ということです。なぜならば、景品表示法の広告というのは、自分の商品、サービスを売るために……というようなことがありますから、自分で売っていない消費者による口コミ情報は景品表示法の対象にはならないわけです。

　ところが、「事業者が、顧客を誘引する手段として、口コミサイトに口コ

IV　電子商取引に関する諸問題

ミを自ら掲載し、又は第三者に依頼して掲載させ、当該『口コミ』情報が、著しく優良又は有利であると一般消費者に誤認されるものである場合」は不当表示として問題となり得ます。

自分で書いたり、あるいは第三者に依頼して掲載させたりしているわけですから、そういう意味では広告主と同じで普通の広告の場合とあまり変わらないので、規制できるのは当たり前の話ですね。

例として消費者庁のガイドラインに実際に書いてあったのですが、「広告主が商品・サービスを宣伝するブログ記事を執筆するよう依頼し、ブロガーに十分な根拠がないのに、『○○をゲット。しみ・そばかすを予防してぷるぷるお肌になっちゃいます。気になる方はコチラ！』と表示させること」はいけないとされているわけです。

ぷるぷるお肌の十分な根拠というのも何だかよく分かりませんが、具体的な記載等は、そのガイドラインを見ると参考になります。

口コミにしても先ほどのアフィリエイトにしても、結局問題となっているのは、「ステマ」といわれるステルスマーケット的な部分で、消費者に宣伝と気付かれないように宣伝を行うというのが、やはりずるいのではないかというのが根底にあると思います。

口コミに関して、WOMマーケティング協議会という自主規制団体の「WOMJガイドライン」というものがあるのですが、そこでは先ほどのキーワード広告についてアメリカの考え方と同様、口コミの発信者とマーケティング主体に関係がある場合にはその関係性を明示すべきというようなことが書かれています。

アメリカのFTC（Federal Trade Committee）も、口コミの場合には広告主と推奨者間の関係性をきちんと明示しておきなさいと言っています。ステルス的な行為が後で分かると、炎上する可能性がありますが、炎上した場合の火消しというのはとても大変です。ですから、炎上を防ぐためにも明示というのは非常に重要だと思います。

　　c　Twitter、Facebook

事業者の従業員がTwitter、Facebookを使っている場合、又は同サービスで企業の公式アカウントが運用されている場合は非常に多いと思います。

3　広告における問題

企業の公式アカウントによる場合と従業員が使っている場合（すなわち個人アカウントの場合）は、考慮すべき点が違いますので、両方を注意しておかないといけません。

　注意が必要な理由としては、極めて即時性があり、伝搬も早いことです。これがメリットとしてはうまくはまれば高い広告効果を生みますが、何かあると、それがデメリットに働き、炎上につながりやすいことになります。

　従業員の私的利用としては、最近では、新潟日報の記者の不注意な投稿を会社が謝ったという事例や、ホテルの従業員が客の情報を書いてしまって炎上した事案など、多数の問題が生じています。

　事前対策としては、アカウントの届出制やモニタリングというものがありますが、これも結構大変だと思います。私的アカウントをいちいち届け出させるというのは、会社としてそこまで要求できるのかというのも微妙な問題ですし、一旦届け出させたのに、モニタリングをしていないということだと意味がありません。しかも、モニタリングも大変です。

　また、就業規則・誓約書による制限も考えられます。就業規則で「秘密情報を開示するな」ぐらいは多分入れていると思いますが、Twitter、Facebookの場合にもこれが該当すると明記しておかないと、それが就業規則の違反となるということをきちんと把握していない可能性があります。

　もう少し穏当な方法として、よく行われているのは、「ソーシャル・メディア・ガイドライン」を作り、それを周知させるという方法です。ソーシャル・メディア・ガイドラインでは、投稿等のルールだけではなく、問題が起こった場合の報告義務なども記載しているものがあります。というのは、炎上が始まったら、なるべく早く火消しに入ったほうがよいわけで、対策の必要性を速やかに検討できるようにするためにも、問題が生じたら、それをなるべく早く把握できるようにしておく必要があります。

　ソーシャル・メディア・ガイドラインについては、「国家公務員のソーシャルメディアの私的利用に当たっての留意点」というガイドラインが公開されていますから、これなどを見て参考にするのがよいのではないでしょうか。

　ということで、重要なのはまず事前のルール作りです。ただ、ソーシャル・

IV　電子商取引に関する諸問題

　メディア・ガイドラインを作っただけでは意味がなく、それを周知、啓発教育をして、理解してもらわないといけません。公式アカウントであれば、きちんと担当者を選定しトレーニングすることが重要かと思います。

　また、公式アカウントでは、なりすましアカウントで勝手に作られてしまった、あるいは乗っ取られてしまったなどという問題も生じていますから、その場合の対策も検討しておく必要があります。

　また、事後の対応のルール化も重要です。何か起こってしまったときにどうするかというのをルール化しておかないと、後手後手に回ります。誰がどのように対応して何をどう決めるか、解決しない場合どうエスカレーションするかを決めておく必要があると思います。

　事後対応として何が必要かというと、状況の確認・原因の分析、事象の中断、相談窓口の設置などです。特に個人情報の漏えいなどの場合には、さっさと相談窓口を設置しないと、「不安です」「私の情報が漏れたのですか？」という苦情・質問にすぐに対応できません。

　次に、「なりすましアカウント」についてですが、なりすましアカウントが作られてしまったら、事業者としてまず行うべきことは、「それはうちの公式アカウントではありません」とアナウンスすることです。きちんと対応しないと被害が大きくなりますから、それをまず明らかにします。その上で、Facebookなどでは、なりすましアカウントはルール違反ですから、アカウントの停止要求をします。

　また、法的責任の追及も考えられますが、なりすまされただけで権利侵害があるかというと結構微妙な問題です。ただ、今までの裁判例で、なりすましたアカウント自体が差別的表現を使っている場合、なりすましたアカウントでの表現内容が名誉毀損に当たるといったもの、「なりすまし自体が名誉毀損に当たりうる」といったものが過去にあります。ただ、この「なりすまし自体が名誉毀損に当たりうる」旨に言及した裁判例は、最終的に結論として名誉毀損の成立を否定してしまっているので、このままではちょっと使いにくいですね。

　ところが、先般結構ニュースになりましたが、アイデンティティ権、なりすまされない権利というのが大阪地裁で認められたそうです。これが他でも

同じ判断となるかは分かりませんが、なりすまされないということが人格権だとの判断が出たことは、「なりすまし」に対する対策としては重要です。

　　オ　ネイティブ広告

　ネイティブ広告というのは自然に見える広告ということです。

　ですから、やはり近いものとしてステマの問題が出てくるのですね。こちらとしては広告ではないと思って読んでいるが、実は広告でしたというのはステマの問題になります。

　ネイティブ広告についても、日本インタラクティブ広告協会（ターゲティング広告のガイドラインを出しているところと同じ団体です）が「ネイティブ広告に関する推奨規定」を出しており、「違法性のあるステルスマーケティングとみなされないよう、広告であることが分かる表記を行うこと」と書かれています。

　また、自主ルールとして、「公認」、「【PR】」、「【AD】」などのマークを表示するということになっています。よく気を付けてサイトを見ていると、【AD】などと書いてある記事をたまに見つかります。【AD】などと書いてある記事があったら、いわゆる記事広告に類するものだということを意識して見ておくとよいのではないでしょうか。

4　情報媒介者としての責任

　自社サイトに掲示板などを設置し、利用者の声の投稿を受け付けるというのはよくあると思うのですが、利用者の投稿が人の名誉を毀損し、又は著作権侵害をするということはあり得る話です。

　(1)　違法情報

　先ほどの景品表示法に抵触するような投稿では、ユーザーの投稿は原則対象外ですが、実質的な関与があるような場合には違反とされます。

　具体的にここで書いてあるのは、「優良誤認させるような投稿のみを選択的に残す場合」ですから、掲示板にいろいろな感想が書いてあったときに、「あまり役に立ちませんでした」「効きませんでした」と書いてあるものだけ消してしまい、「非常に効きました」というものだけ残す運用をしていると、これに抵触することになります。

Ⅳ　電子商取引に関する諸問題

(2) 権利侵害情報

　権利侵害情報に関していえば、プロバイダ責任制限法という、運営者が間違って削除してしまった場合、あるいは間違って削除しなかった場合についての責任制限の法律があります。

　プロバイダ責任制限法でいうプロバイダというのは極めて広い概念ですから、掲示板の権利者なんかも当然入ります。利用者との関係では、間違って削除してしまった場合が問題になりますが、利用規約で、禁止される投稿及びそのような投稿を運営者の判断で削除できる、ということを規定しておけば、プロバイダ責任制限法の適用を受けなくても、サイト運営者のリスクを減らすことができます。

　一方、削除しなかった場合についてはどうなるかについては、以下のとおりです。請求をするのは、利用者ではなく第三者ですから、利用規約では対応できず、プロバイダ責任制限法によって責任制限を検討することになります。

　プロバイダ責任制限法において、責任制限の適用の例外が規定されています。どういう場合かというと、まず技術的に送信防止措置等の対応が可能な場合です。そのサイトそのものを全部落とさなくてはいけないというような技術的に不可能なことまでは要求されません。

　2つ目が、情報の流通、すなわち問題の投稿があるということを知っていて、かつ、その投稿が権利侵害であることを知っている場合か、知ることが相当であった場合のどちらかの場合、あるいは、プロバイダ＝発信者である場合もその責任を負います。プロバイダが自分で書いていたら駄目だというのは当たり前の話ですね。

　また、送信防止措置をした場合の賠償責任の制限に関し、プロバイダ責任制限法は、必要な限度で、権利侵害と信じる相当の理由がある場合か、相当の理由がなくても、発信者に「あなたの書いてある内容が権利侵害だといわれていますが、あなたの意見はどうですか」と聞いて、7日経っても「同意しません」という旨の申出がなければ削除しても責任を負わないことになっています。

　この7日という部分が、公職選挙法の場合やリベンジポルノの場合2日に

4　情報媒介者としての責任

なるなど、法律によって多少変更になります。

　プロバイダの場合、もう一つ、発信者情報の開示請求というものに留意する必要があります。先ほどの大阪のアイデンティティ権の判決も、実は訴訟形態としては、発信者情報の開示請求だったのです。本来、一番悪いのは掲示板の管理者ではなく書いた人なのですが、その書いた人に対して、「もうやめろ」、あるいは「損害賠償しろ」と言うためには、その人がどこの誰かを特定しないと、日本の制度では訴訟ができません。どこの誰かを特定するための手続が、発信者情報開示請求だということになります。

　電気通信事業法で通信の秘密というものがあり、通信の秘密を侵害すると刑罰の対象になっています。日本の通信の秘密は、通信の内容だけではなく、いつ、どこで、誰がという部分も含めて対象になるという考え方をしていますから、発信者情報開示に対し、うかつな開示をすると、通信の秘密侵害となりかねません。

　開示請求の要件としては、権利侵害が「明白」であることが必要です。先ほどみた損害賠償責任の制限の場合は「相当」でしたが、「相当」に比べると、こちらは「明白」で若干ハードルが上がっています。通信の秘密という重大な権利を守るためなので、ハードルが少し高いのです。

　開示の正当理由については、損害賠償のため、差止め請求をするためぐらいで構いません。

　プロバイダ責任制限法は、不開示の場合の責任、本来開示するべきだったのに判断を誤って開示しなかった場合については、「故意又は重大な過失がなければ責任を負わない」と書いてありますが、誤って開示した場合の免責規定がありません。

　その結果、発信者情報開示は任意ではなく、法的手続の結果としての開示になりがちです。開示しなくても故意又は重大な過失がなければ免責されるのに、誤って開示したら通信の秘密侵害で刑事罰対象ということなので、怖くて開示ができないという話になります。

　掲示板管理者に責任が認められた事例というのもあるのですが、ほとんどが2ちゃんねるに関する事案です。名誉毀損が原則認められているものと著作権侵害で認められているものがあります。著作権侵害で怖いのは「カラオ

ケ法理」で、要するに自分でやっていなくても実質的に関与していると「あなたが発信者ね」とされてしまいますが、先ほど説明したとおり、「プロバイダ＝発信者」になってしまうと免責規定が受けられませんから、カラオケ法理がかかった瞬間にプロバイダ責任制限法が骨抜きになってしまいます。適用可能性がなくなってしまうというところが怖いわけです。

　また、チュッパチャプスの事件（楽天で商標権侵害の場合）でも、ウェブページの運営者が責任を問われる場合があるということを知財高裁が言っていますから、そういう意味でも権利侵害だとして責任を負わされる可能性があります。ですから、きちんと対処する必要性があります。

　先ほど述べた「カラオケ法理」に関してはパンドラTV事件というものがあり、被告が運営している動画投稿サイトに放送されたテレビ番組がたくさん載っていたという事案で、裁判所は、「自ら支配管理するサイト上においてユーザの複製行為を誘引し、他者の著作権を侵害するコンテンツが多数投稿されることを認識しながら、これを容認し、蔵置する行為が利用者による複製行為を利用し、自ら複製行為を行ったと評価しうる」と言っており、本当は単なる媒介者だったはずなのに、そこに何らかの管理支配性が認められるといきなり発信者になってしまうというような裁判例が存在している点に注意が必要です。

(3) 対　策

　不適切な投稿を削除できるようにしておかないと責任を問われますので、そのような対処ができるように、まず利用規約を整備し、個人情報の開示も同意によってできるという形にしておく必要があります。次に適切な管理を行い、放置せず、定期的に内容を確認する、あるいはメールや内容証明などが来たら放置しないで対応するといった運用面が重要です。

　プロバイダ責任制限法については、テレコムサービス協会のガイドラインが極めて詳しいですし、書式なども載っていますから、これを見れば自分が発信者情報開示請求をする場合、あるいはプロバイダとして受ける場合の両方について非常に参考になります。裁判例の紹介もありますので、ご覧になるとよいのではないかと思います。

総　括

　契約の段階、あるいはその契約の履行の段階で、オンライン取引の特殊性というものを考えておく必要があります。広告などでは細かいガイドラインが結構ありますから、関連する法令や関係するガイドラインを確認しておく必要があります。

　また、いろいろなソーシャルメディアの利用の際には、その利用のためのルールを事前に作っておくこと、そして、事後対応についても予めどうするのかということを検討しておくというところが重要なのではないかと思います。

Ⅳ　電子商取引に関する諸問題

レジュメ

Ⅳ　電子商取引に関する諸問題

弁護士　上沼　紫野

電子商取引に関する注意点

1　契約上の問題
2　支払手段に関する規制
3　広告における問題
　・広告に関する法規制
　・各種広告手法に関する問題
4　情報媒介者としての責任

1　契約上の問題

1　利用規約
・利用規約におけるポイント
①　利用契約の成立・変更
　　→　取引相手が不特定多数であること
　　　　規約変更条項を入れておく（&効力発生の状況）
②　IDとパスワードの管理
　　→　オンライン取引であること
　　　　なりすまし対策でのみなし条項（&セキュリティ対策）
③　会員の禁止事項・ペナルティ
　　→　継続して取引を行う場合
　　　　その他ウェブサイト管理者に伴う責任

1.1 利用規約

注意) 民法改正

定型約款（改正案 548条の2以下）

1 約款の要件
   a) 不特定多数の者を相手方とする取引で
   b) 画一的な内容であることが双方にとり合理的
   c) 契約の内容とすることを目的として準備された条項
2 合意がなかったとみなされる場合
   a) 相手方の権利を制限又は義務を加重し
   b) 信義則に反し相手方の利益を一方的に害する
   cf. 消費者契約法10条
3 変更可能な場合
   a) 変更が相手方の一般の利益に適合
   b) 変更が契約の目的に反せず、変更が合理的

1.2 取引成立時の問題

→ オンライン取引であることから機械操作のミスがありうる

1 電子消費者契約法（電子消費契約及び電子承諾通知に関する民法の特例に関する法律）

POINT)

民法95条但書は、電子消費者契約の要素の錯誤の場合、その錯誤の場合に適用しない。ただし、以下を除く

1) 事業者が意思確認措置を講じた場合
2) 消費者がかかる措置を講じる必要がない旨表明した場合

2 特定商取引法14条 施行規則16条

「顧客の意に反して申込みをさせようとする行為」
・契約の申込みであることが容易に認識できない
・確認・訂正の機会がない

インターネット通販における「意に反して契約の申込みをさせようとする行為」に係るガイドライン

IV 電子商取引に関する諸問題

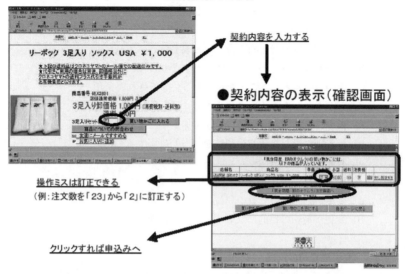

出典：経済産業省「電子消費者契約及び電子承諾通知に関する民法の特例に関する法律案」について
http://www.meti.go.jp/kohosys/press/0001428/0/010327denshikeiyakugaiyou.pdf

1.3 未成年に関して

未成年に関する注意
・対面ではないので、年齢確認が難しい
(1) 利用可能年齢の制限
特に、未成年の利用を避けるべき商品・サービス
酒・タバコ、映像送信型性風俗営業、出会い系サイト
(2) インターネット利用環境整備法
23条 特定サーバ管理者の責任
(3) 詐術について
単に、「成年ですか」→「はい」で詐術と言えるか？

2 支払手段に関する規制

1 割賦販売法（平成20年改正point）

目的	改正項目
悪質商法を助長する与信の防止	○個別クレジットを行う事業者を登録制の対象とし、行政による監督規定を導入。 ○個別クレジットを行う事業者に訪問販売等を行う加盟店の行為について調査することを義務づけ、加盟店の行為に不適正な勧誘があれば、消費者へ与信することを禁止。 ○訪問販売等による売買契約が虚偽説明等により取り消される場合や、過量販売で解除される場合、販売契約とともに個別クレジットも解約でき、消費者が既に支払ったお金の返還も請求可能に。
過剰与信の防止	○クレジット業者に対し、指定信用情報機関を利用した支払能力調査を義務づけるとともに、支払能力を超える与信を禁止。
規制範囲の拡大	○割賦の定義を見直し、2か月を超える1回払い、2回払いも規制対象に（旧法は3回払い以上） 　→　**翌月一括払い（マンスリークリアは不適用）** ○原則すべての商品・役務を扱う取引を規制対象に。
クレジットカード情報の保護	○個人情報保護法でカバーされていないカード情報の漏えいや不正入手をした者を刑事罰の対象に。

政府広報オンラインより

2 資金決済法
　ポイント決済などを利用する場合（ポイントが購入できる場合）
　・資金決済法上の前払式支払手段
　　使用期限が6か月を超える場合は資金決済法適用対象
　　この場合
　　　A　必要な届出・登録（自家型か第三者型かによる）
　　　B　供託
　　　C　表示が必要とされる事項（法13条2項、内閣府令21条2項）
　　　　①商号・名称、②支払可能額、③使用期間/期限
　　　　④苦情受付窓口、⑤使用可能施設・場所、⑥注意事項
　　　　⑦残高を知る方法、⑧利用に関する約款、説明がある場合その旨

Ⅳ　電子商取引に関する諸問題

3　広告における問題

3.1　広告に関する法規制
　(1)　景品表示法
　　・4条1項各号：
　　　実際よりも著しく優良・有利である旨の表示等、消費者に誤認を与える不当な表示を禁止
　　・「表示」2条4項
　　　顧客を誘引するための手段として、事業者が自己の供給する商品又は役務の内容又は取引条件その他これらの取引に関する事項について行う広告その他の表示であって、内閣総理大臣が指定するもの
　　・平成10年12月25日付公正取引委員会告示
　　　情報処理の用に供する機器による広告その他の表示（インターネット、パソコン通信等によるものを含む。）
　　・関係ガイドライン等
　　　消費者向け電子商取引における表示についての景品表示法上の問題点と留意事項
　　　インターネット消費者取引に係る広告表示に関する景品表示法上の問題点と留意事項

　　〈景品表示法〉
　　平成26年11月改正：課徴金制度
　　対象：優良誤認表示、有利誤認表示
　　　　　　一定期間内に裏付けとなる合理的な根拠を示す資料の提出がない場合
　　　　　　不当表示と推定
　　賦課金額：対象商品・役務の売上額の3％
　　対象期間：3年間
　　減額：自主申告の場合、1/2を減額
　　被害回復：自主返金を行った場合、課徴金を命じない又は減額する。
　　施行日：平成26年11月27日から起算して1年6月以内（28年4月1日）

　(2)　特定商取引法（通信販売広告について）
　　A　表示が義務づけられている事項（特商法11条）
　　　①　販売価格・送料（金額明示必要）、その他購入者等が負担する金銭の内容と額

②　代金の支払時期・支払方法
③　商品の引渡時期（権利の移転時期、役務の提供時期）
④　購入条件
　　申込みの有効期限、ソフトに関する場合動作環境、特別な条件（数量制限など）
⑤　返金・返品
　　・瑕疵担保責任の定めがある場合その内容
　　・返品特約に関する事項（特約がない場合はその旨）
　　・特約がある場合にはその内容（記載ないとクーリングオフ対象　法15条の2）
B　誇大広告の禁止（12条）
C　未承諾者に対する電子メール広告の提供の禁止（12条の3、12条の4）
　①　オプトイン必要（あらかじめ請求・承諾のない電子メール広告が禁止）
　②　消費者の請求・承諾記録の保存義務
　　　電子メール広告をすることの承諾・請求の取得等に係る「容易に認識できるよう表示していないこと」に係るガイドライン
　　　→　オプトアウトの際の連絡方法の表示も「容易に認識できるように表示しなければならない

〈特定電子メール法〉
　「特定電子メールの送信等に関するガイドライン」にも注意

3.2　各種広告手法に関する問題
A　ウェブ広告全般
　1-1　形態　（アドネットワーク）

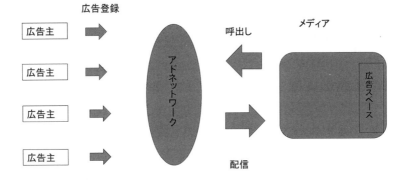

IV 電子商取引に関する諸問題

1-2 形態 (SSP)

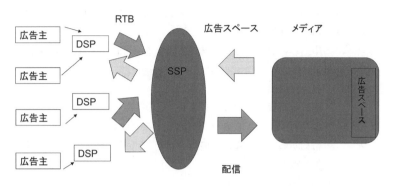

2 関係事業者

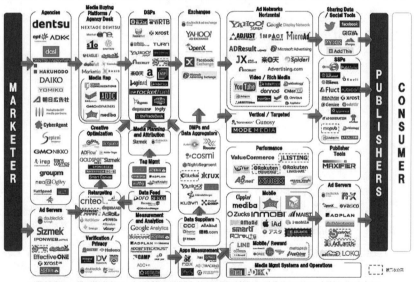

株式会社イーグルアイ代表取締役近藤洋司氏作成
http://www.slideshare.net/HiroshiKondo/jp-chaosmap-20142015

3 注意点
・関係者の多さ
・国外企業の関与

→ コントロールが効きにくい
不適切なサイトに出稿されてしまう可能性あり
違法サイトへの出稿が幇助とされた例
　ちょっと古いが、2009年4月1日
　　児童ポルノ画像を投稿したサイトにアフィリエイト広告を仲介掲載してサイトの運営を支えたとして、児童買春・児童ポルノ法違反幇助で、広告代理店社長が書類送検された

4　対　策
・出稿の際、信用できる事業者を選択
　広告業界団体は自主的取組として違法・有害情報の削除依頼を実施後も改善されなかった情報を広告業界団体に提供
・契約において、出稿先のジャンルを指定
・契約において、介在事業者の適切な選定・監督を義務づける

B　ウェブ広告（行動ターゲティング広告）
　行動ターゲティング広告

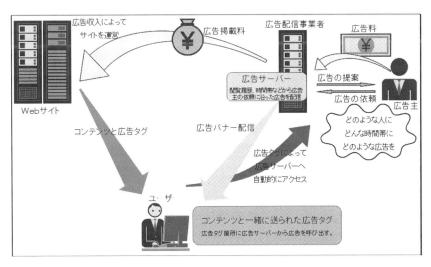

出典：平成22年3月総務省情報通信政策研究所「行動ターゲティング広告の経済効果と利用者保護に関する調査研究報告書」

Ⅳ 電子商取引に関する諸問題

1 形態
広告の対象となるエンドユーザーの行動履歴等をもとにエンドユーザーの嗜好を推測し、ターゲットを絞って広告配信を行う

2 注意点
行動履歴を利用
プライバシーの問題など
　個人情報でなくても、パーソナルデータである
　特にスマートフォンなどのパーソナル性の高い機器では注意

3 関係ガイドライン等
総務省
「利用者視点を踏まえたICTサービスに係る諸問題に関する研究会」
<u>第二次提言</u>　ライフログ活用サービスに関する検討
配慮原則
　①広報、普及・啓発活動の推進、②透明性の確保、③利用者関与の機会の確保、④適正な手段による取得の確保、⑤適切な安全管理の確保、⑥苦情・質問への対応体制の確保
一般社団法人　日本インタラクティブ広告協会（HIAA）
　<u>「行動ターゲティング広告ガイドライン」</u>上記配慮原則を具体化

C　キーワード広告（リスティング広告）

1 具体例

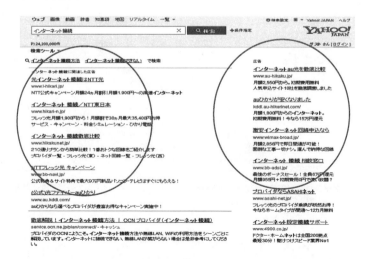

2　形態

　　検索エンジンにおいてエンドユーザーが特定の語を用いた場合にのみ表示される広告

　　……広告主は、予め、キーワードを購入

3　注意点

　　キーワードの選定（商標等の問題）

4　裁判例

　　EU）　2010.3.23　欧州司法裁判所：Googleは、商標権侵害せず

　　　　Googleが、LVの商標に対応するキーワードのみならず、「imitation」などのキーワードの組合せを許容していた

　　理由）検索エンジンは、商標を「使用」していない

　　米国）Rescuecom v. Google　2nd Cir　(2009)

　　　　検索語に基づく推奨は、ランハム法の「使用」にあたる

　　日本）平成26年9月12日、商標権者が楽天及びヤフーを大阪地裁にて提訴

　　　　cf.　東京地判H27.1.29　メタタグの使用は商標権侵害とされた

5　対策

　　（自己の商標を使われないようにする観点から）

　　各サイトでのチェック

　Google、ヤフーなどは、商標名を広告文中で使用している場合、それを制限するための仕組みを有している

Google: https://support.google.com/adwordspolicy/answer/6118?hl=ja

Yahoo: http://marketing.yahoo.co.jp/guidelines/trademarks.html

　　　　↓

　　これに基づく申立

Ⅳ 電子商取引に関する諸問題

D ソーシャルメディア

(1) アフィリエイト

1 アフィリエイト（成果報酬型）

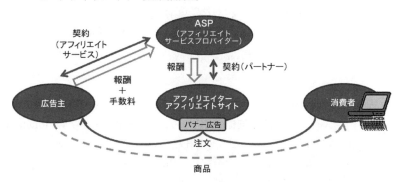

出典：消費者庁インターネット消費者取引に係る広告表示に関する景品表示法の問題点及び留意事項（消費者庁ガイドライン）

2 形　態

ブログその他のウェブサイト運営者（アフィリエイター）が、自己のサイト内に、広告主のサイトなどへのリンクを設置し、当該サイトの閲覧者が、かかるリンクのクリック、商品・サービスの購入等の行為を行った場合に、アフィリエイターに一定の成功報酬が支払われる方式。

3 注意点

アフィリエイトサイトに掲載する広告に関する広告表示規制

3.1 アフィリエイターの記載は、表示規制の対象か？

・アフィリエイトサイト上の広告主のバナー

　　消費者庁ガイドライン）　景品表示法等の対象

・アフィリエイター表示部分

　　ガイドラインにはないが、インターネット消費者取引連合会H24.8.6議事録

★広告主がアフィリエイターが行う広告表示の決定に関与したか否かによる。但し「他の事業者にその決定を委ねた事業者」も責任を問われる可能性あり

4 対　策

アフィリエイト先の選定に注意

ASPを利用する場合は、その規約の内容等に注意

(2) 口コミサイト
1　概要　口コミ（WOM　Word of Mouth）

グルメサイトの場合

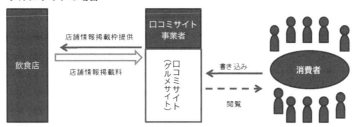

ブログの場合

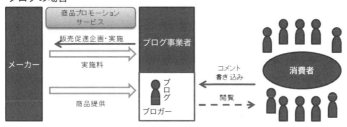

出典：消費者庁ガイドライン

2.1　広告表示

景品表示法：消費者庁ガイドライン

原則）消費者による口コミ情報は、景品表示法の適用対象ではない

ただし）

　事業者が、顧客を誘引する手段として、口コミサイトに口コミを自ら掲載し、又は第三者に依頼して掲載させ、当該「口コミ」情報が、著しく優良又は有利であると一般消費者に誤認されるものである場合

→　不当表示として問題となりうる

例）広告主が商品・サービスを宣伝するブログ記事を執筆するよう依頼し、ブロガーに十分な根拠がないのに、

　　○○をゲット。しみ・そばかすを予防してぷるぷるお肌になっちゃいます。気になる方はコチラ！

　　と表示させること

Ⅳ 電子商取引に関する諸問題

  2.2 ステルスマーケット
  消費者に宣伝と気付かれないように宣伝を行うこと
  ガイドライン）
   <u>WOMマーケティング協議会「WOMJガイドライン」</u>
    口コミの発信者とマーケティング主体に関係がある場合
    その関係性を明示すべき
  cf. Federal Trade Committee
  Guides Concerning Use of Endorsements and Testimonials in Advertising
  広告主と推奨者間の関係性の明示（Disclosure of material connections）
  → **炎上等を防ぐ上でも重要**

(3) Twitter Facebook
1 形態
 公式アカウント
 従業員による利用

2 注意点
 ・即時性
 ・伝搬性
 → merit   広告効果が高い
   demerit 炎上等につながりやすい

3 対策
(1) 従業員の私的利用
●事前対策
 ・アカウントの届出制・モニタリング
 ・就業規則・誓約書による制限
 ・ルール（ソーシャルメディアガイドライン）と周知
  ・問題が起こった場合の報告義務等
  公式アカウントはなくても、準備は必要

(2) ルール策定(公式アカウント含む)
　　ソーシャル・メディア・ガイドライン
　　　cf. 国家公務員のソーシャルメディアの私的利用に当たっての留意点
　　●事前のルール
　　　・広告表示規制についての注意点
　　　・情報管理(秘密情報)
　　　・NGリストの作成
　　　・安全管理措置(のっとりの予防： ID、パスワード)
　　→　担当者の選定・トレーニング
　　●事後の対応のルール化
　　　・誰がどのように対応するかエスカレーション
　　　・適否についての判断手法

(3) 事後対応
　　・状況の確認・原因の分析、事象の中断
　　・必要な場合、相談窓口の設置
　　・所管官庁等への報告
　　・必要な告知(想定問答)
　　・事象の評価(必要な場合は謝罪)
　　・再発防止策
　　・関係者の処分等
　　　(就業規則中に対応する内容があるか確認)

(4) なりすましアカウント
　　・なりすましである旨の告知
　　・SNS事業者へのアカウント停止要求
　　法的責任の追及
　　　・発信者の特定
　　　　プロバイダ責任制限法
　　　　名誉毀損となる場合
　　　　裁判例)
　　　　　・なりすましたアカウントでの表現内容による(東京地判平16・11・24)
　　　　　・なりしまし自体が名誉毀損に当たりうる(名古屋地判平17・1・21)
　　　　　・アイデンティティ権(大阪地判平28・2・8)

Ⅳ　電子商取引に関する諸問題

　E　ネイティブ広告
　　1　形　態
　　　ユーザーがウェブサービスやアプリなどを利用する際
　　　「ユーザーの情報利用体験を妨げない」広告　　Ex. 記事広告
　　2　ガイドライン等
　　　日本インラクティブ広告協会（JIAA）「ネイティブ広告に関する推奨規定」
　　ネイティブ広告：
　　　　デザイン、内容、フォーマットが媒体社が編集する記事・コンテンツの形式や提供するサービスの機能と同様でそれらと一体化しており、ユーザーの情報利用体験を妨げない広告
　　対応
　　　・違法性のあるステルスマーケティングとみなされないよう、広告であることが分かる表記を行うこと
　　　・広告主体者を明示すること
　　　・広告審査を行うこと
　　自主ルール
　　　「公認」「【PR】」「【AD】」などのマークを表示

4　情報媒介者としての責任

掲示板等の運営
自社運営の掲示板における利用者投稿への責任
　①　違法情報
　　景品表示法等に抵触するような投稿
　　原則）ユーザーの投稿は、対象外だが……
　　例外）実質的な関与があるような場合は？？？
　cf.消費者庁ガイドライン
　　　インターネット消費者取引に係る広告表示に関する景品表示法上の問題点と留意事項
　　　事業者が口コミ情報を自ら掲載し、又は第三者に依頼して掲載させる場合
　　具体的には　優良誤認させるような投稿のみを選択的に残す場合など
　②　権利侵害情報
　　プライバシー・名誉毀損、著作権侵害等の投稿

プロ責法
 第3条　損害賠償責任の制限
　1　送信防止装置をしなかった場合（以下以外免責）
　　①　技術的に可能　＋（情報の流通＋権利侵害）知悉　or　知悉相当
　　②　プロバイダ＝発信者
　2　送信防止措置をした場合
　　①　必要な限度　＋　②　権利侵害と信じる相当の理由
　　　　　　　　　　　　or
　　　　　　　　　　発信者への意見照会後7日を経過しても
　　　　　　　　　　同意しない旨の申出がない

プロ責法
 第4条　情報開示請求権
　①　権利侵害の明白性
　②　開示の正当理由
　　　ただし、誤って開示した場合の免責なし
　　通信の秘密侵害
　　　不開示の場合：故意又は重大な過失がなければ責任を負わない旨規定

〈掲示板管理者に責任が認められた例〉
・動物病院事件（名誉毀損）　2ちゃんねる
　東京地判H14.6.26、東京高判H14.12.25、最判H17.10.7
・罪に濡れたふたり事件（著作権侵害）2ちゃんねる
　東京地判H16.3.11 ×、東京高判H17.3.3 ○
　他　多数　（2ちゃんねる）

〈cf.　チュッパチャプス（楽天）事件〉
知財高判H24.2.14
　ウェブページの運営者は、商標権者等から商標法違反の指摘を受けたときは、出店者に対しその意見を聴くなどして、その侵害の有無を速やかに調査すべきであり、これを履行している限りは、商標権侵害を理由として差止めや損害賠償の責任を負うことはないが、これを怠ったときは、出店者と同様、これらの責任を負うものと解されるからである。

Ⅳ　電子商取引に関する諸問題

注意）　著作権侵害
プロバイダ責任制限法
　管理者が「発信者」とされれば、免責されない
　カラオケ法理により、著作権侵害の主体とされる可能性
　〈パンドラTV事件〉　知財高判H22.9.8
　　　サービス事業者は、自ら支配管理するサイト上においてユーザの複製行為を誘引し、他者の著作権を侵害するコンテンツが多数投稿されることを認識しながら、これを容認し、蔵置する行為が、利用者による複製行為を利用し、自ら複製行為を行ったと評価しうる

③　対　策
投稿規約の整備
　目的）
　　　・不適切な投稿を削除できるようにする
　　　・発信者情報開示に応じられるようにする
　　　　・通信の秘密、個人情報
適切な管理
　放置せず、定期的に内容を確認する
　炎上を防ぐ上でも重要
●プロ責法に関するガイドライン等
　テレコムサービス協会のガイドライン
　http://www.telesa.or.jp/consortium/provider/

総　括

1　オンライン取引の特殊性
2　広告等につき関係法令・ガイドラインの確認
3　ルール策定・準備
4　事後対応の準備

V　ビッグデータ・ネットと知的財産

弁護士　**平野　高志**

V　ビッグデータ・ネットと知的財産

　平野でございます。よろしくお願いいたします。本日は、タイトルが「ビッグデータ・ネットと知的財産権」ということなのですが、私が司法試験を受けた頃というのは、こういった題名の司法試験の問題がよくあり、このようなときは、ビッグデータ、ネットを説明し、知的財産権を説明し、両者の関係を説明すると試験に受かるなどと言われていました。本日はそういった感じではなく、今はやりの「ビッグデータ・ネットと知的財産権」に関して弁護士として役に立ちそうなところを私なりに探し、お話をしていきたいと思っています。

第1　本日行いたいこと

　私は、2000年から2006年まではMicrosoftの中におりまして、ITの会社内部からこういう問題を見てきました。ビッグデータ・ネットと知的財産権というとき、企業法務から見ると、ビッグデータ・ネットというのはいわゆる新しい技術なのですね。新しい技術が出てきたときの法律問題という形で会社法務の人間は見ており、なおかつ、技術そのものが法律問題になるということはなく、新しい技術を売る新しいビジネスモデルという観点、新しい技術・新しいビジネスモデルと法律問題という形で、企業法務の人間は見ていました。そこで、本日もレジュメにも書いてありますように、ビッグデータ・ネット、あるいはその派生としていわゆる人工頭脳、AIや今はやりのIoTといった新しい技術を、それをどのように売っていくかというビジネスモデルの問題におとし、そのビジネスモデルにからむ知的財産権との観点からお話ししていきたいと思っております。

第2　MicrosoftとGoogleのビジネスモデル

　まず、MicrosoftとGoogleの比較を行いたいと思います。まず、Microsoftが新しい技術や新しいビジネスモデルの中で知的財産権というものをどのように利用したのかということとを説明し、その後Googleが（私はGoogleにはいたことがありませんが、私がいたMicrosoftの時代というのは2006年ですからもう10年前で、Googleは今のビジネスモデルですね）、いわゆるビッグデータを使ってどのようにビジネスを行い、そこでどのように知的財産を利用しているか

第2　MicrosoftとGoogleのビジネスモデル

(処理しているか)を、外から見た情報をもとにお話ししていきたいと思っております。そこで皆さんは知的財産権についての真逆のスタンスを見ることになると思います。ここでお話しすることが総論であり、私が本日一番申し上げたいことでございます。

1 Microsoft

　Microsoftというのは1975年に設立されており、日本支社が10年後の1985年ぐらいにできていると思います。ちなみに私がMicrosoftの仕事を始めたのは1990年です。Microsoftの人(米国人)にあったとき、私はそれまでMicrosoftを知らなかったのですが、その外人がそのことを非常に驚いていたことを覚えています。私にとっては未知の存在ですが、彼にとってはMicrosoftは日の出の勢いの会社だったので当然知っていると思ったのだと思います。そこでMicrosoftが売った新しい技術というのがいわゆるOSなのですが、基本的にその当時としては画期的な技術だったということです。しかしMicrosoftの本当にすごいところは、これを新しいビジネスモデルで販売したということです。どの点が新しいかですが、レジュメに書いてありますように、「ソフトウェアをハードウェアから分離し別々に売る」ということです。当時、MicrosoftがOSを売り出した頃は、ハードとソフトというのは一緒で、ソフトはハードに組み込まれてソフトとしての代金はなくてハードが売られソフトはその中の部品という立場だったのですが、MicrosoftがMS-DOSという新しいOSをIBMに売ったときに、IBMからいわゆる独占的な販売権を要求されたのをはねのけ、IBM以外のパソコンメーカーにも売れるという形にして、ソフトをハードから独立させたというところが非常に画期的だったわけです。

　OSというのがどういうものかということですが、OSはハードウェアとアプリケーションソフトウェアの間に入るものですから、いろいろなパソコンが出ていく中で、IBMだけではない全てのパソコンメーカーにOSを売れるということは、今でいうプラットフォーム(たくさんの人が集まる共通基盤)の部分がOSだったわけで、そのプラットフォームであるOSをハードから切り離して自分で売るようにしたという点が現在のMicrosoftの力となっているわけです。これがMicrosoftのビジネスモデルだったわけです。

271

V　ビッグデータ・ネットと知的財産

　Microsoftはこれをグローバルに販売する中で、この新しいビジネスモデルをどうやって売るかについて、著作権を重視しました。申し上げましたように、ソフトウェアをハードの一部として売らないということは、ソフトウェアを独立のものとしているわけですから、ハードのような有体物でないということです。そして、それをどうやって効率的に売るかというときに、Microsoftは著作権で売っていこうと考え、それを支えるものとして著作権を強化しようとしました。そのために、Microsoftの法務のかなり重要な部分が、著作権の啓蒙活動に使われ、Microsoftの本社及び各国の法務部の中では、違法コピーをたくさんたたいたかということが法務部としての一番の評価として認められ、また各国の著作権をどこまで強くしたかということも評価の大きなものでした。私も著作権の強化のために日本の著作権法の損害賠償の中の「相当」という言葉を除く努力、あるいはかなり最近になって実現しましたが、著作権の侵害の親告罪を非親告罪にする、あるいはいろいろな著作権を弱くしようという力があると何としても差止請求権を維持するというようなことを行いました。Microsoftは先ほど申し上げました新しいビジネスモデルのために、著作権を使ったということが特徴的ですが、実はこれもビジネスモデルであったわけです。

　ところでMicrosoftは著作権を売るというビジネスモデルを行ったわけですが、著作権を売るということはどういうことかというと、契約書を売るということなのですね。もちろん、WindowsやOfficeのソフトウェアを売っているわけですが、それらは目に見えないものですから、ソフトウェアは純粋な意味で納品されるものではありません。その目に見えないソフトウェアの使用許諾権という権利を売るわけですが、権利は契約書の形で売ります。有体物の売買は物があって契約書があるわけですが、ソフトウェアの場合はコードと契約書があってコードは目に見えないものですから、目に見える納品は契約書そのものになります。ですからMicrosoftの法務部というのは、先ほど申し上げましたように、著作権の強化のための活動を多く行いましたが、それとともに、営業の一部として契約をお客さんのところまで行って説明して売るようなこともやっていました。Microsoftの社長は、「法務は優秀な営業だ」と言っていました。余談になりますが、ビル・ゲイツという創

第2　MicrosoftとGoogleのビジネスモデル

業者のお父さんが弁護士だったということもあってか、契約重視というのは非常に徹底されておりました。こうした契約重視の姿勢が、これから申し上げる知的財産権のもう一つの大きな問題であった、NAP条項につながっていくわけです。

　著作権を重視し徹底的に強くして、ソフトウェアを著作権の元手として売る一方で、非常に邪魔になったのが特許でした。そこでNAP条項を考えました。NAP条項というのは、Microsoftとパソコンメーカーとの間の契約であり、要はMicrosoftのOSを安く買いたいのであれば、一つの条件に合意してくださいということです。それが何かというと、MicrosoftのOSがPCメーカーの特許をたとえ侵害していたとしても、MicrosoftやOSを搭載した他のパソコンメーカー、あるいはOSを使っているエンドユーザーを訴えないという条項でした。

　これがどうして使われたかといいますと、1990年ぐらいから使われているのですが、その頃アメリカでは「特許の藪」といって、莫大な数の特許がうようよあり、新しいビジネスをやろうとすると、特許で訴えられるという状態にありました。1990年ぐらいというのはMicrosoftも設立されて25年経っていますから、そろそろうまくいきだしている頃で、特許をどうやって避けて商売をするかということを皆で議論しており、そこで出てきたものがNAP条項だったのです。その頃特許問題について他のアメリカの会社がどのようなことをやっていたかといいますと、自分の特許を持っていればクロスライセンスという形でお互いに休戦、お互いに撃ちあわないということを契約で約束したり、あるいは、他の会社に撃たれたら撃ち返すという非常に強い特許を用意して抑止力として使っていたのです。しかしMicrosoftにはそういう特許がありませんでした。そこで考えたのが、「OSを安く売ってあげる代わりに、うちを訴えないでね」という契約条項を、OSをパソコンメーカーに販売するときの契約に入れたわけです。

　この条項は、後に日本のみ独占禁止法上で違法であるということで公正取引委員会の立入調査が入るわけですが、そのときのMicrosoftの考えとしては、たくさんの人が使うOSが一つの特許で差止め請求されてしまうようなことが起きると安定性に欠けるので、そういう条項を入れましょうと

273

V　ビッグデータ・ネットと知的財産

いうことでした。これも契約重視の考え方から出てきたわけで、Microsoftは、一方で知財（著作権）を重視し契約で売るとともに、邪魔になる知財（特許）を契約で排除するというやり方でビジネスモデルを作り上げたということです。ちなみに、このNAP条項については2003年に（この年にはNAP条項をやめていたのですが、なぜかその年に）立入調査があり、2004年に勧告、2008年に審決がありまして、違法ということになりましたが、これについて民事訴訟が起きたこともなく今日に至っています。

　以上がMicrosoftのビジネスモデルであり、ソフトを独立させて販売するという新しいビジネスモデルを著作権を利用して契約で販売し、なおかつ、契約を利用して特許を排除したというのがMicrosoftのやり方です。技術、ソフトのハードからの切り離し、著作権の強化、著作権を契約で販売、特許を契約で排除という流れです。

　その後Microsoftがどうなっていったかといいますと、こうやって著作権でソフトウェアを売るというやり方がだんだんうまくいかなくなっていくのですね。だんだんとネットワークの時代になり、端末機等がネットでつながらなくてはいけないということで互換性の問題が非常に大きくなってくる。なかなか著作権やトレードシークレットだけで守るということが難しくなってきて、その後NAPで守っていた特許を自分でとる形になり、2000年ぐらいからアメリカでも特許の取得数がトップ5に入るぐらいの特許の取得料になり、現在では著作権でなく特許で競争力をとるという形になってきています。

　このように、Microsoftは著作権でお金をもらっていたというのが一つの新しいビジネスでした。ところでMicrosoftというのはさらに先進的な会社であり、そうした著作権を重視したビジネスモデルでずっとうまくいくはずがないというのはおそくとも1997年ぐらいから分かっており、その頃「ソフトウェア・イズ・サービス」（ソフトウェアをサービスで売りましょう）というのを標語としてやっていました。ただ、昨今のクラウドの時代にAppleやGoogleに後塵を拝した点がなぜかというのは、やはり出自が著作権で稼いでいたというところ、しかも大成功してしまったという点で、変われなかったのかもしれません。今は変わってきて、アズールとオフィス365というク

ラウドのビジネスがかなりよくなってきてはいるのですが、大成功してしまうとビジネスモデルを変えていくというのは難しいということが分かるかと思います。

2　Google

Googleのビジネスモデルは中から見たわけではないので、外から見ていると、Microsoftと全く対照的なものです。Googleが大きく出てきだしたのが2005年ぐらいからですから15年以上かなりの年数の差があるわけで、明らかにGoogleのほうが今の新しいトレンドの中でビジネスをやっており、知的財産権に対する考え方も明らかに違っています。

Googleの場合は、もう既にビッグデータがはなやかになっている時代ですから、ビッグデータを利用するツール、いわゆる検索エンジンを開発しました。そこから次のビジネスモデルの話ですが、これがまたユニークで検索エンジンをソフトとしてアプリの一種として売ることもできたと思うのですよね。ここがMicrosoftと真逆の話であって、自分たちの作った素晴らしい技術を売らないでタダで提供して、著作権としてはお金をとりませんでした。その代わり、タダで素晴らしい技術を提供したことによって集まってくる人、さらに、そこから出てくる情報、個人情報、個人情報と言えないデータを集め、そこで皆さんのご存じのように検索連動型の広告ビジネス、すなわち広告でお金をとるという新しいビジネスモデルを作ったところが非常に素晴らしいということが言えると思います。

人々がインターネットを通じてビッグデータにアクセスする入り口を押さえられているわけです。Microsoft出身の私が言うのもなんなのですが、Googleを使わない日がないぐらい便利なものです。それで今いろいろな意味で、独占禁止法の集中砲火に遭っているのですが、私がMicrosoftにいたのが2000年から2006年でありその頃はMicrosoftが独占企業としていろいろと世界中から訴えられていましたが、今はGoogleの今申し上げたビジネスモデルがあまりにうまくいって、Googleのビジネスに対して、いろいろな批判が出ているという状況ではありますが、ビジネス自体はすごくうまくいっています。

Googleもまた契約重視の会社です。検索エンジンをタダで使う人との契

約は情報を受け取り自由に使えるためのあらゆる工夫をしています。ですから、新しい技術、ビジネスモデル、契約という流れはMicrosoftと同じです。しかしながら、著作権に対するスタンスが真逆です。Microsoftは著作権を販売し著作権を強化しました。しかしGoogleは著作権を売ることはせずに逆に著作権を弱くしようとしています。ご存じのように、Googleブックスという世間を騒がせた「本をみんなデジタル化しましょう」というようなところでもフェアユースで戦っていますし、なるべく特許に撃たれないように連合を作るなどしています。すくなくとも著作権についてはMicrosoftと真逆の考え方を持ってビジネスに臨んでいます。

3　ポイントは何か

今申し上げましたとおり、MicrosoftとGoogleというのは知財に対する考え方が全く違っているわけであり、知財に関わっていく弁護士として、過去の判例や学説を調べて検討することはもちろん大切で、この後もそういう話をするわけですが、特に企業法務から見て大切なのは、紛争を追うのではなく前もってビジネスモデルを考え、その中で知財をどう扱うのかという点についてきちっと話ができることではないかと思っています。時々、お客さんから知財戦略について教えてほしいという依頼は来ますが、日本の会社というのは、何となく特許を持っている、あるいは「お金がないから全部できません」といったものが多く、自分のビジネスモデルを考えた上で、どのように知財を持つのがよいのか、知財を避けるのがよいのかという点を考えている会社が少ないように思われます。

第3　ビッグデータ・ネットと知財

1　これまでの事例の復習

次に各論に移ります。実はネットと著作権の関係では様々な判決が出ています。これらの判例は新しい技術・ビジネスモデルが出る中で、日本の裁判所がどのように日本の著作権を運用してきたのかを見るよい例です。このくらいの判決は、知財が専門だというのであれば知っていたほうがよいし、かつ、ビッグデータやネットなどという新しいビジネスモデルが出る中で、いろいろと新しいことを考える基礎になる部分なので、簡単にお話をしておき

第3　ビッグデータ・ネットと知財

たいと思っております。
　①　クラブキャッツアイ事件
　これはもう非常に古いものではありながらいまだに絶大なる力を持っている判決です。著作権を考えるときはこの考え方を知らないと話にならないという判決です。これは皆さんご存じだと思いますが、物理的にはカラオケでお客さんが歌っているわけですね。この事件はあまり詳しく説明していませんが、このときカラオケ屋さんはカラオケを流すカセット等のテープ代は権利者に払っていたのですね。ですから、音楽が流れてテレビみたいな画面に歌詞が出る部分については、著作権者にお金を払っており、それで、客に歌わせていたということです。ですから、全然権利がないのに勝手に他人の作品の著作権を侵害したいわけではなく個人的にはそんなに悪質かなという気もしないでもないのですが、演奏権（公衆に直接見せ又は聞かせることを目的として、上演し、又は演奏する権利）は許諾の範囲ではないということで、音楽の権利者の方々が「それは侵害です」と言って起きたのが、クラブキャッツアイ事件です。
　見た目から考えれば客が歌っているわけですから、歌唱行為を行っているのは客でしょうというのが当然の考え方だと思うのですが、これについて最高裁判所が判断をしまして、著作権の侵害行為というのは杓子定規に考えるのではなく規範的に考えなさいと述べました。誰が著作権を管理し収益を上げているかという考え方は当時アメリカにあったと言われていますが、こうしたクラブでお客さんが歌っていたとしても、そのことによって雰囲気がよくなって結局店の収益が上がるではないか、なおかつ、歌わせているのは、機械をいじっているのは店側なのだから、歌唱しているのは店だという、今でも生きている「カラオケ法理」というのが、このクラブキャッツアイ事件で出たものですね。
　カラオケビジネスのビジネスモデル自身はかなり素晴らしいものだったので、歌唱部分の支払をして今も継続していますが、このとき出てきた著作権の侵害行為を誰が管理しているか、誰が収益を上げているかということで考えましょうというやり方が今まだ生きており、これがビックデータ、ネットあるいはIoTの時代に使えるのかというのが、今問題とされていると

V　ビッグデータ・ネットと知的財産

ころです。

②　ファイルローグ事件

これも有名な事件でここでは高裁の判決を挙げていますが、これは多分最高裁に行かなかった事件でありこれで確定しているわけですが、平成17年ですから皆さんももうご存じの事件だと思います。いわゆる自分の買った音楽ファイルをネット上でつながっている知らない人とタダで交換しあうことによって、膨大な数の音楽ファイルを手に入れることができるという仕組みだったのですね。真ん中に管理するサーバーがあって、誰がどの音楽ファイルをシェアしているかは、ファイルローグという運営者が管理していたのですね。この事件では、実はお金をとっておらずしかも広告すらしてないという事案であり、収益がないではないかという話があるのですが、知財高裁は、収益の機会があったので管理収益の範囲に入ってくるという形で、ファイルローグが管理収益をしているということで違法にしたという事案です。

このファイルローグ事件というのは、先ほどご説明したGoogleのビジネスモデルと似たところがあり、無料でサービスを提供して別のところで儲けようというある意味よい形だったのです。今は音楽配信や聴き放題、YouTubeなどという形でこういうビジネスモデルが生きてきていますが、この平成17年の段階では違法だということでつぶされたわけですね。先ほど申し上げましたように、Microsoftも著作権を徹底的に強くするロビイングをやっていましたが、音楽ビジネスの世界でも著作権者はものすごい力でロビイングもやりますし、こうした裁判への支援もものすごい力でやっているのですね。これからご説明します事案が、ことごとく著作権者、権利者に有利になっているのも、そうした彼らのものすごく強いサポートのおかげもあるわけで、その辺をどう考えていくか、あまりに権利者が強くなっているのをどう考えていくかということを考えさせられる事件です。

なお、レジュメには書いていませんが、ファイルローグ事件と似たような事件でWinny事件というものがあります。ファイルローグ事件は、今説明しましたように真ん中にサーバーがありますから、まさしく管理しているのですね。ところがWinnyの場合は、端末に特別なソフトが入るだけの仕組

第3　ビッグデータ・ネットと知財

みです。ブロックチェーンなども新しい分散型の仕組みを使っており、端末同士がファイルを交換します。これは運営者自身がいませんからそこは捕まらなかったのですが、あろうことか開発者が逮捕されたわけです。結局無罪になったのですが、著作権侵害の幇助ということで逮捕されて途中まで有罪で来たというもので、弁護士として裁判所は常に正しい判決をするものだという気持ちはあるのですが、この時代に出てきている判決とはなぜ権利者にそんなに都合がよいのだろうかというのを考えさせられるものであると思います。

　③　MYUNTA事件

　MYUNTA事件というのは地裁で終わってしまった小さな事件ではあるのですが、これがこういう講演で必ず取り上げられるのはなぜかというと、公衆送信権について非常に権利者に有利な考え方をしており、それが後にご説明するロクラクやまねきTVの事件につながっているからです。どういう事件かといいますと、今は当たり前ですがCDを携帯電話に取り込んで自分で聴きたいというもので、当時普通の人はできなかったのですね。一回うちのサーバーに送ってもらえば、ファイルを転換して送り返したら音楽を携帯電話で聴けますよということで、これはさすがにOKだろうという考え方をしていたのですが、やはり管理収益をしているということになりました。ここでいう管理収益というのは、素人ではできない難しいことをやっていれば管理しているのと同じだという考え方を示しました。なおかつ、先ほど申し上げました公衆送信権の話については、お客さんがMYUNTAのサービスのオペレーションのサーバーに一対一で送信をするので、一対一なので公衆送信権の公衆ではないだろうと言ったことに対して、客から見れば一対一だが、MYUNTAのオペレーターから見れば客は多数いるのだから公衆だという形の判断をし、公衆送信権が違法になる可能性と管理収益の範囲を大幅に広げた判決がMYUNTAという事件です。

　④　まねきTV事件

　④と⑤はほぼ同じ時期に出た事案であり、まねきTVというのは、いわゆるロケーションテレビというものをSONYから売り出しており、海外に駐在する人が日本に親機を置いておき、海外に子機を持っていくというもので

279

す。そうすると親機が撮ってくれたテレビを自分のところの子機に送ってくれるわけです。ところが、日本に親機を置いておく場所がない人がいるわけで、例えば、親に頼んでも機械をあまりよく知らないからできないという人のために、親機を預かりちゃんと管理をしてあげましょうというサービスでした。はっきりいって何で悪いのかという気もしないでもなく、地裁では先ほど言った公衆送信権の考え方が一対一だということで無罪だったのですが、最高裁判所ではこの公衆送信権の考え方について一対Nである、すなわち親機を預ける人から見れば一対一だが、オペレーターから見れば不特定多数のお客さんのために送信しているので一対Nだということで、最高裁判所で違法になった事件です。

　　⑤　ロクラクⅡ事件

　ロクラク事件もほぼ同じような事案であり、やはり親機と子機があってテレビを飛ばしてくれ、親機のほうがテレビを録画してそれを子機のほうに送るというものでした。こうした形でエンドユーザーがやることを助けることは、昭和63年から平成26年にかけてですから30年近く綿々と裁判が続いて、ことごとく駄目だとされているのですね。

　　⑥　自炊代行事件

　最近出た事件としては自炊代行事件というのがありますが、これはお客さんに代わって、本や雑誌を電子化してあげるというものでした。これも駄目だという形になり、管理収益については、難しいことをやったら、それはエンドユーザーがやっているのではなくオペレーターがやっているという形が確立されているのが今の実態です。

　この背景には先ほど述べた著作権者の大きな活動もありますが、基本的に私的使用というのは著作権者に影響が少ないから認められるのだという考え方に対して（私もMicrosoftにいるときは、範囲が広がるとお金にならないですから私的使用の範囲をできるだけ弱めようとしていたのですが）、今のネット社会では私的使用といっても数が膨大になるから認めないほうがよいのだという考え方が結構強く、それから、クラブキャッツアイ事件から始まる管理収益から、MYUNTAに始まる1対Nという公衆送信権の考え方が出て、今のような状況になっています。

レジュメ3頁の分析のところは今お話ししたようなことであり、本日は時間の関係で割愛させていただきますが、こうした判例の流れを見て、ではクラウドはどうなのかという問題があります。これだけクラウドが広がっているので、クラウドは大丈夫だろうと普通は考えるのですが、実は、今ご説明したMYUNTA事件ぐらいからの判決の流れから見ると、クラウドも危ないのではないかと考える人が多いです。

といいますのは、クラウドがお客さんの持っている著作物を預かり、クラウドオペレーターが持っているデータセンターの中のデータベースにお客さんの著作物を入れ、その著作物をお客さん自身がデータセンターにアクセスして見ているというような行為をどう評価するかということなのですが、難しいことをやって著作物を管理している人は著作物を利用している人だという考え方が今の判決の言い方だとありますので、この考え方からいうとクラウドが危ないということです。単純に預かる部分は問題ないのですが、そうではなくて分析したり加工したりする他の機能をオペレーターが提供している場合が多く、皆危ないのはおかしいという考え方をしてはいるのですが、今、著作権審議会ではこれについて議論してなかなか結論が出ないというところを見ると、なかなか理屈では単純に「クラウドはセーフ」と言いづらい面があるのではないかということを危惧しています。今のクラウドはネットビジネスそのものですから、その中で今申し上げましたようなカラオケ理論とどう対応してどうセーフにしていくかというのが、非常に悩ましいところです。

2 ビッグデータの収集に係る知財の問題
(1) 問題の所在：著作権の藪

ビッグデータビジネスというのはとにかく膨大なデータを使うということで、膨大なデータを著作権法的には複製し、改変し、新しい付加価値のあるデータを創作するということがビッグデータの基本です。問題の所在として、「著作権の藪」という言葉はあまり使われてはいないのですが、どうしても他人の著作権を侵害してしまう、すなわちビッグデータであればあるほど他人の著作権が入っている可能性が高くなるわけで、この問題をどう克服するかというのが今いろいろなところで議論されています。ただ、

V　ビッグデータ・ネットと知的財産

ビッグデータの問題としては、著作権よりは個人情報やプライバシーの問題のほうが実は大きいものです。今、コンビニやアプリ業者、あるいはサイトの運営者から出てくるデータを集めて分析していろんなことに使う、広告やマーケティングに使うというときに、個人情報保護法上の第三者提供にならないのかというのが一番大きな問題で、皆が悩んでいるところではありますが、本日は知的財産権との絡みということですので、そちらのほうは触れないでおきます。

(2) 克服方法
ア　著作権法47条の7

著作権的な問題にどう対応するかというときに一番広い範囲の適用があるのが、この著作権法の47条の7です。電子計算機による情報解析を行うことを目的とする場合には、必要と認められる限度において記録媒体への記録又は翻案を行うことができるということで、まさしくビッグデータ用に作られた条文です。これはかなりいろいろなところで使えるものだと思うのですが、この条文の悲しいところは、個人情報をカバーしていないので著作権のほうしかカバーできないということと、それから一点の限界があるのですね。情報解析のために使うことができるということで、自分で使っている分には大丈夫なのですが、取り入れた著作物そのものを他人に渡すと、47条の7の中でカバーできないということです。よくあるお客さんの質問などは、少し古くなりますが、自分の会社の評判をネットの中で全部探してきて、どういうことを言っているかプラスもマイナスも整理してほしいなどと言う方が多数いるのですが、それをやると、結局ネットに出ている情報、文章の一部そのものをお客さんに見せなくてはいけないわけで、よい、悪いで分けてしまえば済むのかもしれませんが、そうではなく何と言っているか見たいなどと言われた場合には見せざるを得ず、そうしたときに引用の範囲でもカバーできないという弱みが多少あります。ただ、この条文が一番の救世主的な条文です。

イ　黙示の承諾

これは昔、47条の7などとともに、検索エンジンのためであれば例外的に複製・翻案ができることの条文を作るときに皆で議論したものです。ネッ

ト上に出ているものは複製翻案してもよいという黙示の承諾があるのではないかという議論でした。ただこれも、100％保証ができないということで、当時Googleはもちろんアメリカにサーバーがありましたが、Yahoo!も当時は日本にサーバーを置いていなかったのですね。アメリカのほうにサーバーを置いて、アメリカのフェアユースで守りながらやっており、黙示の承諾というのもなかなか頼りきれなかったのが実態です。

ウ　創作性

　これはこの問題としてあまり議論はされてないのですが、私自身は、今後いろいろな議論がある中で、この「創作性」という言葉はマジックワードではないかと考えています。著作権の仕事をずっとやっていて学会なんかの議論を聞いていると、この創作性という言葉がいろいろなところでうまく調整弁として使われています。釈迦に説法ですが、創作性がなければ著作権として保護されないわけであるものの、創作性とは何かということについては、非常に基準が曖昧なのですね。このサイボウズ事件では、サイボウズの画面を丸ごとコピーしたに等しい競争会社がいたときに、結局違法にならなかったのですが、そのときの裁判官の説明では、創作性の強いものについては似ていたら違法だが、創作性の弱いものはデッドコピーでないと違法にならないというような言い方をしており、創作性ということをうまく利用してバランスを取っているということがあります。しかし、これも解釈の問題ですし、創作性のあるものは違法になり、いわゆるネット上の「著作権の藪」という問題の解決にどこまで役立つかは、100％確実ではないという問題があります。

エ　権利の濫用

　権利の濫用は、今、著作権としても議論されていますが、一番分かりやすいのがアップルとサムソンの知財高裁の事件ですね。アップル対サムソン事件というのは、アップルが生産販売している携帯電話の部品がサムソンの特許権を侵害しており、ただ、サムソンは特許権について標準団体に加入してRAND宣言をしていたというものです。通信機器などの技術は皆がつながらなくてはいけないので、標準規格を作ります。ただ、その標準に対して特許権者が標準に入れてもらった上で、自分の特許を高いお

V　ビッグデータ・ネットと知的財産

金で行使すると標準が広がらないということで、標準団体に入るときに、RAND宣言（reasonable and non-discriminated）という、私はこの標準を使っている会社が来たら、合理的でかつ差別的でない価格で特許をきちんとライセンスしますよという宣言をしているのですね。サムソンはそうしたRAND宣言をしていたという事案で、一部特許侵害をしていることは認められており特許侵害をしているのは明らかだが、知財高裁としては権利の濫用を使って差止め請求はできないという判断をしており、このとき使ったのが、技術の普及のために標準が設定されて、RAND宣言をして、使う人は皆、サムソンは合理的かつ非差別的な価格でライセンスしてくれるだろうなということで入ってきているのに、それに対して差止め請求するとは権利の濫用という事案です。

　この事件は、実は裏にGoogleがいたり、特許を弱くしたい人と強くしたい人との間のいろいろな世界的な戦略の中で出てきている事件ではありますが、日本でこの権利内容の考え方を適用して、（飯村判事が作った判決だと思いますが）一定の不都合の解決をしたという点があり、そうした意味で使うとすれば、ウェブの中で公開されている情報については、複製・改変というのはある程度やってもよいのではないか、信頼があるということになれば著作権の藪は破れるのではないかという期待はありますが、これも100％確実ではありません。

オ　一時的複製

　これは本当に古い議論であり、複製をしたら著作権侵害なのですが、複製というのは一時的複製を含まないという考え方が15年ぐらい前は支配的だったのですね。それに対して、著作権者の権利団体としては一時的複製も不正として認めたいということです。昔のクラウドというのは、クライアント側のパソコンのRAMの中で一時的に複製をして、それを見ているのですね。それは一時的だから複製ではないという言い方をされると、例えば、どこか著作権のない国にサーバーを置いて、日本に送信し「いつでもタダで使ってください」などということをやられてしまうと、全部合法になってしまいます。著作権のない国に対して権利侵害の訴えはできないので、何としても端末側で複製にしたいということで、一時的複製についての議論が盛り

第3　ビッグデータ・ネットと知財

上がったのですが、今また後退して、一時的複製は複製ではないのではないかという話になっている中で、利用できないかというものです。ただ、利用の仕方で本当に一時的ならよいのですが、一時的ではない使い方があるので、なかなか難しいところです。

カ　私的使用

先ほど説明したように、これは非常に厳しいという形になっており、長々と説明してきましたが、ようやく結論めいたお薦めというのが、これからご説明しますフェアユースと法改正ということです。

キ　フェアユース

これは皆さんご存じのように、数年前に導入されましたが、文字どおり空振りというか、フェアユースと言えないようなフェアユース規定が入っており使えません。

アメリカではGoogleをはじめとして多くの会社がフェアユースで著作権者に打ち勝って、自由にビジネスをしている中で、使いづらいフェアユースの規定しかないということに対して、我々としてどうやっていくかということが、今結構盛り上がっており、次の国会あたりでは再改正が議論されるかもしれません。規範的な規定で抽象的な条文ですから、うまく使えるかどうかは裁判所の協力なども必要なのですが、このフェアユースという考え方を入れていかないと、やはり権利者が強くて非常にやりづらいところがあるのですね。そこを突破するには、フェアユースを利用するしかないのではないかということが言われています。

ク　法改正

知的財産推進計画というのは毎年政府が作っているのですが、その2016年版が最近発表され、その中でいわゆる著作権の拡大集中許諾制度というものがあります。細かい話はあまりよく分からないのですが、許諾を一方的に取りにいくというのはコストが大変ですし、いくら請求されるかも分からないという中で、コストをかけずに合理的な価格で許諾を取れる制度を何とか作りたいということのようです。

またグラデーションのある権利制限についても議論されています。日本の権利制限はゼロか1かなのですね。こうであれば権利制限で、こうであれば

著作権の侵害ではないという形なのですが、もう少しフレキシビリティのある権利制限規定を作れないかということです。これはフェアユースの問題にもつながるわけです。

また、許諾権からオプトアウトというのは、Microsoftとしてはずっと反対してきたところではあるのですが、差止め請求が出ないような著作権、すなわち取りあえずお金を払いさえすれば使えるというような制度にしてしまうことによって、皆が怖がって使わないというのを防ごうというような考え方が出ています。こうした考え方が今出ているというのは、ビッグデータ、ネットの中で、やはり著作権というものが少し強すぎるのではないかという意識があるもののなかなか解決策が見つからない中で、喫緊の問題として皆が議論しているところです。

3 ビッグデータ自体の法的保護

今度は観点を変え、少し裏腹なのですが、ビッグデータをうまく握った人自身の権利の保護の問題、すなわち、せっかくビッグデータをうまく取得して作り上げ、ビジネスに使っていこうというときに、それを誰かが盗んでしまったというときに、果たして知的財産権は守ってくれるのかという問題に移ります。

(1) データベースとしての保護

最初に議論されるのは、データベースとしての保護です。ビッグデータというのはデータがたくさんあるわけですから、ではデータベースで保護すればとよいのではないかという話になるのですが、日本のデータベースの規定は、「その情報の選択又は体系的な構成によって創作性を有するもの」という、非常に狭い範囲でしか保護されてないのですね。

ビッグデータの時代にデータベースを作っていくときに、情報の選択をするのかというと、一定の範囲で選択ということはあるのかもしれませんが、やはりビッグデータとして強みを持つには、とにかく数多く取ればよいわけですから、収集するデータをただ取り入れているだけ、あるいは、機械が勝手に収集してしまうというような形が一番よいわけです。そうすると、情報の選択に創作性がある場合が少なく、また、保護されるのがデータベースの体系的構成ということで、データ自身ではないのですね。したがって、デー

タの一部分を取られたときはデータベースの体系的構成を取られたわけではないので、そこには体系的な構成による創作性というのはおそらくないということで、データを一部だけ、あるいは大部分でも体系的な創作性に至らない部分を取られてしまうと守れません。

　また、中山信弘先生の本（『著作権法　第2版』（有斐閣、2014年））の中にも書いてあるところで、データベースを作るソフトウェアというのがあるのですが、それはそのソフトウェアを作った人が著作権者です。ただ、そうなると、エンドユーザーは体系的な創作性を持っておらず、プラスデータベースというためにはデータが入っていなければいけないのですが、データはもともとの著作権者はもっていませんから、そうするとデータとデータベースの体系の創作性とデータがばらばらになってしまい、どちらも権利を持てないということで、ビッグデータのデータベース自身を守るのがなかなか難しいというのが現状です。

(2)　デッドコピーすれば少なくとも不法行為

　このようなデータベースについての事案では、昔、翼システム事件というものがありました。昔は車を修理に出すと、板金屋にベテランのおじさんがいて、その人の頭の中で「工期がどのぐらいかかって部品がどれぐらいかかるから大体いくらくらいでしょう」と経験の中から出していました。ですから昔の板金屋にはこうしたおじさんが1店に一人必要だったわけです。そこでそうしたことに頼らず全ての車の部品の価格と平均的な作業員の工賃を全部データベース化して一つのシステムに入れ、請求書などの帳票類も出るようなソフトウェアを作ったのが翼システムという会社です。そのデータを丸ごと持っていった会社があり、そこでこのデータベースについての議論があったのですが、やはりデータベースとしては認められませんでした。ただ、それほど汗水を垂らして集めたデータそのものを盗んだということで不法行為は認められているということであり、ビッグデータ自体の法適用としては、そのものを持っていかれた場合は不法行為ということしかないというのが現状です。

(3)　AIが創作した著作物・データ等

　人工頭脳というのは新聞でよくご覧になると思うのですが、いろいろな種

V　ビッグデータ・ネットと知的財産

類があって何とも言えないところもあります。非常に分かりやすいのが、人工頭脳ができる前は（今もそうですが）、コンピュータのソフトウェアをどうやって作るかというと、まず何をやりたいかを決めるのですね。○○をしたいという目標を決めた（オブジェクト指向）後、どういう作業をしなければいけないかという業務フローを書くわけです。そこまではコンピュータのコードではなく、我々の目で見える世界でそうした整理をし、その後、それをコンピュータとしてどのようにすればよいかを設計します。その上でされにそれをシステム的に分析してコンピュータの世界に近い世界で設計したのち、コードを書きます。何がポイントかというと、AIがある前は、何をどうやってやればできるかということが分からないと、コンピュータのソフトウェアは作れなかったということです。

　アメリカでAIが始まったときに、一番印象的なニュースになったのは、コンピュータがチェスのチャンピオンに勝ったというIBMのAIだったと思います。先ほどのような話でいうと、チェスでチャンピオンに勝ちたいというのが何をやりたいかということだと思うのですが、コンピュータのソフトウェアを作るには、どうすれば勝てるのかということが分かっていないと勝てないのですね。ただ、チェスのチャンピオンにどうすれば勝てるかというのは、コンピュータのプログラマーに分かりません。そこでどうしたかというと、2台のコンピュータを用意し、膨大な数のチェスの試合をさせたわけですね。それによって出てくる情報を蓄積して分析していく中で、コンピュータがどう動けば勝つかということをコンピュータ自身に見つけさせ、最終的にチャンピオンに勝ったという話です。要はコンピュータというのはものすごい速さで休みなく動きますから、たくさんのことができるわけです。無駄なことも含めたたくさんのことをさせる中で、人間の力では分からなかったというか知識としてはあったけれども解る形まで分析できなかったノウハウが分かってくるというのが、このAIの仕組みです。

　今では、今申し上げたようなチェスでチャンピオンに勝つということをいろいろなことに置き換え、いろいろな目的のAIができています。翻訳については、これもビッグデータとAIの力で、おそらく日本語以外については、自動翻訳のほうが人の翻訳よりも今は優れていると言われている時代です。

第3　ビッグデータ・ネットと知財

　これもコンピュータ自身が、我々が英語の勉強をするような形で長時間ずっとやっているわけですよ。そうすると蓄積されてできてしまうというわけです。

　Googleのサジェスト機能などもAIで作った初期の作品ですし、今は新しい薬を作ったり、作曲をしたりするということで、AIが膨大な数の様々な形の著作物のようなものを生み出しているわけですが、ただこれが知財としてどうかということになりますと、なかなか悩ましいところがあります。

　AIの技術者と知財の話をすると、我々法律家の話とかみ合わないことがよくあります。技術者がAIについて言うときは、「データが一番大切です」と言うのですね。我々弁護士は「どこかでソフトウェアがあるのでしょうからソフトウェアが大切で、そのソフトウェアが著作物ではないのか」と言うのですが、AIの技術者は、「ソフトウェアの部分についてはそれほどすごいものはまだできておらず、せいぜい物を理解し、蓄積し、分析し、新しいものを出すぐらいの技術しかなく、どのデータを食べさせるかというのが最も大切だ」と言うのです。その一定のデータを食べさせた後にできている、ある程度勉強したコンピュータというのが、売れる状態のAI、基礎的な勉強ができている状態のAIなのですね。司法研修所を出た後の弁護士みたいなものなのかもしれませんが。それがまたお客さんのもとに行って、お客さんのところで使われ、たくさんのデータが入ってくると、またコンピュータが勉強するわけであり、そうすると、出荷された状態よりはるかによい状態となったAIになるというわけです。

　そこからまた新しいアウトプットが出てくるというような話をし、データとソフトウェアのアルゴリズムと、それからその後に出てきている新しいウェアの状態というのを一体として考え、それがAIなので、アルゴリズムだけソフトウェアで守りましょうという考え方はおかしいのだという言い方をよくされます。彼らは「人間の子どもを育てるようなものですよ」というようなことを私に言うので、もっとわからなくなるのですが、分析するとおそらくそういうようなことを言っています。ですから、AIそのものの知財をどのように考えていくかというのが、まだそれほど整理されておらず、まだ分からないというのがAIに関する問題であり、その問題が解決される前

289

に盛んに議論されているのは、AIが創作した著作物、データ等の帰属の問題です。

ア　現在の整理

なぜこんなことが盛んに議論されているかというと、作曲などいろいろなところでAIが膨大な著作物を作りだしているのですね。そのような状態の中で、これは誰の著作物なのだろうかというのがAIが創作した著作物の問題であり、現在の整理は、著作権法2条1項1号の条文の解釈で、「思想又は感情を創作的に表現したものであって」ということで、思想又は感情を創作的に表現できるのは人間だけですから、人が関与しないと駄目だという議論があり、AIが作ったもので人が関与していないものは著作物ではないというような議論が出ています。しかし、AIを使っている人はいるわけで、その使っている人が創作的に表現しているのではないかとの議論があると思います。こうした活動を著作権法のいう「創作的表現」と言えるのかの問題があります。

これについては、何かを生み出すときにそもそも人が関与しないものがあるのだろうかという議論があり、先ほど述べたように、最初にデータを食べさせて、アルゴリズムを作って、出荷されて、今度は違う人が、やはり人がデータを食べさせているわけですね。コンピュータが自分でデータを食べにいっているわけではまだないのです。コンピュータと人が一緒に作業して事が動いているわけです。

そうした話の中で私が個人的に好きな話が、TEDトークの中で出ていたGoogleのAndreas Ekstomという方の話です。結論的に、今コードというコンピュータのようなデジタルの世界などが非常に発達している中で、人間の関与とデジタルをどう考えていくかということの議論をしています。そこで、バイアスのない、要するに偏見のないGoogleサーチ、検索の結果というのは出せるかという問題があります。Googleはいろいろなところで検索の公平性について言われており、「全く公平です」といつも言っているのですが、この人の議論は結構面白くて、それは機械的な問題ではないとはっきり言ったのですね。

その例として挙げられているのが、昔、オバマ大統領の奥さんについて

人種的な差別キャンペーンがGoogleを使って行われたというものです。Googleの検索というのは単純に考えると、ファイルの名前やタイトルに「オバマ」と書けばそれはオバマだと認識されるということであり、皆が何をやったかというと、猿の写真を撮ってファイルの名前を「オバマ夫人」にして、アップロードするときも「オバマ夫人」と付けたそうなのです。そうすると、Google検索で「オバマ夫人」と入れると、猿の写真が一番上に出てくるといったキャンペーンが昔行われました。これについては、Googleが普段はやらないのですが、これは人種差別だからよくないので落としましょうということで落としたというものです。

それはそれでよいことだったのでしょうが、それから3、4年して、ストックホルムでテロがあったのですね。子どもを含めた80人もの人を殺して、自分がテロをやったという声明を出していました。このテロリストはGoogleの検索エンジンを通じて、この事件を自分の宣言にしようとしていました。それに対して、ある非常に政治的な動きをするエンジニアが、このテロリストのやることを我々は許してはいけないからということで、犬のフンの写真を皆で拾ってきてテロの犯人の名前のファイル名にして皆で上げたら、ストックホルムではテロの犯人の名前で検索すると大体犬のフンが出てくるというようなことが起こりました。

Googleはこれについて何をしたかというと、実は何もしなかったのですね。彼が言うには、全ての電子的な行動の裏には必ず人間のモラルが入っているので、人の関与のないものがないという考え方をしており、Googleの人間がそういう言い方をしているのが非常に面白くて、そうした形で見ると人が関与しないから知財がないとかあるとかいう話をしてよいのだろうかということがあります。

イ　今後の展望

ただ、そうした人の関与の話とは別に、AIが作りだした権利が誰のものになるか、保護すべきなのかというのは非常に今議論が盛んです。裏に人がいるのだから著作物として認めればよいのではないかという話になると何が起こるかというと、AIを独占している人達が世界の著作物を独占するわけですね。ものすごい数を出すわけですから人間よりもよいものを作る

かもしれませんし、それがAIの独占者のものになり、先ほど述べた著作権の藪どころではなくジャングルになってしまうぐらい取られてしまうわけです。誰がその権利を持っているかというと明らかに米国企業という状態で、それだけの理由でAIの生み出した著作物については権利を認めないほうがよいという考え方の方もいます。ただ一方で、権利を認めないとしても、世の中に著作物らしきものがいくらでも出てくるわけですね。そうすると、外から見るとAIが作ったのか人が作ったのか分からないのですよ。そうした中で、皆が混乱していくのをどうしたらよいのかということで、今、このAIについては議論が白熱しているが結論がまだ出てないというところが問題です。

　AIについては、実は本日の話から少しずれるかもしれませんが、多分弁護士業務には一番合うのではないでしょうか。「AIが部下だったらいいね」という話は皆でしており、要するに、今のAIの能力というのは、相手の話を正しく理解でき、何でも知っており、正しく分析して分かりやすい回答をするということです。今のビッグデータの時代ではネット上に契約書のひな形や法律相談の回答などが膨大に出ているわけで、そのビッグデータを背景にお客さんの話を正しく聞いて、分析して回答するということができると、AIは弁護士の仕事をなくすのではないかというような話がまことしやかに出ています。私は古巣のエンジニアと今そのような話をしておりますので、もし皆さんの中で興味のある方がいらっしゃったら是非お声を掛けていただきたいと思います。アメリカやイギリスなどでは、弁護士料金が高すぎるので、このようなソフトが盛んに出てきているそうなのですね。社内法務は、外部の弁護士にお金を払うのがもったいないので、そのようなソフトを買って契約書は自動的に作るし、簡単な法律相談は（昔は図書館の本を読んで分析してやっていましたが、今は結構ウェブで調べている方も多いと思うのですが）それをもっと簡単にAIがやってしまうという時代が来るのではないかと思っています。

(4) IoT

　IoTについては、レジュメを書いたときは広すぎるので割愛しようと思ったのですが、つい先日ソフトバンクがアームを買ってIoTの根幹を押さえた

というような話もあったので、IoTの話の中の一つの参考になるかなと思って少しプラットフォームの話をさせていただきます。

2000年ぐらいのMicrosoftが非常に強い独占企業と言われてビジネスをやっていた頃もIoTのような話がありました。その頃何が話されたかというと、家庭内のテレビ、冷蔵庫、玄関、照明、電力といった全ての機器がネットにつながるということでした。

そこで議論されていたのが、その中心になるのは何かという話であり、パソコンなのかテレビなのか、あるいはゲームなのかということだったのですね。パソコンはMicrosoftを始めとするアメリカの会社、テレビはパナソニックを代表とする日本の家電メーカー、ゲームはソニーで、お茶の間のどこかに置いてあるパソコンかテレビかゲームが中心的なハブになって家庭にあるものを全てつないでいきましょうという話がありました。

当時、日本政府はMicrosoftが強くなることを非常に怖がっていたので、「今後のネット社会においてはパソコンが中心であっては絶対いけない」というような講演をしていました。しかしながら、IoTの時代になっていく今は、そのような議論はしていません。昔は一つの場所で管理してつなぐということを考えていたのですが、今は分散型でつながりあうというものです。その中でどこがプラットフォームになるのかというのが、今一番議論されているところであり、その一つとしてアームの半導体の設計図というのが圧倒的多数で携帯などで使われていますから、そのつながる技術の標準がどこになるかということでアームの話がされていたと思います。思えばプラットフォームの考え方も時代とともに動いているということだと思います。

4　複数の侵害者による特許侵害
(1)　問題の所在

これは10年以上前からある議論であり、要は特許というのはクレームがA、B、Cと書いてあり、特許権者以外の人がクレームの全部を満たすとその技術を使ったということになり侵害となります。特許の明細書には、1番としてどういうことをやって、2番としてどういうことをやって、3番としてどういうことをやるというのが書いてあり、1番だけやる分には特許侵害にはならないのですね。この複数の侵害者による特許侵害というのは、クラ

イアントとサーバーとがネットの社会になって出てきたことにより、クレームの1はAという人がクライアントのほうでやって、クレームの2はBという人がサーバー側でやったとすると、Aという人は1しかやっていないしBという人は2しかやっていないから特許侵害ではないという形で非常に問題となっていました。

(2) 対応策

そもそもその明細書の書き方が悪いのではないかという話は別として、間接侵害、手足理論、支配管理理論、共同直接侵害理論といったいろいろな理屈で何とか捕まえたいということをやってきました。この問題は、こういった議論を発展させるということが一つなのですが、むしろ先ほど申し上げた著作権リフォームといったような問題も含めて、そもそも誰が特許料を支払うべきかという点を考えていくべきではないかと私は思っています。

著作権は、立ち読みはセーフで複写はアウトなのですね。本に書いてあることを読むということが著作物の利用としては一番大切なことなのですが、立ち読みは著作権侵害ではなく、複製行為があったときに著作権が侵害するということです。

これはお金の取り方の問題であり、立ち読みしている人は本を買うかどうか迷っている人と全部覚えようとしている人との区別はつかないし、またその証拠も見つかりづらいので侵害が捕まえられない。複製という行為があったときが一番分かりやすいからそこでお金を取りましょうというような話をしており、本当は利得を得ている人から取ればよいのに、お金の取りやすい行為から取るということです。特許も同じであり、実施行為というのが定義されていますが、本当は技術を使っている人がお金を払うべきで、ただその使っている人が、エンドユーザー（個人）だと業として実施していないので、その技術を売って儲けている人から取ろうということで、販売や製造から取るという形にしています。特許の場合は法のたてつけというより、実際の運用としての問題となります。

この複数の侵害者による特許侵害が起きる場合というのは、クレームの1についてはAが売って2についてはBが売るというように、販売行為が分かれている場合が結構多いのです。しかし、本当は使っている人がクレーム1

も2も満たし技術を使っているわけです。どこかでクレームを全部使っている人がいるわけで、そういう意味でどこから取るかということを考え直すことが最も大切ではないかと思います。日本の社会では、特許についてはユースという考え方をとらないという考え方が強く、特許は機器・ハードウェアから取ります。技術を使ってハードウェアを生産し、売っている人から取るという考え方があり、それを使っている人から取らないのですね。

　使っている人がたとえ業として使っていても実務としてなかなか取らないということが多く、それがこの問題を引き起こしている一つの理由なので、そうしたユースという考え方についてもう少し進めてやっていくということが必要です。

5　国を越えた著作権侵害・特許侵害

　これも古くからある問題で、ファイルローグが典型でしたが、音楽の動画配信サービスについてです。今、HuluやNetflixなど多くの外国の業者が来ていますが、サーバーが外国にあってサービスが日本で提供される場合、もしそこで著作権侵害あるいは特許侵害が起きていたときは、どこで差止めなり損害賠償なりを請求できますかという問題です。日本でサービスを行っているのだからやはり行為地は日本ではないかという考え方が何となく一般的にはあるのですが、意外に知財の学者は、発信地、サーバーがあるところを行為地として見るということで、外国のサーバーから日本に向けて送ってくるサービスで、著作権侵害、特許侵害が起きる場合は、日本からは何もできないというような問題が起きる可能性があります。

　ただ、先ほどもご説明したファイルローグの事件も、サーバーはカナダにあったのですが、これは両者が全然争わなかったみたいで、日本を行為地としてやったようです。特許などは逆に属地主義が非常に強くて日本の特許は日本でしか使えないという考え方があり、放送技術や送信技術などというのは結構日本が特許を多く持っているのですが、そういう技術を勝手に使って海外のサーバーから日本に動画サービスや音楽配信サービスを送っている場合は特許侵害で手を出せないという考え方があります。これについても、今の考え方をしていると日本の業者が圧倒的に弱くなってしまうので、これを何とか打ち破る理屈を作っていかなくてはいけないのですが、これもまだ解

決ができていない問題として残っています。

6　独占禁止法

これは知財と直接関係はないのですが、本日お話しした新しいビジネスモデルの世界では、（先ほどのソフトバンクのアームではないですが）プラットフォームを誰が握るかというのが最も大切です。自動車の自動運転一つとっても、プラットフォームを作らず車同士違う標準で自動操縦をするとぶつかりますから、一つの基準で皆がやっていくとなると、そうしたプラットフォームを誰かが独占し、知財で大儲けをしようとする可能性があるわけですね。

これに対抗していくのが、知財の問題として処理するということも一つなのですが、独占禁止法によってこの知財の問題との調整を図って独占を防いでいくというのが非常に大切ではないかと思います。Microsoftにいたときに、独占禁止法と知財というのはよく議論されていたのですが、独占禁止法というのは独占を禁止し、知財は独占を認めるので、この二つは相反する法律ではないかという考え方もありましたが、アメリカ人に言わせると、これは国民生活の繁栄のために両者が両輪となってやっていくという意味で、いろいろな可能性があるということであり、知財の話を考えていくときに、常に独占禁止法というものを考えていくべきではないかということで、ここで挙げました。

7　ビッグデータ・ネットと知的財産権

知的財産権の話が中心ですから、本日のお話はわりと煽った感じで喋っていましたので、知的財産権なんか要らないのではないかという考え方だと誤解されてしまうと困るのですが、やはり知的財産権の権利者に対して正当な対価を払うことは絶対必要です。その中で著作物・技術等の普及も考えなければならないわけで、一方で、知的財産権というのは非常に人工的な権利ですから、どの時点から侵害にするかといったことが非常に分かりづらく、いつの時代でも絶対ではないわけですね。

裏返して言いたいのは、ビッグデータやIoT、AIなどという時代になったときに、今までの考え方にとらわれているときっとうまくいかないと。知的財産を無視するのは間違いではあるものの、今の法制は少し権利者に有利す

ぎるのではないかという気がします。また、今の法制はあまりに硬直的だということが個人的な意見ですが、そういう中で裁判は数が少ないのでなかなかうまく機動的に機能できるわけではありませんから、やはりフェアユースや独占禁止法等を見直し、著作権、知財の法律の改正をしながらやっていくしかないのではないかということで、ビッグデータ・ネットと知的財産権についてのお話の結論とさせていただきたいと考えております。

レジュメ

V ビッグデータ・ネットと知的財産

弁護士　平野　高志

第1 本日行いたいこと

　ビックデータ・ネットを題材として「新しい技術にともなう新しいビジネスモデルと知的財産権」について議論する（ビックデータ・ネットの関係では個人情報・プライバシーが大きな争点ですが、本日のお話は知財の争点に絞ります。）。

1 新しい技術
① ビッグデータ
② ネット
③ AI
④ IoT

2 新しいビジネスモデル
① プラットフォーム・ネットワーク効果
② 知財（利用と克服）
③ グローバル

第2 MicrosoftとGoogleのビジネスモデル

1 Microsoft
① OS（新しい技術）
② ソフトウェアをハードウェアから分離し別々に売る（新しいビジネスモデル）
③ ソフトウェアとハードウェアの間のプラットフォームを押さえる（プラットフォーム・ネットワーク効果）
④ グローバルに販売
⑤ 契約重視
⑥ 著作権の利用（違法コピー対策）
⑦ 障害となる知財の克服
　＊NAP（特許の藪）→新しいビジネスのとっての知財面での障害の克服

2 Google
① ビッグデータを利用するツール（新しい技術）

② これを無償で提供しその対価として入ってくる情報により新しい付加価値のあるビッグデータを構築し、かかる付加価値を他のビジネスに利用（新しいビジネスモデル）
③ 人々がビッグデータにアクセスする入り口を押さえる（プラットフォーム・ネットワーク効果）
④ 新たな付加価値をもつビッグデータを押さえる（プラットフォーム・ネットワーク効果）
⑤ グローバルに販売
⑥ 契約重視
⑦ 著作権を売って商売しているわけではない
⑧ 障害となる知財（著作権・特許）を克服
　＊フェアユース・契約
3　ポイントは何か
① 技術
② ビジネスモデル
③ マネタライゼーション
④ プラットフォーム
⑤ 知財の扱い

第3　ビッグデータ・ネットと知財
1　これまでの事例の復習
(1) 事例
① クラブキャッツアイ事件（最高裁判所昭和63年3月15日判決言渡）：
　＊カラオケ歌唱の際に法的に歌唱しているのは誰か
② ファイルローグ事件（東京高裁平成17年3月31日判決言渡）：
　＊音楽ファイルを交換する際に複製を譲渡しているのは誰か
③ MYUNTA事件（東京地方裁判所平成19年5月25日判決言渡）
　＊音楽ファイルのファイル形式を転換する際にファイルを改変しているのは誰か
④ まねきTV事件（最高裁判所平成23年1月18日判決言渡）
　＊放送番組を個人の要請に応じて送信する機能をもつ機械の管理者は送信可能化権、公衆送信権を侵害しているか
⑤ ロクラクII事件（最高裁判所平成23年1月20日判決言渡）
　＊放送番組を個人の要請に応じて送信する機能をもつ機械の管理者は送信可能化権、公衆送信権、複製権を侵害しているか

V　ビッグデータ・ネットと知的財産

⑥　自炊代行事件（平成26年10月22日判決言渡）
　＊本を電子化するのを手伝ってお金を受け取る者は複製権を侵害しているか
(2)　分　析
1)　技術・ビジネスモデル・著作権者（隣接権者への影響）著作権侵害に対する対抗理論の検討

	技　術	ビジネスモデル	著作権者（隣接権者）への影響	対抗論理
クラブキャッツアイ事件	それなり？	重要	大？	私的使用
ファイルローグ事件	重要	重要？	大	私的使用
MYUNTA事件	？	？	大？	私的使用
まねきTV事件	？	？	大？	私的使用
ロクラクⅡ事件	？	？	大？	私的使用
自炊代行事件	？	？	大？	私的使用

2)　私的使用

	技　術	ビジネスモデル	著作権者（隣接権者）への影響	対抗論理
クラウド一般	重要	重要	？	私的使用？

2　ビッグデータの収集に係る知財の問題

(1)　問題の所在；著作権の藪
(2)　克服方法
　ライセンスを受けてしまうというのも一つの方法で、集団許諾制度等のライセンス制度の改革の問題もあるが、それだけで処理できない問題がある。
　(ア)　著作権法47条の7
　　①　条　文
　　　電子計算機による情報解析（多数の著作物その他の大量の情報から、当該情報を構成する言語、音、影像その他の要素に係る情報を抽出し、比較、分類その他の統計的な解析を行うことをいう。以下この条において同じ。）を行うことを目的とする場合には、必要と認められる限度において、記録媒体への記録又は翻案（これにより創作した二次的著作物の記録を含む。）を行うことができる。ただし、情報解析を行う者の用に供するために作成されたデータベースの著作物については、この限りでない。
　　②　適用の限界：成果物の外への提供、取り入れた情報の一部をそのまま使えるのか
　(イ)　黙示の承諾
　　①　インターネット上の著作物は複製・翻案等について黙示の承諾があると

　　　　言えるか
　②　100％保証できない
　③　著作権の藪への適用→難しい
　(ウ)　創作性
　　①　著作権を考えるときのマジックワード：何をもって創作性があるかよくわからない
　　②　サイボウズ事件の際の整理：創作性の強いものについては、類似で違法。創作性の弱いものではデットコピーでないと違法にならない
　　③　けっこう創作性の強いものがある
　　④　著作権の藪への適用→難しい
　(エ)　権利の濫用
　　①　アップル対サムソン知財高裁事件（平成26年5月26日判決言渡）
　　②　事件の概要：アップルが生産・販売する携帯電話の部品がサムソンの特許権を侵害しているが、サムソンはかかる特許権について標準団体に対してRAND宣言していた。かかる場合に侵害を理由に差止請求ができるか
　　③　権利の濫用についての考え方　技術の普及・相手の信頼の保護
　　④　著作権の藪について類推できるか→難しい
　(オ)　一時的複製
　　①　昔の議論
　　②　著作権の藪への適用→難しい
　(カ)　私的使用
　　①　一般的な考え方
　　②　著作権の藪への適用→難しい
　(キ)　フェアユース
　　①　米国におけるフェアユース
　　②　日本における法改正の手順
　　③　著作権の藪への適用→現行の条文では難しい
　(ク)　法改正
　　①　著作権リフォーム
　　②　拡大集中許諾制度
　　③　グラデーションのある権利制限
　　④　許諾権からオプトアウト
3　ビッグデータ自体の法的保護
　①　データベースとしての保護（著作権法2条1項10号、12条の2）「その情報の

V ビッグデータ・ネットと知的財産

選択又は体系的な構成によって創作性を有するもの」
　ⅰ．収集できるデータをただ取り入れているだけ。機械が勝手に収集→情報の選択に創作性がある場合は少ない
　ⅱ．保護されるのはデータベースの体系的構成だが、データの一部分を取られた場合侵害を主張できるか？→前記の「創作性の議論」
　ⅲ．データベースを作る市販のソフトでデータベースを作った場合のデータベースの著作権者→エンドユーザは体系的な創作性を創作していない。ソフトウェア開発者はデータをもっていない。
② デッドコピーすれば少なくとも不法行為
③ AIが創作した著作物・データ等
　(ア) 現在の整理
　　1.「著作物の定義（著作権法第2条1号）」「著作物：思想又は感情を創作的に表見したものであって……」
　　2. 人が関与しないと権利は生まれない→AIの創作は人の創作ではない？
　　　(ア) Google Andreas Ekstom TED Tallk（The moral behind your search）
　　　(イ) バイアスのないサーチができるか。できないことを説明する際に以下の話を引用
　　　(ウ) オバマ夫人へのキャンペーン。テロリストへのキャンペーン
　　　(エ) いつもは機械的に順位を行っているが、オバマ夫人のときだけ人が介入→機械が自動的に行うことの裏に人がいる
　　　(オ) そもそも人の介入のないAIがあるのか？→しかし著作権法的な人の関与はない
　　3. 現在のところ著作権等の保護の対象にはならない？
　(イ) 今後の展望
　　① 誰の権利になる可能性が高いか
　　② 保護すべきなのか
　　　ⅰ．保護すると著作物の独占
　　　ⅱ．保護しないと膨大な数の著作権らしきものが広がる→著作権の藪から著作権のジャングルへ
④ IoT
　概念が広すぎる
　自動運転等ビジネスモデルごとに考えるべき

4 複数の侵害者による特許侵害

① 問題の所在　クレームが複数ある場合にクレーム1をAが行い、クレーム2をBが行う場合。ネット社会ではこうしたことが多数起きうる。

② 対応策
　ⅰ．間接侵害
　ⅱ．手足理論
　ⅲ．支配管理論
　ⅳ．共同直接侵害理論
③ 誰が特許料を支払うか：「実施」の定義　何をやったら侵害かをわかりやすくする（著作権とは完全に同一ではないが、本来利得を得ている人からとるべきであるが、一定の枠をもうけないと第三者の予測可能性を害するとの考え方。）
④ これまでの実務：生産・販売からとっていた→この実務が正しいのか？
　(ア) ハードの場合は、本当に利得を得ているのはハードの利用者。しかし、業として実施ということで、その前の販売者、生産者が特許を処理している。
　(イ) クラウド技術の特許技術が含まれる場合、本当の利得を得ているのはクラウドサービスの利用者。業としての問題があるので、サービスの利用者ではなくて、サービスの提供者。サービスの提供者技術のクレーム全部を使用しており、この場面においては、サービスを提供するために利用している機器ではなくて、サービスの提供者から「使用」でとるべき。

5　国を越えた著作権侵害・特許侵害
① 問題の所在：動画サービスや音楽配信サービス等において、サーバーが外国にありサービスが日本で提供される場合、著作権侵害・特許侵害はどこで行われていると考えるべきか。ネットでつながるグローバルビジネスの場合多く起こる
② 著作権：発信地を行為地で見る考え方が強い
③ 特許：属地主義　日本で登録された特許の効力を海外に及ばせない
④ 解決策：特許も著作権を利得を得ている人から対価を取得すべきであり、特許権者が利得を得ている人から直接対価を取得できない場合は、利得を得ている人から対価を取得できる人からとるべき。

6　独占禁止法
① 新しいビジネス→プラットフォームの奪い合い
② 独占の可能性→自動運転の標準規格
③ 規格獲得活動
④ 独占禁止法と知財
⑤ 独占禁止法の可能性

7　ビッグデータ・ネットと知的財産権（まとめ）
① 知的財産権は権利者への正当な対価の支払の確保と著作物・技術等の普及が目的

V　ビッグデータ・ネットと知的財産

② 知的財産権はしょせん人工的な権利。本来は直接の利得を得ている人からお金をとるべきであるが、「どの時点から侵害とするか、複製、実施の概念」も所詮は「どの時点でお金をとりやすいか、利用者も何をするとお金をとられるかがわかりやすいか」との判断からであって、いつの時代でも絶対というものでははない。
③ 知的財産権を無視するのは間違い、バランスが大切
④ 今の法制はあまりに権利者に有利？
⑤ 今の法制はあまりに硬直的？
⑥ 裁判は数が少なく、また、固有の事件のための判断
⑦ フェアユースを見直すべきか
⑧ 独占禁止法の活用

あとがき

　東京弁護士会弁護士研修センター運営委員会では、専門領域における業務に対応できる研修を目指し、平成13年より特定の専門分野につき数回にわたる連続講座を実施してまいりました。平成18年度後期からは6ヶ月間を区切りとして、一つのテーマについて、受講者を固定して、その分野に関する専門的知識や実務的知識の習得を目的とする連続講座を開始し、毎年好評を博しております。

　本講義録は、平成28年度の専門講座で情報・インターネットをめぐる法的問題につき、専門的知識とノウハウを全6回の連続講座として実施した内容をまとめたものです。連続講座では、ネット炎上・ネット上の情報削除の法的手続、企業における情報管理・SNS（ソーシャル・ネットワーキング・サービス）に関する規制、個人情報保護、電子商取引、ビックデータ・ネットと知的財産に関する諸問題を取り扱っており、実に充実した内容となっています。是非本書をお読みいただき情報・インターネットをめぐる法的問題に関連する専門知識とノウハウを習得され、適切な事件対応にお役立ていただければ幸いです。

　終わりに、この専門研修講座の企画、実施と本書の発行にご協力いただきました講師の先生方、弁護士研修センター運営委員会担当委員各位、そして株式会社ぎょうせいの編集者の皆様に厚くお礼申し上げます。

　平成28年11月

東京弁護士会弁護士研修センター運営委員会

委員長　奥　　国範

弁護士専門研修講座
情報・インターネット法の知識と実務

平成 28 年 12 月 20 日　第 1 刷発行

編　集　東京弁護士会弁護士研修センター運営委員会
発　行　株式会社ぎょうせい

〒136-8575　東京都江東区新木場 1 - 18 - 11
電話　編集　03-6892-6508
営業　03-6892-6666
フリーコール　0120-953-431

URL：http://gyosei.jp

〈検印省略〉

印刷　ぎょうせいデジタル㈱　　　　　©2016 Printed in Japan
※乱丁・落丁本はお取り替えいたします。

ISBN978-4-324-10202-2
(5108285-00-000)
〔略号：弁護士講座（情報）〕

弁護士専門研修講座

東京弁護士会弁護士
研修センター運営委員会【編集】

東京弁護士会主催の「弁護士専門研修講座」講義録。講義録の簡便さと厳選されたテーマに沿った講義の適度な専門性により、経験の浅い弁護士から専門性を高めたい弁護士まで広くご活用いただけます。

子どもをめぐる法律問題
●A5判・定価(本体3,700円+税)

労働環境の多様化と法的対応　労働法の知識と実務Ⅲ
●A5判・定価(本体4,300円+税)

交通事故の法律相談と事件処理　民事交通事故訴訟の実務Ⅲ
●A5判・定価(本体4,000円+税)

高齢者をめぐる法律問題
●A5判・定価(本体3,700円+税)

租税争訟をめぐる実務の知識
●A5判・定価(本体4,000円+税)

住宅瑕疵紛争の知識と実務
●A5判・定価(本体3,000円+税)

相続関係事件の実務―寄与分・特別受益、遺留分、税務処理―
●A5判・定価(本体2,500円+税)

中小企業法務の実務
●A5判・定価(本体3,500円+税)

民事交通事故訴訟の実務Ⅱ
●A5判・定価(本体4,300円+税)

インターネットの法律実務
●A5判・定価(本体3,800円+税)

債権回収の知識と実務
●A5判・定価(本体3,000円+税)

労働法の知識と実務Ⅱ
●A5判・定価(本体2,500円+税)

離婚事件の実務
●A5判・定価(本体2,857円+税)

民事交通事故訴訟の実務―保険実務と損害額の算定―
●A5判・定価(本体3,619円+税)

 株式会社ぎょうせい　フリーコール　TEL：0120-953-431 [平日9～17時]
FAX：0120-953-495 [24時間受付]
Web http://gyosei.jp [オンライン販売]

〒136-8575 東京都江東区新木場1-18-11